洁净室检测和监测

Clean Room Testing and Monitoring

[英] 威廉·比尔·怀特 著
William Bill Whyte

王大千 史汉夫 译

化学工业出版社
·北京·

内容简介

《洁净室检测和监测》全书共分为两部分，第一部分为正文部分，包括绪论，洁净室设计与通风，高效空气过滤器与安装框架，洁净室污染控制和检测标准，风速测量，送风量和排风量的测量，压差测量，过滤器安装后的光度计法检漏，隔离构筑物与气流隔离，洁净室内气流的可视化、自净及通风有效性，光散射空气粒子计数器，按ISO 14644-1以颗粒浓度划分空气洁净度，微生物采样基础，洁净室内的行为与纪律共14章内容；第二部分包括10个附录，主要涉及测试方法和测试原理的更多专业信息。

《洁净室检测和监测》立足于当前洁净室和洁净行业的发展趋势，对洁净技术进行了全面介绍，涉及洁净技术的方方面面，可作为洁净技术的浓缩易懂的百科全书。

图书在版编目（CIP）数据

洁净室检测和监测 /（英）威廉·比尔·怀特（William Bill Whyte）著；王大千，史汉夫译.
北京：化学工业出版社，2025. 2. -- ISBN 978-7-122-46878-9

Ⅰ. TU834.8

中国国家版本馆CIP数据核字第2025X3G433号

责任编辑：褚红喜　　文字编辑：刘　莎
责任校对：杜杏然　　装帧设计：刘丽华

出版发行：化学工业出版社
（北京市东城区青年湖南街13号　邮政编码100011）
印　装：中煤（北京）印务有限公司
787mm×1092mm　1/16　印张13¾　字数303千字
2025年3月北京第1版第1次印刷

购书咨询：010-64518888
售后服务：010-64518899
网　址：http://www.cip.com.cn
凡购买本书，如有缺损质量问题，本社销售中心负责调换。

定　价：98.00元　

英国格拉斯哥大学教授威廉·比尔·怀特先生从事洁净技术工作五十余载，著有多部专著，他创办了苏格兰污染控制学会，主持、参与了ISO相关国际标准编制工作，长期从事洁净技术国际培训，积累了丰富的经验和知识。在ISO洁净技术标准编制者众多的各国专家中，只有他亦是专业微生物学家。

王大千与怀特先生在国际污染控制学会联盟和ISO共事多年，建立了良好的工作关系。怀特先生将本书版权免费赠与了王大千，非常感谢他的国际主义精神和敬业精神。本书作为全面介绍洁净技术的基础教程，覆盖内容广泛，深入浅出、图文并茂、易读易懂。望该书能为推动中国洁净技术的发展注入一股清流。

感谢蔡杰建议了本书的公开出版。诚挚感谢寿长华女士为普及洁净技术知识对本书出版付出的精心努力和提供的大力支持。感谢李立女士为使本书尽可能保留原版风格而对本书进行的精心初排。

[翻译用词说明]

译文考虑了用词的惯用性、通用性、统一性、多样性，并无一定之规。其中出现最多的粒子、颗粒同，检测、测量、测试同，风速、空气速度同，渗漏、泄漏同，等等。

英文习惯使用缩略语，但中文阅读不便，译文中尽量少用。最常用缩略语列出如下：

UDAF　单向流

Non-UDAF　非单向流

LSAPC　光散射粒子计数器（简称粒子计数器）

PDR　颗粒沉积速率

王大千　史汉夫
2024年12月6日
于北京

关于本书作者

威廉·比尔·怀特（William Bill Whyte）博士是英国格拉斯哥大学的名誉研究员，获微生物学学士和机械工程学博士学位，50多年来一直在研究洁净室和医院手术室的设计、测试、运行。

怀特先生在科技期刊上发表了140多篇有关洁净室与手术室的设计及其污染物传播与控制的文章。怀特先生著有《洁净室技术基础知识——设计、测试、运行》《洁净室技术进展》两本著作，并编辑了《洁净室设计》一书。

怀特先生是苏格兰污染控制学会和国际洁净室测试认证委员会两会的创办人及前任主席，是负责编写洁净室标准的英国标准协会（BSI）与国际标准化组织（ISO）工作组成员。怀特作为工业顾问和洁净室教育课程的主讲人，有丰富的经验。

怀特先生是美国环境科学与技术学会（IEST）研究员、苏格兰污染控制学会（S2C2）终身荣誉会员，在洁净室技术方面的工作获得了多个奖项：IEST的詹姆斯-R-米尔登奖，美国注射剂协会（PDA）的迈克尔-S-科尔琴斯基奖，肠外协会年度奖和英国标准协会的特别表彰奖。

洁净室提供了颗粒污染、微生物污染和化学污染最低的环境，保护所制产品的可靠性和功能不会因污染而受到影响。洁净室可以提供比不受控制的环境洁净一亿倍的洁净条件，并广泛地用于诸如半导体、电子产品、光学、航空航天、制药和医疗设备等许多制造业，还用在医院为患者提供保护。为了确保洁净室运行正常，并提供正确的洁净度，必须在其首次安装时和整个生命周期内都进行测试。如何进行这些测试以及如何进行监测即是本书的主题。

本书分为两部分。第一部分为14个独立章节组成的正文，讨论了对洁净室按洁净度进行分级的常规测试方法，以确保洁净室的各功能部分均运行正常，洁净度达到并保持在规定水平。这些章节是作者为国际洁净室测试认证委员会（CTCB-I）撰写的教材，是其洁净室测试的基础课程。该课程在几个国家/地区都有开设，面向的是那些希望获得洁净室测试知识或那些想要证明自己具有洁净室测试能力的学员。本书的第二部分由10个附录组成，其中描述的测试方法并非在所有类型的洁净室中都是常用的。将本书分成两部分的原因是使读者有机会先阅读本书的第一部分来了解常规测试方法，并在需要时阅读第二部分，以获取测试方法或监测方法更详细的专业信息。

本书引用了不少参考文献，主要是国际标准和各国的国家标准以及规范。其中的标准测试方法以及对洁净度的要求，需要在洁净室测试期间予以参考。此外，参考文献中也有作者撰写的文章，这些文章提供了所述主题的更多信息，但不会增加本书的篇幅和复杂性。

作者还撰写了《洁净室技术基础知识——设计、测试、运行》一书，其内容全面涵盖了洁净室技术的整个主题。本书主要涉及洁净室的测试，必然要重复那本书中的一些内容和信息。这一点望读者见谅。

致谢

本书中的若干章节和附录经由一些专家审核，作者对他们的宝贵建议表示感谢。这里将这些专家姓氏按字母顺序列出如下：

K. Agricola　G. Farquharson　V. Kalechits　T. Triggs
K. Beauchamp　M. Foster　T. Russell　R. Vijayakumar
T. Eaton　J. Gecsey　N. Stephenson　S. Ward

许多公司和个人为本书提供了照片和图，作者在此表示感谢，也分别在这些图或照片所在章节的末尾再次向他们致谢。要特别感谢怀特先生的儿子墨里，他绘制、修改了本书中的一些图，并提供了图6.10、图6.11、图6.12、图6.13和图10.8的CFD图纸。

本书从英国标准协会（BSI）获得了摘录ISO 14644系列标准的许可。任何洁净室的检测者都应该拥有适用的测试标准，至少应拥有ISO 14644-1、ISO 14644-2和ISO 14644-3的最新版本。从BSI在线网站可以购得这些标准的PDF版或纸质版本。英国以外的读者可以从其所在国的标准机构获得ISO标准，也可以直接从ISO网站购得这些标准。

最后，非常感谢约翰·内格（John Neiger）从头到尾认真全面地检查了本书。他将洁净空气和隔离技术的丰富知识与清晰易懂的写作风格相结合，使本书增色不少。

目录

1 绪论

1.1 洁净室类型 / 002
1.2 洁净室测试原理 / 003
1.3 洁净室检测 / 003

2 洁净室设计与通风

2.1 空调机组 / 009
2.2 空调设备的组成部分 / 011

3 高效空气过滤器与安装框架

3.1 高效过滤器的构造 / 016
3.2 过滤介质 / 017
3.3 颗粒滤除机理 / 018
3.4 高效过滤器的检测与分级 / 020
3.5 高效过滤器的安装框架 / 022

4 洁净室污染控制和检测标准

4.1 洁净室分级标准的依据 / 026
4.2 ISO 标准 / 026
4.3 制药洁净室的分级与检测 / 031

5 风速测量

5.1 风速测量仪 / 036
5.2 如何用风速计测量风速 / 039
5.3 单向流中过滤器风速测点数量 / 041
5.4 单向流系统中风速的均匀性和最大偏差 / 043

6 送风量和排风量的测量

6.1 送风量和换气次数的测量 / 046
6.2 用皮托管在风管中测量送风量和排风量 / 046
6.3 以送风过滤器测出的风速来计算送风量 / 050
6.4 风量罩 / 051
6.5 皮托管阵列 / 054
6.6 孔板和文丘里流量计 / 054

6.7 非单向流洁净室排风口排风量的测量 / 055

7 压差测量

7.1 洁净室所需的压差 / 058
7.2 连片洁净室中的压差 / 058
7.3 压力测量方法 / 059

8 过滤器安装后的光度计检漏

8.1 泄漏类型 / 064
8.2 泄漏检测要求 / 066
8.3 过滤装置测试方法 / 069
8.4 过滤器面速对颗粒穿透的影响 / 072
8.5 过滤器测试其他注意事项 / 072
8.6 泄漏修补 / 073

9 隔离构筑物与气流隔离

9.1 隔离构筑物检漏测试 / 076
9.2 气流隔离有效性测试 / 077

10 洁净室内气流的可视化、自净及通风有效性

10.1 空气运动可视化 / 082
10.2 洁净室自净性能 / 087
10.3 欧盟GGMP的自净要求 / 089
10.4 洁净室换气有效性系数的计算 / 090

11 光散射空气粒子计数器

11.1 粒子计数器是如何工作的 / 094
11.2 累积计数和分段计数 / 095
11.3 重叠误差 / 095
11.4 空气样本的稀释 / 096
11.5 空气采样过程中的颗粒损失 / 096

12 按ISO 14644-1以颗粒浓度划分空气洁净度

12.1 洁净室的占用状态 / 100
12.2 洁净室或洁净区的分级方法 / 100

12.3　空气中悬浮粒子浓度低的洁净室　/　103
12.4　ISO 14644-1：2015测试方法实例　/　104
12.5　以大颗粒评估洁净室的洁净度　/　105
12.6　纳米颗粒的采样和监测　/　106

13　微生物采样基础

13.1　体积式空气采样　/　108
13.2　沉降盘空气采样　/　109
13.3　表面微生物采样　/　110
13.4　对人员的采样　/　111

14　洁净室内的行为与纪律

14.1　一般行为　/　114
14.2　人员和材料　/　114
14.3　洁净服　/　115
14.4　入室更衣步骤　/　116
14.5　出室更衣步骤　/　120
14.6　洁净室纪律　/　120

附录

附录A　洁净室性能监测　/　126
附录B　选择监测位置和控制值的正规方法　/　133
附录C　用序贯采样法为洁净室分级　/　141
附录D　使用粒子计数器对过滤器检漏　/　145
附录E　颗粒沉积速率（PDR）的测量　/　154
附录F　送风量、排风量和压差的调节　/　165
附录G　空气中纳米颗粒与大颗粒的测量　/　173
附录H　表面颗粒的测量　/　183
附录I　空气中微生物的采样　/　188
附录J　表面微生物采样　/　201

参考文献

本书部分名词术语中英对照表

中文	英文
洁净室	cleanroom
颗粒、粒子	particle
空气悬浮粒子、空气传播粒子、空气粒子、气浮颗粒、气浮粒子	airborne particle
粒径，颗粒直径	particle size（diameter）
携带微生物颗粒	microbe-carrying particle（MCP）
光散射粒子计数器、粒子计数器、计数器	light-scattering airborne particle counter（LSAPC），particle counter，counter
凝聚核粒子计数器	condensation particle counter（CPC）
检测、测试	test
测量、测试	measurement
监测	monitoring
送风	supply air
排风	extract air
静压箱	plenum
单向流	unidirectional airflow（flow）（UDAF）
非单向流	non=unidirectional airflow（flow）（Non-UDAF）
风速、气流速度、空气速度	air velocity
气流	airflow, flow
压差	pressure difference
聚四氟乙烯	polytetrafluoroethylene（PTFE）
高效空气过滤器	high efficiency particulate air filter（HEPA）
超高效空气过滤器	ultra low penetration air filter（ULPA）
过滤器安装框架	filter housing
过滤器外框	filter frame
渗漏、泄漏	leak, leakage
穿过、渗透、穿透（率）	penetration（rate）
最易穿透粒径	most penetrating particle size（MPPS）
颗粒沉降	particle fallout（PFO）
颗粒沉积速率	particle deposition rate（PDR）
颗粒遮蔽系数	particle obscuration factor（POF）
面积覆盖百分比	percent area coverage（PAC）
等速采样、等动力采样	isokinetic sampling
气流隔离	segregation
隔离构筑物	containment
设施监测系统	facilities monitoring system（FMS）
关键控制点	critical control point（CCP）
统计过程控制	statistical process control（SPC）
国际标准化组织	International Organization of Standardization（ISO）
美国环境科学与技术学会	Institute of Environmental Sciences and Technology（IEST）

1 绪论

洁净室首次安装时，或者对结构、通风系统或设备、机器进行重大修改时，应进行测试以确保其运行正常并按洁净室的设计达到正确的洁净度。此外，还应在洁净室整个生命周期内对其进行测试，以确保其运行正常。因此，需要对送风量和送风质量、洁净室内和洁净室之间的空气流动、颗粒［及微生物（必要时）］浓度以及各种其他指标都进行测试。本书介绍了这些测试。

1.1 洁净室类型

洁净室按其通风方法不同主要分为两种类型，即非单向流（Non-UDAF）洁净室和单向流（UDAF）洁净室。单向流洁净室最初被错误地称为“层流”洁净室。由于在科学意义上其气流不属于“层流”，因此不应将其称为“层流”。非单向流洁净室有时也被称为“紊流”洁净室、“混合流”洁净室或“传统通风”洁净室。

这两类洁净室的主要特征分别如图1.1和图1.2所示。图1.1为一个非单向流洁净室的示意图。该洁净室通过天花板上的终端高效过滤器送出洁净空气。人和机器产生的污染与送风混合后被稀释，然后通过低侧位的排风口排走。若以每小时换气次数来表示，其换气次数可能至少为20次，比办公室或酒店等普通机械通风场合多得多。

图1.1
非单向流洁净室
示意图

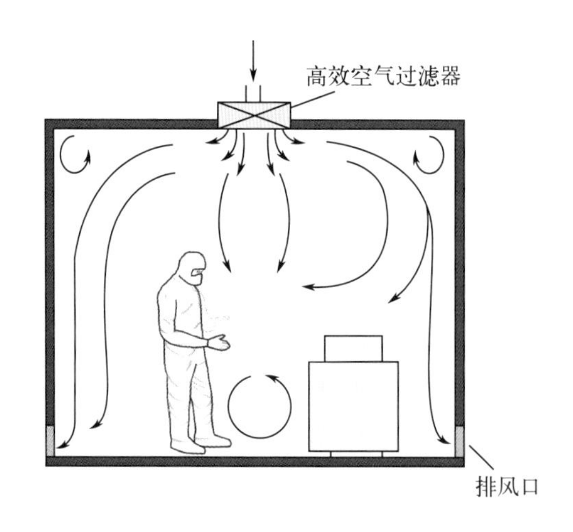

图1.2显示的是单向流洁净室的示例。此示例中，整个天花板上布满了高效空气过滤器。送风通常以0.3 ~ 0.6m/s的速度以单向方式吹过房间，并通过多孔地板排出，去除了房间内的空气污染物。该系统比非单向流洁净室的送风量更多，单向气流的定向运动最大限度地减少了房间内污染物的扩散，并通过地板将这些污染物排了出去。

单向流工作台、限制进入屏障系统（RABS）、微环境和隔离器等各类空气净化（隔离）装置，既可以安装在非单向流洁净室中，也可以安装在单向流洁净室中。这些空气净化装置在洁净区域（例如在产品容易受到污染的关键位置）提供的净化条件更好。这些空气净化装置通常有物理屏障和局部的洁净送风，可保护关键位置免受其所在房间污染物转移造成的污染。

本书在提到洁净室或者洁净区时，常会统一使用“洁净室”这个词代表两者。

图 1.2
单向流洁净室
示意图

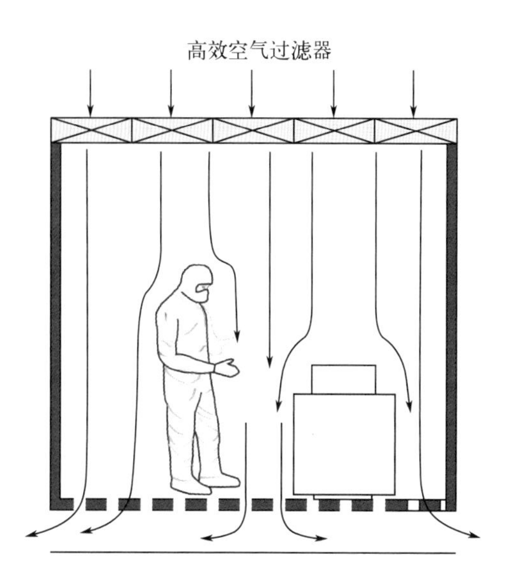

1.2　洁净室测试原理

为了证明洁净室的运行令人满意，有必要证明以下主要事项已满足要求：

① 送入洁净室的风量足以稀释或去除室内产生的污染物，使其能达到所需的空气洁净度。

② 送入洁净室的高质量空气不会显著增加房间内的污染。

③ 洁净室内的空气流动应确保关键位置上的产品或工艺不存在高浓度空气污染。

④ 连片洁净室区域不同洁净室之间的空气移动，可最大限度地减少不希望出现的污染空气流向。

⑤ 颗粒浓度、微生物浓度（必要时）均不超过规定的最大浓度值。

本书将描述洁净室中进行的这些检测及其他检测。

1.3　洁净室检测

图 1.3 显示的是为证明洁净室满足其设计要求而进行的主要测试。如果洁净室刚建成后即进行测试，通常按图 1.3 所示的顺序进行。但如果洁净室是在其生命周期内进行的监测，则无须按所示顺序推进，并可以进行如气流隔离、表面污染和颗粒沉积速率（PDR）等其他测试，这些将在本书第二部分（即附录）中予以说明。在某些洁净室中，另需计算微生物浓度，本书也讨论了这些测试方法。现在给出所有这些测试的简要说明。

（1）送风量和排风量

在非单向流洁净区域，应测量送风量是否正确，因为送风量决定了空气中污染物的浓度。对于单向流系统，风速决定了空气中污染物的浓度。

（2）各区域间的压差

有必要证明连片洁净室整个区域之间的空气流动方向正确，即从洁净区域流向不太洁净区域，以防止受污染的空气进入洁净区。这是通过测量区域之间的压差来完成的，以确保最洁净区域的压力高于洁净程度较低的区域，且压差大小正确。

图 1.3
洁净室各项检测顺序

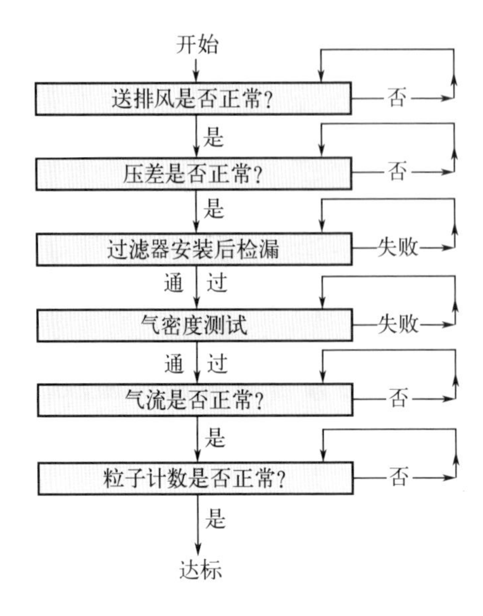

(3) 过滤（器）装置的检漏

应对洁净室送风进风口处的高效空气过滤器及其外框、安装框架和垫圈进行测试，以确保空气污染物不会经由过滤装置的泄漏进入洁净室。

(4) 隔离检测

应进行测试以表明空气污染物不会经由洁净室建材的泄漏从毗邻区域进入洁净室。

(5) 房间内的空气流动和自净

空气流动和自净测试的应用取决于洁净室是非单向流还是单向流。如果洁净室是非单向流，则必须证明其良好的通风效果。要求各区域，特别是关键位置，不会因气流不畅造成空气污染物浓度高，并且洁净室能够将高浓度的空气污染快速降低并实现自净。

如果洁净室或空气净化装置为单向气流，则有必要证明过滤后的送风可以清除关键位置处的污染物，维持空气污染浓度的低水平。还需要证明气流不会使污染物移动到关键位置。

(6) 空气中颗粒浓度和微生物浓度

如果前面提到的各项测试令人满意，进而可进行气浮颗粒浓度以及（需要的话）空气中和表面上微生物浓度的测试，以确认其符合洁净室设计规范。

(7) 其他类型的污染控制测试

为确保洁净室和洁净区的运行令人满意，还可以进行其他测试，诸如气流隔离测试、表面颗粒计数和颗粒沉积速率（PDR）的测试。这些测试在本书的第二部分（附录部分）中描述。

(8) 其他非污染控制测试

除了上述污染控制方面的测试外，可能还需要测量一些非污染控制参数：温度，相对湿度，洁净室的供暖、制冷能力，声级，照明水平，振动水平。

本书内容未涵盖上面所列出的非污染控制测试，因为这些测试不仅仅是在洁净室中，而是在所有类型的机械通风房间中都进行的。如果需要，有关这类测试的信息可在各种建筑类教科书和包括美国暖通空调工程师协会（ASHRAE）和英国特许建筑服务工程师学会（CIBSE）在内的各协会提供的指南中找到。

在讨论洁净室所需的测试方法之前，有必要先熟悉空调设备及其功能组件的设计和功能，尤其是高效空气过滤器。这些主题将在后续的两章（第2章和第3章）中讨论。此外，还需熟悉洁净室测试所需满足的标准，第4章讨论了这个主题。另外，第14章讨论了洁净室测试人员在洁净室中的行为准则。第2、3、4和13章中给出的一些信息也包含在本书作者撰写的《洁净室技术基础知识——设计、测试、运行》一书中。但有必要在本书中重复某些相关信息，以免再去查阅该书。

本书第5章到第10章解释了洁净室中更常用的测试方法。本书的第二部分包含A ~ J十个附录，其中描述了一些（没有第一部分那么常用的）洁净室测试方法，以及一些如何监测洁净室以确保其持续正常运行的内容。

2 洁净室设计与通风

本书的目的不是考虑洁净室的设计，而是研究如何测试洁净室以证明其功能正常并达到所需的洁净度水平。但是，这需要一些关于洁净室设计和通风方面的知识，以便了解测试的理由，这样才能更清楚地了解如何进行测试。

图2.1是一个简单连片洁净室的布局。很多的连片洁净室比较复杂，有多个房间、复杂的通风系统以及各种类型的空气净化装置。

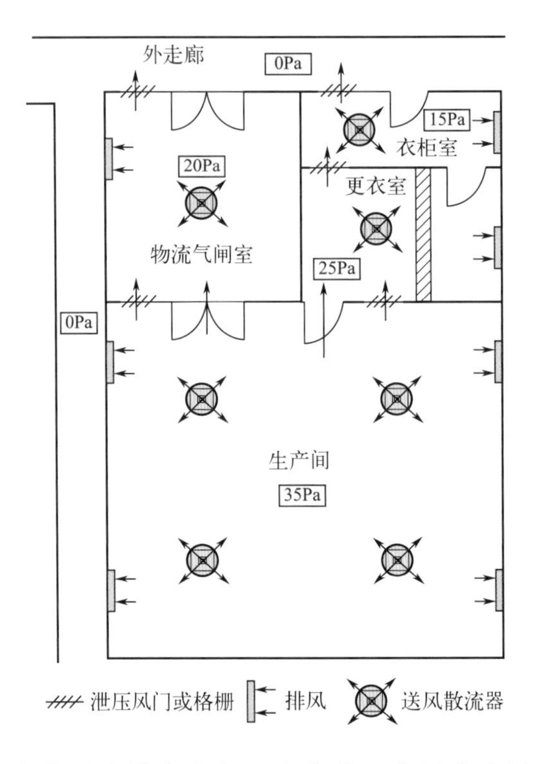

图2.1
简单连片洁净室的平面图

图2.1所示的连片洁净室有四个洁净室和一个走廊。产品生产间是洁净度最高的地方，是主要房间。更衣室是供人员脱下普通外层衣物、取出贵重物品并将其放入储物柜、换上洁净室服装的处所。物流气闸室是将材料和部件运入生产间以及运出制成品和废料的地方。外走廊既供人员进出更衣室之用，也是部件和产品从材料气闸室运入运出的通道。

图2.1中的四个洁净室是非单向流洁净室，通过顶棚上安装的散流器送出已过滤的空气进行通风。高效过滤器位于洁净室中送风管道的末端位置上。这些过滤器对最易穿透过滤器的颗粒（粒径0.1 ~ 0.3μm）的去除效率可达到≥99.995%。

供应到生产区域的风量依洁净室所需的空气洁净度而有所不同，但比普通机械通风的房间（例如办公室和酒店房间）高得多。图2.1中物流气闸室、更衣室和衣柜室的送风量可能比生产间少，这取决于其所需的洁净度。所有洁净室的空气都通过房间四周低位布置的排风口排出。

由于洁净室需要大量空气，大部分送风通过空调设备进行再循环。这种再循环确保了先前已达到洁净室所需的高质量条件的室内空气不会被浪费。将新的补充风添加到再循环空气中，以确保洁净室中的二氧化碳及其他气体的浓度保持在安全水平。新的补充风添加到再循环空气中也是为了给洁净室加上正压。连片洁净室中的大部分空气通过排风口返回空调设备，其余部分则通过格栅或泄压风门进入走廊，或者通过门缝和房间构造的其他裂缝泄漏出去。

由空调设备的风机送入洁净室的空气量超过洁净室排出的空气量，因此洁净室能保持正压。例如图2.1中的连片洁净室，空气从生产间流到相邻区域，直至外走廊。洁净室中的实际压力可能类似于图2.1中标示的压力，其中压差在10～15Pa之间。

2.1 空调机组

所有洁净室的一个重要组成部分是空调设备。它提供了足量的洁净空气以实现正确的空气洁净度，并在洁净室中保持合适的温度和湿度。洁净室中的送风量通常是由洁净度的需要决定的，而不是由温度和相对湿度的需要所决定的。

2.1.1 空调机

酒吧和酒店等许多普通建筑中使用的空调设备，只提供新鲜的室外空气。然而，洁净室比普通机械通风的房间需要更多的空气。但是，吸入新鲜空气，并将其正确地调节到洁净室所需的温湿度及颗粒浓度的成本是很高的。因此，洁净室将大部分洁净室空气再循环回空调设备是正常的，因为这种空气比新鲜的室外空气需要的调节少。然而，一些使用有毒或放射性材料的洁净室只能全部使用新鲜空气（即全新风）。

图2.2是一个使用全新风、没有空气再循环的简单的通风系统图。这个简单的系统说明了空调设备的基本部件及其工作情况，也标注了某些洁净室可能需要的其他要求。

图2.2
使用100%新风的简单空调设备示意图

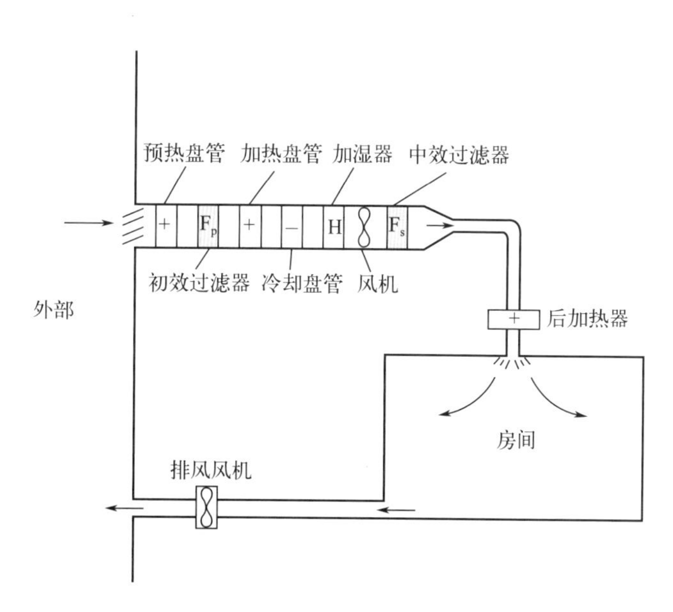

图2.2中的空调机组从外部吸入新风，并通过以下方式对新吸入的空气进行调节：

① 使用格栅从进入空调设备的外部空气中去除树叶等较大物体。

② 寒冷潮湿的外部气候条件可能导致初效过滤器结冰，阻碍空气流通，为避免这种情况可以使用预热盘管。

③ 初效过滤器可滤除较大的颗粒和纤维，保护空调设备。

④ 加热盘管可提高空气温度使房间温度正常。提高空气温度还可以使加湿器向空气中添加更多的水分，因为空气温度越高，空气可以吸收的水分就越多；这样就可以获得合适的相对湿度条件。对加热、冷却、加湿等方法的解释超出了本书的范围，如果需相应信息，应查阅相关的建筑工程教科书。

⑤ 冷却盘管可降低空气温度，还可将空气中的水冷凝从而降低空气的相对湿度。

⑥ 加湿器向空气中加水以增加空气湿度。

⑦ 风机使空气通过空调装置，并将其送达到需要通风的区域。

⑧ 中效空气过滤器一般是空调设备中最后一个部件，与普通机械通风房间使用的类型相同。除此之外，通常还在洁净室中送风风管的末端位置（即空气进入洁净室的入口处）另外安装高效过滤器，可以滤除亚微米级的空气悬浮颗粒，这些高效过滤器将在第3章中讨论。

⑨ 如果空调设备向建筑物的不同区域提供空气，则各区域需要的空气温度可能不同。例如，建筑物一侧朝阳，另一侧背阴。应在这些区域中的每个区域中都配置一个恒温器，以确保该建筑物在背阴一侧的送风更暖。可根据这些不同的要求使用再加热器来调节空气温度。

⑩ 通过位于顶棚上的散流器送风。在普通机械通风房间中，散流器的作用是使送风与室内空气混合，避免冷风直接对着人吹造成不适。非单向流洁净室中的散流器还有一个重要目的是确保良好的空气混合，并防止洁净室中某些位置上洁净空气供应量不足。

⑪ 抽（排）风机将室内空气通过排风格栅和风管排出。在洁净室中，格栅和风管位于房间四周低位，以促进整个洁净室空气的良好分布和混合。此外，有些空气会通过格栅、减压阀、门缝和洁净室结构从连片洁净室排出，这要视洁净室的具体设计情况而定。

图2.3显示了空调机组的各个组成部件，这些部件既能够以水平方式也能够以垂直方式集成到图2.3那类的模块单元中。图2.3显示的是一个水平安装的空气处理设备。当水平安装因占地面积过大而无法实现时，垂直安装空气处理设备就可以成为一种替代方案。

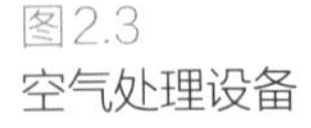

图2.3
空气处理设备

图2.2中的空调设备使用的是100%的新风。但在大多数洁净室中，大部分空气都是经过再循环的。接下来，讨论再循环通风系统。

2.1.2 洁净室常用空气处理设备

图2.4显示的是空调设备和空气配送系统的布局，这是许多洁净室中经常使用的设备和方案。在该图中，来自洁净室的大部分空气通过空调机组再循环回洁净室，只有一小部分空气被排放到室外。洁净室也可使用空气处理设备的其他几种设计方案。

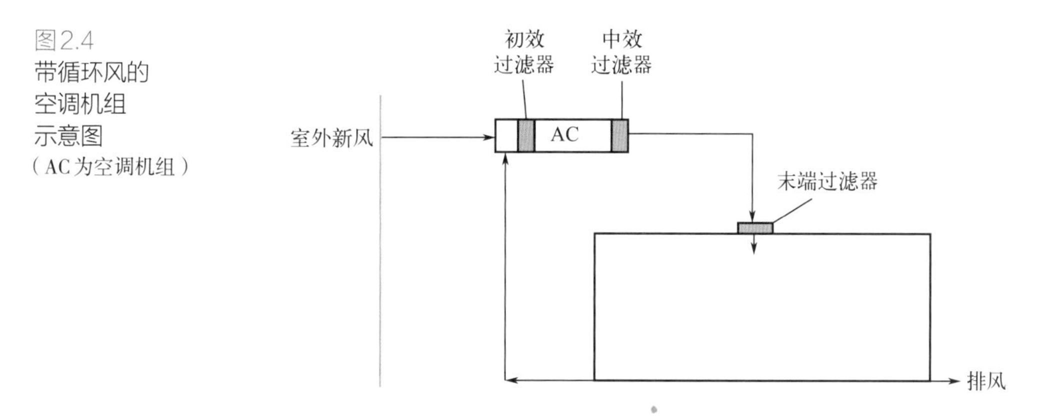

图2.4
带循环风的空调机组示意图
（AC为空调机组）

为了洁净室工作人员的健康，必须为洁净室提供新鲜的室外空气。同时，室外空气添加到再循环空气中，起到增加空气供应量、对洁净室加压的作用，以此防止污染物从相邻区域进入室内。通常，补充新风占送风总量的2%~20%。如果洁净室内机器设备或工艺周围的空气必须抽出并排放到外部以去除不良的或有毒的污染物，则必须相应增加补充新风量。送入洁净室内的多余空气，要么被风机排到外面，要么通过格栅、泄压风门、门缝、传递窗等从连片洁净室排到外围区域。

2.2 空调设备的组成部分

洁净室的任何测试人员都应该熟悉空调设备的组成部分，尤其是那些会影响洁净室污染水平的部件（如图2.2）。空气处理系统由加湿器、风机、加热盘管和冷却盘管、风管、散流器、空气过滤器等部件构成。

本章不讨论高效空气过滤器，因为其非常重要，将在第3章中单独讨论。

2.2.1 加湿器

加湿器用于增加送风的湿度。普通机械通风房间使用的空调设备有多种类型的加湿器可供选择。其中一些加湿器使用蓄水池供水，但蓄水池会导致污染物积累和微生物生长，所以这种类型的加湿器不应用在洁净室。

洁净室中最常见的加湿器类型是水蒸气加湿器，它将水蒸气注入送风中。洁净水被加热到100℃以上，这样产生的蒸汽应不会有微生物。在选择水时，需要注意水质。例如，如果使用锅炉给水，锅炉水中的防腐蚀物质可能会被引入洁净室。为防止此类问题，应有单独供应的洁净水。

2.2.2 风机

风机使空气通过空调设备后再将其送入洁净室。风机还可将洁净室中的空气排出。风机有两种基本类型：离心式和轴流式。另外，还有一种混流型风机，结合了前面两种类型的特点。

（1）离心风机

离心风机常用于洁净室空气处理机。这种类型的风机更能应对与洁净室中使用高效过滤器相伴的高压。图2.5是由皮带驱动并带有外部电机的离心风机照片。离心风机用布置在叶轮四周的小叶片移动空气。空气通过中央进风口被吸入风机，并穿过叶片向前，经由排气口排出。图2.5中，叶轮由外部电机驱动，电机通过皮带轮及皮带与叶轮相连。改变皮带轮尺寸或使用变速电机即可调节送风量。还有其他类型的离心风机使用集成变速电机。由于空气动力学设计不佳和皮带造成的能量损失，离心风机的能效可能较低。因此，在可能的情况下，应使用更节能的风机。

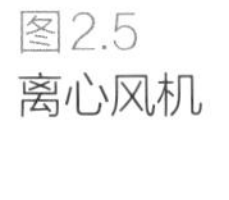
图2.5
离心风机

（2）轴流风机

轴流风机在洁净室中比离心风机少见。这是因为它们与类似尺寸的离心风机相比，通常无法产生洁净室空气供应系统所需的相对较高的压力。因此，轴流风机更有可能用于低压高流量的场合。此外，它们更适合与风管系统安装在一起，并可用于排风系统等。轴流风机可配备变距叶片系统和内部变速电机，由此来改变风量。

2.2.3 盘管

盘管作为热交换装置，对通过的空气进行加热或冷却。盘管通常是带有翅片的管子，像汽车散热器一样来增加导热面积（见图2.6）。加热盘管由锅炉供应热水或蒸汽来加热。冷却盘管通常使用的是远端制冷设备供应的冷冻水。

2.2.4 风管系统

风管将空调设备中调节好的空气输送到洁净室，并将空气从洁净室中排出。风管通常由低碳镀锌钢制成，有时也用不锈钢或塑料制造。风管截面有圆形、矩形或方形，有直管、弯管、异径管等多种类型，可组合起来构成所需的风管系统。

图2.6
空调设备使用的
热交换盘管

2.2.5 风门

风门用于风管通风量的控制。一般的风门为图2.7所示的多叶片百叶窗型。打开时，叶片与气流平行，气流阻力小。当叶片部分关闭或完全关闭时，空气流动受阻，将叶片调节到适当位置即可获得正确的风量。风门可以通过电动自动调节叶片以满足洁净室的通风要求。

图2.7
风门

2.2.6 散流器

洁净室中使用散流器是为了确保非单向流洁净室内送风与房间内空气的良好混合，以便使洁净室某些位置处洁净送风不足的可能性降至最低。图2.8是一个普通的四向顶棚散流器，图2.9是涡流型散流器。

非单向流洁净室并不总是使用空气散流器。在某些设计中，顶棚上只需要一个透气的防护屏板，经末端高效过滤器过滤后的空气可以通过屏板直接进入房间。这种类型的气流供应方式可直接在末端过滤器下方提供良好的洁净空气条件，但在洁净室其他地方的空气条件就会较差。

图2.8
四向顶棚散流器

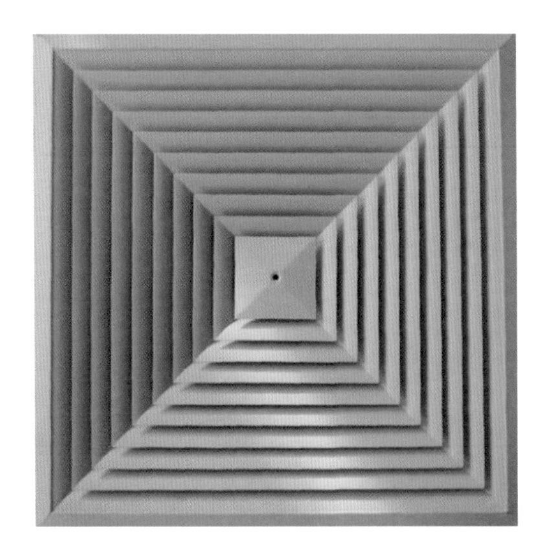

图2.9
带有气流显示
飘线的涡流型散流器

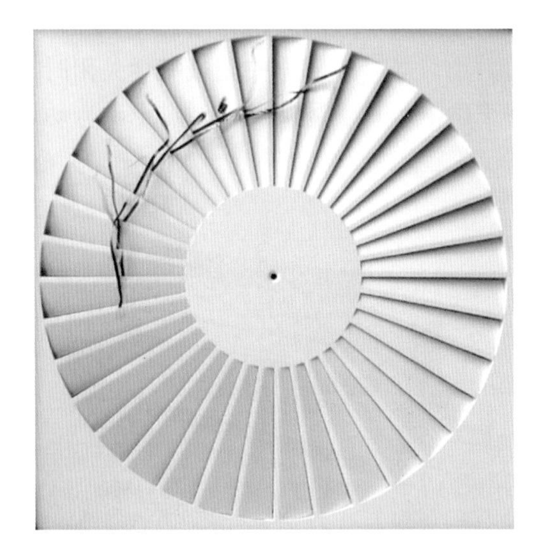

致谢

图2.6是SPC Ltd.公司生产的热交换盘管。图2.7是BSB Engineering Services公司生产的风门。

3 高效空气过滤器与安装框架

高效空气过滤器用于洁净室和洁净区，以滤除洁净室送风中的颗粒和其携带的微生物颗粒（MCP）。高效过滤器可从空气中滤除各种大小的颗粒。在高效过滤器之前，空调系统中还安装了成本与效率都较低的预过滤器，以滤除较大的颗粒。这些预过滤器与（酒店和办公室中的）普通空调系统所用的过滤器属同种类型，因此，本书未对其进行讨论。

高效过滤器通常位于送风进入洁净室的位置上，是空气配送系统的最后一个装置。高效过滤器是洁净室或洁净区的重要组成部分，本章将讨论有关过滤器的以下主题：

① 高效过滤器的构造；

② 过滤介质；

③ 空气中颗粒的滤除机理；

④ 制造商将高效过滤器发送给用户之前是如何对其进行测试和分级的；

⑤ 与高效过滤器配套使用的过滤器安装框架类型。

本书后面的第8章将讨论高效过滤器在首次安装时以及在其整个使用寿命期间的检测方法，以确保过滤器的介质、外框和安装框架上均没有泄漏，不会有未经过滤的空气进入洁净室内。

高效过滤器测试和分级的主要标准是ISO 29463[1]和EN 1822[2]。这两个标准有很多共同点，因为ISO 29463就是从EN 1822发展而来的。这两个标准对过滤器过滤效率的测试和分级，使用的都是最易穿透过滤器的颗粒。此类颗粒的粒径称为最易穿透粒径（MPPS）。MPPS的范围通常为0.1～0.3μm。

ISO 29463和EN 1822都将高效过滤器分为三级，即EPA、HEPA和ULPA。这些级别的过滤器的过滤效率将在本章后面讨论。

EPA（efficient particulate air）过滤器的过滤效率最低，除作为预过滤器外，通常不用于洁净室。HEPA（high efficiency particulate air）过滤器即高效过滤器，是洁净室中最常见的过滤器类型。ULPA（ultra low penetration air）即超高效过滤器，微电子工业中集成电路生产以及其他易受极小粒径颗粒影响的工艺，可能需要使用ULPA过滤器。

3.1 高效过滤器的构造

高效过滤器的过滤介质由密实的纤维制成，可滤除悬浮在空气中的非常小的颗粒，但这会限制过滤器的气流通过，并导致气流经过过滤器时产生的压降高。高效过滤器通常设计的面风速约为0.45m/s。新过滤器的压降会因制造商不同而各有所异，但一般都在50～350Pa之间。压降是洁净室能源成本高的重要原因，也是选择过滤器时的重要考虑因素。为达到上述的面风速并确保压降不会太高，会使用大量过滤介质。

高效过滤器是根据过滤介质的打折方式来分类的，即大折（有隔板）或小折（无隔板）。有隔板过滤器的原始结构类型是20世纪40年代开发出来的。该类过滤器由成卷的过滤介质制成，这些过滤介质以类似手风琴的方式前后折叠，折出15cm（6英寸）或30cm（12英寸）的折高。为使空气能够通过过滤介质并使过滤器有一定强度，采用薄波纹板（例如铝或塑料）制成隔板，再将过滤介质和隔板一起密封到过滤器外框中。外框也称为外壳，本书中称为外框。图3.1是有隔板过滤器结构剖面图。

图3.1
有隔板高效过滤器

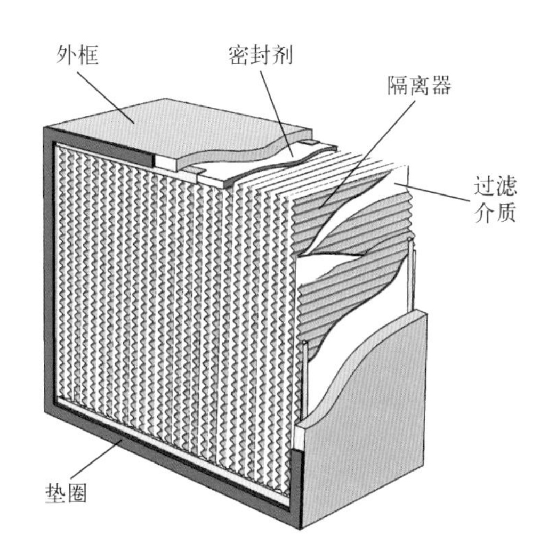

高效过滤器更常采用小折的无隔板形式。其隔板类型不同于有隔板过滤器中的那种隔板，而是将过滤介质折叠在介质条、胶滴、胶条或介质的凸起的波纹上，并密封在外框内。这种组装方法的折数比有隔板过滤器多2.5 ~ 3倍。图3.2是无隔板过滤器的剖面图。

图3.2
无隔板过滤器（局部）

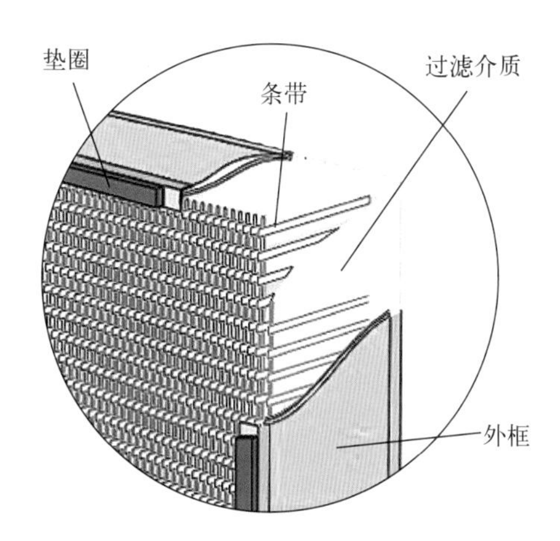

3.2　过滤介质

高效过滤器的过滤介质通常由直径约0.1μm到几微米的微玻璃纤维制成。由纤维随机纵横交错所制成的过滤介质，具有必要的深度和厚度。一般来说，较高的效率需要较细的纤维。ULPA过滤器使用的较细纤维比例超过HEPA过滤器。图3.3是细小玻璃纤维制成的高效过滤介质的扫描电子显微镜［有时简称为扫描电镜（SEM）］照片。

高效过滤器用的另一种过滤介质是膨体聚四氟乙烯（PTFE），这是一种微孔膜。膨体PTFE是一种纤维网，如图3.4的扫描电镜照片所示。高效过滤器中使用的膨体PTFE仅为一个薄层。由于其厚度很薄，于是被放置在载网上，或夹在两层之间。在可用的各类高效过滤器中，这种过滤器的压降通常是最低的。

图3.3
高效过滤介质
放大1550倍的照片

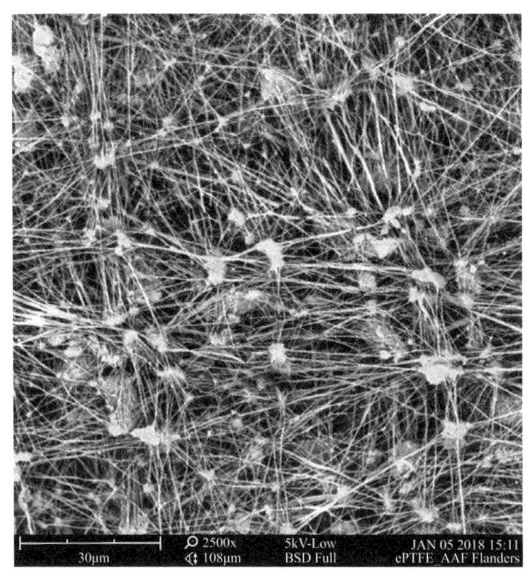

图3.4
高效过滤器用膨体
PTFE介质的扫描
电镜照片（放大2500倍）

3.3　颗粒滤除机理

玻璃纤维作为过滤介质，其纤维间的空隙比被捕获的颗粒大得多。现在让我们解释一下这样的过滤介质如何捕获小于纤维间隙的颗粒。当空气中的颗粒穿过过滤介质时，它们会撞到纤维上，或者撞到已经粘在纤维表面的颗粒上，强大的范德华力就会束缚住颗粒，颗粒就被过滤器捕获。

过滤介质滤除颗粒所涉及的四种主要机理是扩散、拦截、惯性撞击和筛除，如图3.5所示。静电介质一般不用于洁净室的高效过滤器，所以图中没有显示这种机理。

在颗粒因扩散（也称为布朗运动）被捕获的过程中，直径小于0.5μm的小颗粒在空气中是随机快速移动着的。这种随机运动是由空气分子对这些小颗粒的不断撞击造成的，从而使颗粒悬浮在空气中。这种随机运动会使运动中的颗粒与过滤器纤维或者与纤维之前捕获的颗粒发生碰撞，并由此被黏附住。这种碰撞可随颗粒变小、颗粒布朗运动的增强而加大。

图3.5
颗粒滤除机理

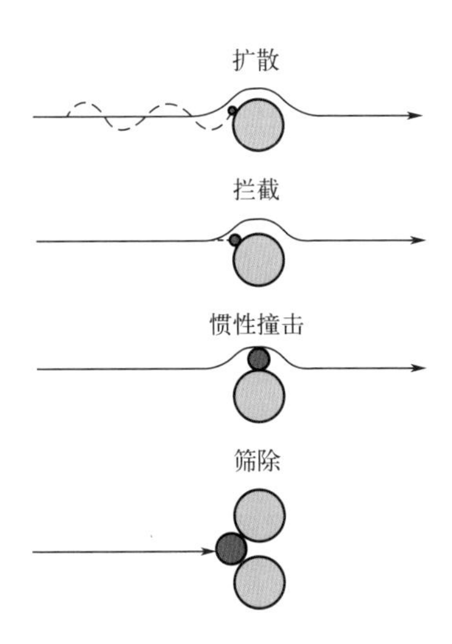

如果气流中的颗粒在通过过滤介质时碰到纤维，或者距纤维非常近，就能被捕获并被拦截住。这种机理称为拦截。

如果颗粒足够大，并且有足够的动量，就能被撞击所捕获。当空气围绕着颗粒路径上的纤维偏转流过时，这样的颗粒可以不随气流偏转而是继续沿直线前进，直到它撞击到纤维并被留住。如果颗粒很大、密度很高或速度很快，它的动量就会更大，撞击的可能性也会变得更大。

当纤维之间的空隙小于被捕获的颗粒，就会发生筛除。这种机理在玻璃纤维类型的高效过滤介质中并不重要，因为较大的颗粒到达高效过滤器之前已被预过滤器滤除。

膨体PTFE滤除颗粒的过滤机理类似于上面讨论的玻璃纤维介质，但其中筛除所起作用更大。

由玻璃纤维介质制成的高效过滤器主要依赖扩散、拦截和惯性撞击机理滤除空气中的颗粒。图3.6是HEPA过滤器（ISO 45H或EN H14）对不同粒径颗粒的过滤效率图。具有最低过滤效率的曲线点对应的粒径即为最易穿透粒径（MPPS）。最易穿透粒径依过滤介质的类型和通过过滤器的风速而变化。高效过滤器的MPPS通常为0.1 ~ 0.3μm。MPPS位于扩散机理和拦截机理相交的混合区。大于和小于MPPS的颗粒，不论较大还是较小，过滤效率都向着100%的方向增加，滤除其中较大颗粒主要通过惯性撞击和拦截机理，滤除较小颗粒则通过扩散机理。

图3.6
高效过滤器颗粒过滤效率与粒径的关系图

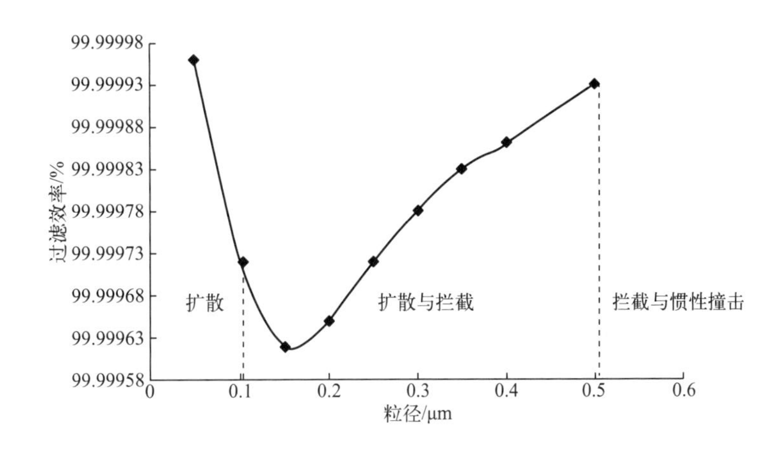

不同大小颗粒的过滤效率依通过过滤介质的空气速度而变化。随着速度的增加，图3.6中给出的曲线的形状基本保持不变，但过滤效率下降、MPPS增大。这一情况会对洁净室高效过滤器安装后的检漏测试产生影响，这将在第8章中进行讨论。

3.4 高效过滤器的检测与分级

几乎所有现行的过滤器测试和分级标准，都要求制造商对洁净室中使用的过滤器（HEPA和ULPA）进行逐台测试后再交付给用户。这在空气过滤器中是独一无二的。过滤器需经过整体效率测试和检漏测试。有许多标准规定了相应的测试方法，现将其中最常用的说明如下。其中前两个标准描述了仍在使用的旧测试方法，但它们可能被ISO 29463和EN 1822的方法取代。

3.4.1 美国军标282 [3]

这是美国一项旧的检测方法，最初是将质量中值直径为0.3μm的邻苯二甲酸二辛酯（DOP）加热生成气溶胶颗粒，用这些颗粒对高效过滤器进行测试和分级。然而，其他油类［如聚α烯烃（PAO）和癸二酸二辛酯（DOS）］已基本取代了DOP。油加热后产生油雾，用光度计在过滤器前后分别测出油雾总浓度，即可得出其过滤效率。

3.4.2 IEST推荐规范

美国环境科学与技术学会（IEST）制定了HEPA和ULPA过滤器测试和分级的推荐规范，即IEST RP-CC 001 [4]、IEST RP-CC 007 [5] 和IEST RP-CC 0034 [6]。过滤器分级可依据上述美国军标282方法进行测试，或使用光散射空气粒子计数器（LSAPC）对标称粒径为MPPS的颗粒进行测试。

3.4.3 ISO 29463和EN 1822

欧洲标准EN 1822《高效空气过滤器（EPA、HEPA和ULPA）》于1998年首次发布。最新版本于2019年发布 [2]。该测试和分级方法与上面两段所述方法的一个重要区别是：用MPPS测定过滤器效率。如前所述，每种级别的过滤器的介质都有一个最易穿透粒径，因此在该粒径下进行测试是合乎逻辑的。这样，过滤器过滤颗粒的效率（或穿透率）就不是用一种标准粒径的颗粒而是用MPPS测量的。

2011年，国际标准化组织发布了标准ISO 29463《滤除空气中颗粒的高效过滤器和过滤介质》。该标准的第二版已经发布（其中第1部分已有2024年版本，第5部分已有2022年版本），其依据是EN 1822，但与其他主要的国际测试方法也互相协调。

ISO 29463分为如下五部分：

① 第1部分：分级、性能、测试和标记；

② 第2部分：气溶胶生成、测量设备、颗粒计数统计；

③ 第3部分：平板过滤介质测试；

④ 第4部分：过滤器组件检漏方法（扫描法）；

⑤ 第5部分：过滤组件测试方法。

由于ISO 29463的发布及其与EN 1822第2 ~ 5部分的高度相似性，欧洲于2018年撤回EN 1822中的相关部分，并用ISO 29463第2～5部分取代。然而，欧洲保留了EN 1822第1部分，而未保留ISO 29463第1部分。

根据ISO 29463和EN 1822，过滤器测试和分级的第一阶段都是测定受试过滤器中所用平板过滤介质的MPPS。然后，在过滤器的额定风速下用MPPS粒子对过滤器进行测试，以获得过滤器局部的和整体的过滤效率。

颗粒的渗透率或过滤器的过滤效率分别用下式计算。

$$P = \frac{C_d}{C_u} \times 100\%$$

式中　P——颗粒的渗透率，%；

C_d——下游颗粒浓度；

C_u——是上游颗粒浓度。

于是：

$$E = 100\% - P$$

式中　E——过滤器的过滤效率，%。

过滤器的整体过滤效率由整个过滤器前后的颗粒浓度计算得出。获取局部效率值则是用探头扫描过滤器表面，对过滤器表面发现的任何泄漏进行定位和测量。然后根据表3.1和表3.2以局部和整体过滤效率或渗透率（%）对过滤器进行分级。

应注意的是，在过滤器分级过程中查找局部泄漏的扫描方法，与洁净室过滤器安装后的例行测试中使用的方法相似，该方法将在本书的第8章中讨论。因此，过滤器的泄漏扫描可以显著降低已装过滤器检漏不合格的可能性。

标准EN 1822中，各过滤器等级的过滤效率数值以5结尾，即95%、99.5%、99.95%等。但是，欧洲以外国家的有些测试已采用以9结尾的数值：99%、99.9%、99.99%等。因此，标准ISO 29463中使用了这两种表示效率的方法。

表3.1显示的是ISO 29463和EN 1822两个标准规定的以5结尾的过滤效率分级表格，其中还包括ISO 29463：1中未给出的、EN 1822：1中给出的E10过滤器等级。表3.2显示的是ISO 29463中规定的过滤器分级，但使用的是以9结尾的数值。还应注意，根据EN 1822，局部分级值不应采取光度计或PSL（聚苯乙烯乳胶球）方法。

表3.1　以5结尾的ISO 29463与等效EN 1822高效过滤器过滤效率分级数值

ISO 29463过滤器分级和组别	等效EN 1822过滤器组别和分级	整体值		局部值	
		过滤效率/%	渗透率/%	过滤效率/%	渗透率/%
—	E 10	≥ 85	≤ 15	—	—
ISO 15 E	E 11	≥ 95	≤ 5	—	—
ISO 25 E	E 12	≥ 99.5	≤ 0.5	—	—
ISO 35 H	H 13	≥ 99.95	≤ 0.05	≥ 99.75	≤ 0.25
ISO 45 H	H 14	≥ 99.995	≤ 0.005	≥ 99.975	≤ 0.025
ISO 55 U	U 15	≥ 99.999 5	≤ 0.0005	≥ 99.9975	≤ 0.0025

续表

ISO 29463 过滤器分级和组别	等效 EN 1822 过滤器组别和分级	整体值		局部值	
		过滤效率 /%	渗透率 /%	过滤效率 /%	渗透率 /%
ISO 65 U	U 16	≥ 99.99995	≤ 0.00005	≥ 99.99975	≤ 0.00025
ISO 75 U	U 17	≥ 99.999995	≤ 0.000005	≥ 99.9999	≤ 0.0001

表3.2　以9结尾的ISO 29463高效过滤器过滤效率分级数值

过滤器分级和组别	整体值		局部值	
	过滤效率 /%	渗透率 /%	过滤效率 /%	渗透率 /%
ISO 20 E	≥ 99	≤ 1	—	—
ISO 30 E	≥ 99.9	≤ 0.1	—	—
ISO 40 H	≥ 99.99	≤ 0.01	≥ 99.95	≤ 0.05
ISO 50 U	≥ 99.999	≤ 0.001	≥ 99.995	≤ 0.005
ISO 60 U	≥ 99.9999	≤ 0.0001	≥ 99.9995	≤ 0.0005
ISO 70 U	≥ 99.99999	≤ 0.00001	≥ 99.9999	≤ 0.0001

根据EN 1822和ISO 29463, E组过滤器只需进行整体效率测试，无须进行局部检漏。

3.5　高效过滤器的安装框架

为确保不会有未经过滤的空气进入洁净室，必须将高效过滤器安装在设计良好且不会泄漏的过滤器安装框架中。因此，安装框架必须有良好的结构，并应特别注意安装框架与过滤器外框连接处的密封方法。

高效过滤器的安装框架上一般配有大约6mm厚的氯丁橡胶垫圈作为密封件，如图3.7所示。安装过滤器时，过滤器被固定在安装框架上，垫圈被挤压到安装框架的平面上，以防过滤器与安装框架的连接处有未过滤空气通过而产生泄漏（见图3.7）。这种方法通常是有效的，但如果过滤器外框或安装框架在过滤器最初交货时或安装压紧时产生了变形，或者旧垫圈失效、损坏或失去弹性，就可能导致垫圈处的缝隙有空气透过从而产生泄漏。

图3.8显示的则是另一个系统，可最大限度地减少过滤器安装框架与过滤器外框连接处的空气泄漏。该系统可用于单向流洁净室（其顶棚由框架式挤压成型的铝槽构成）；也可用于非单向流洁净室中的单个送风终端。铝槽填充有凝胶，这是一种不会流出铝槽的胶状物，过滤器就安装在这些铝槽中。密封凝胶通常用硅树脂制成。如不希望在洁净室中产生化学释气，可使用聚氨酯基凝胶。

图3.7
过滤器外框与安装框架间的垫圈密封方式

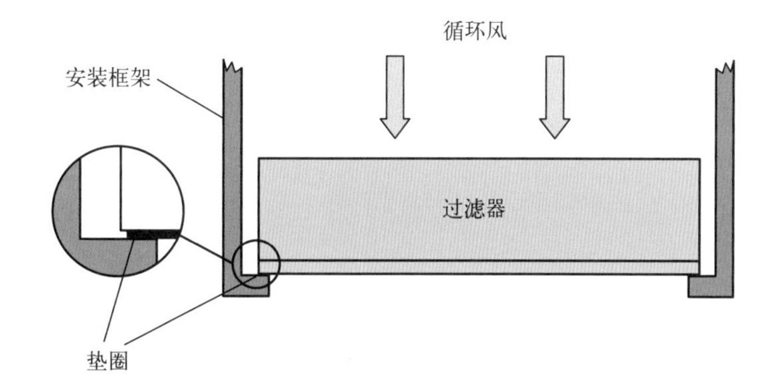

过滤器外框上有与流体密封槽相配合的刀刃。刀刃四周被凝胶填满，因此可防止未经过滤的空气透过安装框架与过滤器外框之间的连接面。也可将两者调过来，即在过滤器四周造有铝槽并填满凝胶，在安装框架上建造有刀刃。然后，将过滤器上的凝胶对准安装框架的刀刃并放入安装好。

图3.8
建有凝胶密封槽的铝制顶棚框架示意图

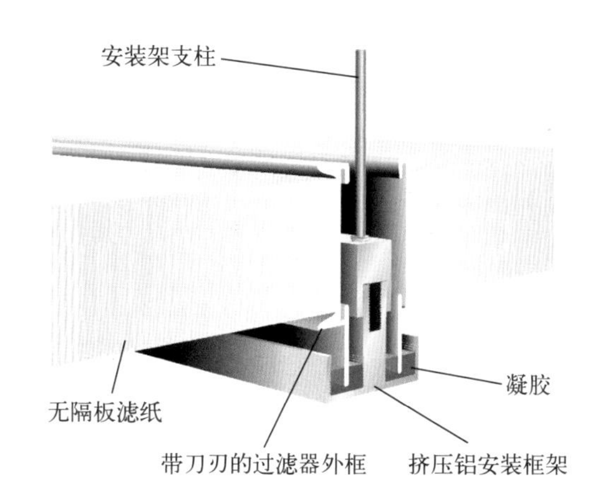

应考虑到这两种可能性：刀刃插入密封凝胶中过多导致刀刃触底从而形成空气泄漏通道；刀刃插入过少导致密封不严。此外，铝槽填充凝胶过多或凝胶未良好固化可能导致凝胶流出铝槽并滴落到地板上。在洁净室的维护或运行过程中凝胶如有损坏可能需要更换。如果凝胶的组分与填充均能良好，那么凝胶在过滤器的整个生命周期内都应该能正常工作。

致谢

图3.1、图3.2和图3.8经AAF Flanders Filters公司许可复制。图3.3和图3.4由Hollingsworth与Vose公司提供。

4
洁净室污染控制和检测标准

洁净室检测和监测需要用到几个标准和法规文件，主要是关于按洁净度对洁净室和洁净区进行分级的文件以及关于洁净室检测方法的文件。本章将讨论这些文件及其他相关文件。

4.1 洁净室分级标准的依据

为说明本章内容，先讲一下洁净室中发现的一些有关颗粒的信息是有益的。这里用的测量单位是微米（μm），微米也是国际单位制（SI）和本书中使用的正式长度单位。

图4.1为颗粒粒径相对大小的比较图。一根人发的直径约为70 ~ 100μm。另一个有助于了解洁净室中颗粒大小的理念是表面上可见的最小粒径，大约为50μm。根据视觉的锐度、颗粒的颜色、背景的颜色和照明等情况，可见的最小粒径变化范围很大。在良好条件下，粒径小于10μm的颗粒都可被看到。

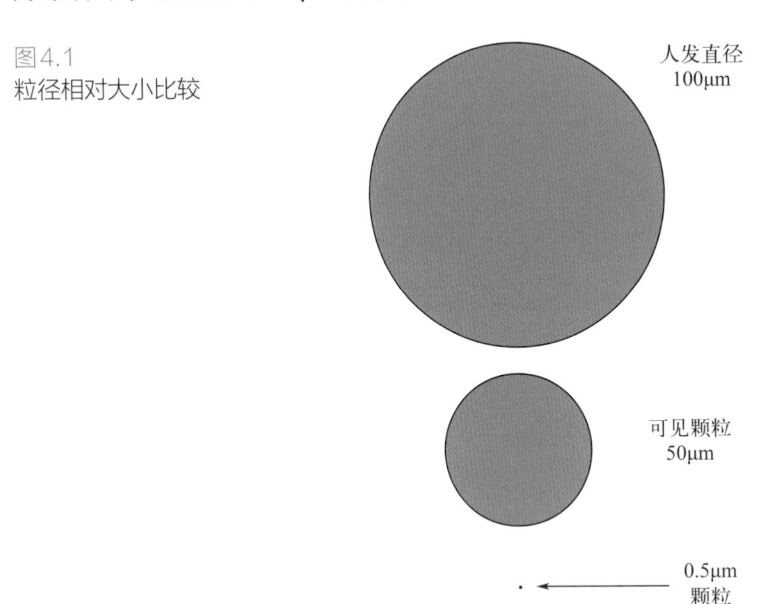

图4.1
粒径相对大小比较

4.2 ISO标准

国际标准化组织（ISO）制定了一系列洁净室标准，涵盖了很多重要的洁净室相关事项，例如分级、监测、测试、设计、运行及其他相关事项。下面列出的版本是撰写本书时的最新版本。其中第6部分和第11部分不存在。ISO标准以五年为周期不断进行审核，读者在阅读本书时应该检查是否存在新版本。

应注意的是，其中一些标准提供了有关表面上和空气中颗粒以及化学物“水平”的信息，这些水平可用来设定浓度限值，但不能用于洁净室的分级。分级只能使用ISO 14644-1: 2015 [7] 中给出的根据空气中颗粒浓度分级的方法。

ISO 14644系列标准的以下部分在编写本书时已颁布。

① ISO 14644-1: 2015《洁净室及相关受控环境　第1部分：按粒子浓度划分空气洁净度等级》：该标准规定了以洁净室和洁净区空气中悬浮颗粒浓度对其空气洁净度分级

的方法，提供了证明合格性的参照方法。

② ISO 14644-2:2015 [8]《洁净室及相关受控环境　第2部分：洁净室空气粒子浓度的监测》：该标准规定了按照洁净室或洁净区空气中颗粒浓度参数或其他影响性能的参数，制订其性能监测计划的要求。

③ ISO 14644-3:2019 [9]《洁净室及相关受控环境　第3部分：测试方法》：该标准规定了证明洁净室和洁净区运行正常的测试方法。该标准中未描述空气中或表面上的颗粒或化学污染物浓度的测试方法，因为在描述这些洁净度相关因素的相关标准中已有描述。该标准的当前版本可能在发布后不久进行更正重新发布，因此洁净室从业人员应确保他们拥有最新版本。

④ ISO 14644-4:2022《洁净室及相关受控环境　第4部分：设计、施工和启动》：该标准在洁净室的设计、建造和准备交付给用户方面提供了指导。

⑤ ISO 14644-5:2004《洁净室及相关受控环境　第5部分：运行》：该标准提供了关于如何运行洁净室使污染尽量少的建议。

⑥ ISO 14644-7:2004《洁净室及相关受控环境　第7部分：隔离装置（空气净化台、手套箱、隔离器、微环境）》：该标准提供了有关隔离装置（例如隔离器和微环境）的设计、结构、安装和测试的信息。

⑦ ISO 14644-8:2022《洁净室及相关受控环境　第8部分：以化学物浓度（ACC）评估空气洁净度》：该标准给出了有关空气传播的特定（单个的、组别的或类别的）化学物质浓度的“水平”等信息，提供了化学物浓度的测试方法。

⑧ ISO 14644-9:2022《洁净室及相关受控环境　第9部分：以颗粒浓度评估表面洁净度》：该标准对表面颗粒浓度“水平”进行了划分，并描述了颗粒浓度测量方法。

⑨ ISO 14644-10:2022 《洁净室及相关受控环境　第10部分：以化学物浓度评估表面洁净度》：该标准对洁净室中的表面化学污染“水平”进行了划分，并描述了表面化学物质浓度的测试方法。

⑩ ISO 14644-12:2018 《洁净室及相关受控环境　第12部分：按纳米级颗粒浓度监测空气洁净度的技术要求》：该标准的内容是以空气中纳米尺度颗粒的浓度来监测空气洁净度。仅考虑粒径为0.1μm（100nm）及以下的颗粒。

⑪ ISO 14644-13:2017《洁净室及相关受控环境　第13部分：达到规定的颗粒和化学物洁净度的表面清洁》：为使关注的洁净室表面达到规定的洁净度，该标准给出了清洁方面的指南。为达到按颗粒或化学物浓度划分的表面洁净度，该标准提供了对清洁方法进行评估的指南，还讨论了达到特定洁净度水平应考虑的技术。

⑫ ISO 14644-14:2016《洁净室及相关受控环境　第14部分：以空气中颗粒浓度评估设备使用适用性》：该标准规定了评估设备（例如：洁净室和洁净区用的机器、测量设备、工艺设备、部件和工具）适用性的一种方法，说明了如何按ISO 14644-1规定的、以空气颗粒浓度表示的空气洁净度，来衡量这些装置在空气颗粒散发方面的适用性。

⑬ ISO 14644-15:2017《洁净室及相关受控环境　第15部分：以空气中的化学物浓度评估设备和材料的适用性》：该标准给出了针对空气化学物浓度体现的洁净度，对洁

净室和洁净区使用的设备与材料进行评估的要求和指南。它与ISO空气中化学物浓度的洁净度标准（ISO 14644-8）有关。

⑭ ISO 14644-16:2019《洁净室及相关受控环境　第16部分：洁净室和隔离装置的能效》：该标准为新的和现有的洁净室、洁净区和隔离装置能源效率的提高提供了指导和建议，为洁净室在设计、建造、调试和运行过程中提高能源效率提供了指导。

⑮ ISO 14644-17:2021《洁净室及相关受控环境　第17部分：颗粒沉积速率应用》：该标准为污染控制计划的组成部分——洁净室或洁净区关键表面上颗粒沉积速率（PDR）的测量结果的解释和应用提供了指导。

新标准ISO 14644-18:2023《洁净室及相关受控环境　第18部分：洁净室用耗材适用性评估》也已发布。该标准在内容上与ISO 14644-14和ISO 14644-15有关。

供洁净室测试和监测的人员使用的最重要的ISO标准如下：

① ISO 14644-1，适用于测量空气中的颗粒浓度并对洁净室或洁净区洁净度进行分级；

② ISO 14644-2，适用于连续监测洁净室和洁净区空气中颗粒浓度、送风量、风速和压差；

③ ISO 14644-3，用于执行本书中讨论的各种类型的测试。

ISO 14698系列标准[10]与ISO 14644系列标准密切相关，由同一个ISO技术委员会（ISO/TC209）管辖。包括以下两部分：

① ISO 14698-1:2003《洁净室及相关受控环境-生物污染控制　第1部分：一般原理和方法》：该标准给出了评估和控制洁净室生物污染的正式体系的原理与基本方法。

② ISO 14698-2:2003《洁净室及相关受控环境-生物污染控制　第2部分：生物污染数据的评估和解释》：该标准对微生物数据的评估方法以及如何评估洁净室微生物测量结果提供了指导。

这两个标准都需要更新。新的欧洲标准已经发布，即EN 17141：2020《洁净室及相关受控环境——生物污染控制》[11]。该标准结合了ISO 14698这两个部分中的信息，并进行了更新和改进。目前正在对ISO 14698的这两个部分进行审核、更新，将来重新发布。

关于洁净室空气中和表面上微生物采样的信息，本书第10章进行了一些基本的讨论，并在本书附录I和J中进行了详细讨论。

ISO 14644-1是一项重要标准，说明了如何根据空气中的最大允许颗粒浓度对洁净室和洁净区进行分级的相关信息。用于分级的颗粒粒径范围为0.1 ~ 5μm。空气悬浮颗粒的浓度通常由第10章中所述的光散射空气粒子计数器（LSAPC）测量。

洁净室的洁净度等级符号中必须包括：

① ISO等级编号，表示为“ISO *N*级”；

② 分级适用的占用状态；

③ 关注粒径。

ISO 14644-1:2015规定的洁净室洁净度等级见表4.1。

表4.1 按颗粒浓度划分的ISO空气洁净度等级（ISO 14644-1：2015中 的表1）

ISO 等级数字（N）	大于或等于关注粒径的最大允许颗粒浓度（颗粒 /m³）①					
	0.1μm	0.2μm	0.3μm	0.5μm	1μm	5μm
1	10②	④	④	④	④	⑤
2	100	24②	10②	④	④	⑤
3	1000	237	102	35②	④	⑤
4	10000	2370	1020	352	83②	⑤
5	100000	23700	10200	3520	832	④、⑤、⑥
6	1000000	237000	102000	35200	8320	293
7	③	③	③	352000	83200	2930
8	③	③	③	3520000	832000	29300
9⑦	③	③	③	35200000	8320000	293000

① 表中的所有浓度都是累积的，例如 ISO 5 级中 0.3μm 的 10200 个颗粒，包括所有大于或等于该粒径的颗粒。
② 这些浓度使得空气分级的采样量大，可以采用序贯采样法。参见本书附录 C（ISO 14644-1：2015 中的附录 D）。
③ 表中这些区域由于颗粒浓度太高，浓度限值不适用。
④ 由于存在采样和统计方法上的制约，所以这里的低浓度颗粒不能用作分级。
⑤ 此粒径大于 1μm 且颗粒浓度低，采样系统中可能的颗粒损失使其不能用作分级。
⑥ ISO 5 级中此粒径可以使用大颗粒 M 描述符，但至少要与另一种粒径结合使用。
⑦ 此级别仅适用于动态。

表4.1给出了洁净室洁净度的整数等级，例如ISO 5级。但是，等级也可以指定为两个整数等级中间的等级，例如ISO 1.5级、ISO 2.5级、ISO 3.5级，条件是等级间的增量不小于0.5。ISO 14644-1:2015的附录E给出了这些中间等级列表。

ISO 14644-1:2015的要求是不用计算方式而用查表方式来获取洁净室分级浓度限值。但在附录E中还是给出了表4.1中未包括的粒径的最大浓度计算方法。这些非表列粒径颗粒的浓度可以使用式（4.1）计算。

$$C_n = 10^N \times \left(\frac{K}{D}\right)^{2.08} \tag{4.1}$$

式中 C_n——空气中大于或等于关注粒径的最大允许颗粒浓度，颗粒/m³，C_n不超过三位有效数字，修约到最接近的整数；

N——ISO等级数字，N=1 ~ 9；

D——未列在表4.1中的关注粒径，μm；

K——常数，为0.1μm。

现在举例说明。例如，计算ISO 6级洁净室所要求的关注粒径≥2μm颗粒最大允许浓度，方法如下:

$$C_n = 10^6 \left(\frac{0.1\mu m}{2\mu m}\right)^{2.08} = 1967 / m^3$$

洁净室空气中测量出的颗粒浓度取决于房间中正在进行的产生颗粒的活动的程度。当洁净室刚刚建成（或重新建成）并提供了正确的过滤风量，且房间内没有生产设备或人员时，预期的颗粒浓度应该非常低。该浓度真实地反映了洁净室中过滤了的送风中的颗粒浓度。如果洁净室有生产设备在运行，但房间内没有人员，那么颗粒浓度应该会更高。但洁净室中颗粒最大浓度出现在洁净室处于全面生产运行状态时，设备和人员都在散发颗粒。洁净室的ISO分级可以在ISO 14644-1中规定的三种占用状态下进行。这三种占用状态如下:

① 空态：洁净室或洁净区已建好，所有公用服务设施均已连接并正常运行，但没有设备、家具、物料或人员在场;

② 静态：洁净室或洁净区已建好，设备已安装好并按照约定的方式运行，但没有人员在场;

③ 动态：洁净室或洁净区以指定方式运行、设备在运行、有指定人数的人员在场。

ISO 14644-1:2015给出了测量洁净室内各处空气中颗粒的方法，以此确定洁净室或洁净区的洁净度等级。这将在第11章中做更多讨论。

洁净室在其整个生命周期中都必须确保符合规定的ISO洁净度等级，因此，应对洁净室的性能进行持续监测或定期检测。2000年发布的ISO 14644-2提供了洁净室中应定期进行的各类测试以及最低测试频次方面的信息。然而，修订后的ISO 14644-2:2015不再涵盖这些信息，而是侧重于依据风险评估制定出连续监测计划，以此为合格的洁净室性能提供佐证。

许多洁净室，也可能是大多数洁净室，不进行连续监测而只进行定期检测，这些洁净室的用户通常不知道需要进行哪些测试，以及应该多久进行一次。为了帮助这些用户，英国版的ISO 14644-2:2015即BS EN ISO 14644-2:2015 [12] 另有一个国家标准附录，其中包含了与2000年发布的ISO 14644-2相近的信息。此信息列于表4.2中。

表4.2给出了在洁净室和洁净区进行的常见检测以及建议的检测间隔期。至于是否需要进行表中的可选测试、表中建议的测试频次是否合适，均应通过风险评估予以确定。

在药品生产等受监管行业中，可能监管机构要求的测试频次与表4.2中给出的指导值不同。此时，须遵守监管机构的要求。

表4.2　证明持续符合ISO 14644-1的洁净室和洁净区检测时间建议

（BS EN ISO 14644-1：2015中的表NA.1）

检测参数 / 性能属性	最长检测间隔期
空气中颗粒浓度≤ ISO 5级	6个月
空气中颗粒浓度 > ISO 5级	12个月
压差	通过频繁的人工观测或自动化仪表进行持续监测

续表

检测参数 / 性能属性	最长检测间隔期
单向流中以及洁净度等级 ≤ ISO 5 级洁净室中已装过滤器检漏	6 个月
非单向流中以及洁净度等级 >ISO 5 级洁净室中已装过滤器检漏	12 个月
单向流风速	6 个月
非单向流送风量	12 个月
隔离检漏（可选）	调试时、此后每 4 年、气流系统或设备发生任何重大改变后
气流可视化（可选）	调试时、此后每 4 年、气流系统或设备发生任何重大改变后
非单向流的自净时间（可选）	调试时、此后每 4 年、气流系统或设备发生任何重大改变后
颗粒沉积速率（可选）	调试时、此后每 4 年、气流系统或设备发生任何重大改变后
气流隔离测试（可选）	调试时、此后每 4 年、气流系统或设备发生任何重大改变后
① 温度； ② 湿度； ③ 静电和离子发生器	根据需要，并与洁净室用户协商

4.3 制药洁净室的分级与检测

药品生产监管部门已经发布了文件，对药品生产中使用的洁净室提出了相关要求。其中使用最多的分别是欧盟和美国FDA发布的两份文件。这些是最重要的监管文件，因为欧盟或美国以外的大多数国家或地区都共属于一个互认体系；或者，其当地标准的要求比欧盟和美国FDA文件中已经充分涵盖的内容还要多。现在就讨论欧盟和美国FDA的相关文件。

4.3.1 欧盟药品生产质量管理规范指南

欧洲采用的药品标准为《EudraLex-欧盟药品生产管理规范　第4卷　欧盟药品生产质量管理规范指南-人用及兽用医药产品》[13]，简称欧盟-药品生产质量管理规范指南（欧盟GGMP）。

欧盟GGMP中的附录1“无菌药品生产”是与洁净室检测和监测关联最多的部分，可从互联网上免费获得，本书撰写时其2022版可从欧盟相关网址获得。

在编写本书时，附录1（2022年）正处于修订的后期阶段。本节中提供的信息是2022年版中的信息。因此，为获得最新的规定和要求，须在附录1的修订版出版后对其进行查询。

表4.3显示的是欧盟GGMP（2022）附录1中给出的空气悬浮颗粒分级。该表列出了按ISO 14644-1规定的方法对静态或动态的洁净室或洁净区进行分级时，各种洁净度等级（A ~ D）所规定的最大允许颗粒浓度。

表4.3 欧盟GGMP（2022）的空气分级

等级	最大允许颗粒数量限值			
	≥ 0.5μm/m³		≥ 5μm/m³	
	静态	动态	静态	动态
A	3520	3520	未规定[a]	未规定[a]
B	3520	352000	未规定[a]	2930
C	352000	3520000	2930	29300
D	3520000	未规定[b]	29300	未规定[b]

（a）若污染控制计划或历史趋势中涉及，可以考虑划分等级时包括5μm颗粒。
（b）D级的动态限值不是预先确定的。制造商可以根据风险评估和日常数据（如适用）设立动态限值。

还需要进行监测来证明生产过程中洁净室微生物达到的浓度。表4.4给出的就是附录1（2022）中所列的微生物浓度限值建议。

表4.4 微生物污染限值建议

等级	空气样本/（CFU/m³）	沉降盘（直径90mm）/（CFU/4h[a]）	接触盘（直径55mm）/（CFU/盘）
A		无生长	
B	10	5	5
C	100	50	25
D	200	100	50

（a）应在动态期间暴露沉降盘，并按要求在最长4小时后更换沉降盘。其暴露时长应根据自净研究且不应使所用介质干化。

从表4.3和表4.4可以看出，用于无菌药品生产的洁净室和洁净区有四个等级。应使用的等级由制造的产品类型决定，还取决于工艺的哪一部分应予保护不受污染；产品、工艺受污染的风险越高，空气中的污染物浓度就要越低。对于不同类型产品在不同制造阶段所要求的等级，可查阅欧盟GGMP附录1。

监管机构预期制药洁净室的测试会依据ISO 14644系列标准中给出的方法实施。监管机构目前期望的是，所有等级的洁净室区域都应检测空气中颗粒和MCP的浓度、空气过滤系统是否有泄漏、送风量以及各洁净区域之间的压差。此外，应在A级区域测量风速，因为这些区域使用的是单向流。A级和B级区域最短检测间隔时间预期为6个月，C级和D级区域最短检测间隔时间为12个月。

4.3.2 工业指南-无菌工艺生产的灭菌药品-当前药品生产质量管理规范（2004）[14]

该文件（以下简称FDA指南）由美国食品药品管理局（FDA）制定，2004年出版。本书撰写时可从FDA网站免费下载。

FDA指南中有个表格与欧盟GGMP附录1中的表相似，表中列出了药品生产中使用的不同等级洁净区所需的洁净条件，见表4.5，其中洁净度分级依据的是ISO 14644-1。同时，由于FDA指南应用的历史悠久，这些等级也按照联邦标准209给出了每立方英尺中的颗粒数量。该标准1999年之前在美国使用，已被ISO 14644-1取代。

FDA指南区别于欧盟GGMP附录1之处在于，其生产区域只需符合动态条件下的分级即可，无须静态条件下的分级。此外，FDA指南仅规定了空气中≥0.5μm的颗粒浓度，而未对≥5μm的颗粒作出规定。

表4.5 FDA指南中的空气分级①

洁净区分级（0.5μm 颗粒 /ft^3）	ISO 等级②	≥ 0.5μm 颗粒 /m^3	工作期间（动态）微生物有源空气采样器③/（CFU/m^3）	工作期间（动态）微生物沉降盘③, ④（直径 90mm）/（CFU/4h）
100	5	3520	1⑤	1⑤
1000	6	35200	7	3
10000	7	352000	10	5
100000	8	3520000	100	50

① 所有分级依据的都是工作期间暴露的材料或物品附近测得的数据。

② ISO 14644-1 等级为多种行业的洁净室给出统一的颗粒浓度值。颗粒浓度等于 100 级的 ISO 级别（ISO 5 级），大约等于欧盟的 A 级。

③ 数值代表的是所建议的环境质量水平。根据运行特性或分析方法的特点，可以建立合适的动态微生物水平来代替环境质量水平。

④ 沉降盘可选加。

⑤ 来自 100 级（ISO 5 级）环境的空气样本通常不应有微生物污染。

FDA指南确定了两个重要的洁净区域：关键区和辅助洁净区。FDA文件中将关键区描述为“灭菌的剂型、容器和密封件所暴露的环境条件，必须设计成可保持产品无菌”。这些区域中开展的活动有灌装、封口以及在此之前对这些无菌材料所做的操作(例如，无菌连接、灭菌成分添加)。关键区的空气洁净度应为ISO 5级。

指南中对辅助洁净区的描述为：“许多辅助区用作非无菌组分、配方产品和工艺过程中材料及设备、容器/密封件等的制备、存放或转移的区域。”

FDA指南建议紧邻无菌生产线的区域在生产过程中至少达到ISO 7级。指南还建议“制造商也可以将此区域建为ISO 6级或将整个无菌灌装室保持在ISO 5级。空气洁净度为ISO 8级的区域适合开展关键性较低的作业（例如设备清洁）”。

FDA指南提供了有关隔离器的信息。建议隔离器内部的洁净空气应达到ISO 5级，隔离器周围的环境应依据其连接口的类型（例如传递口）来定，但通常为ISO 8级。对于吹-灌-封技术也有类似的信息说明。

FDA监管机构通常期望的是，证明连片洁净室正常运行所需的测试将按照ISO 14644系列标准中概述的方法进行，但FDA指南也提供了另外一些信息。

5
风速测量

单向流洁净室或洁净区的洁净度，是由去除所产生污染物的置换风速决定的。而非单向流洁净室的洁净度是由送风量决定的。

单向流洁净室中的风速可在0.2 ~ 0.6m/s的范围内。欧盟GGMP [13] 的附录1建议的范围为0.36 ~ 0.54m/s（指导值），而FDA指南 [14] 建议的风速为0.45m/s（上下浮动20%）。实际上，这两个要求是一样的。本章讨论了单向流洁净室或洁净区风速测量所用的仪器，以及如何正确测量并报告风速。

非单向流洁净室必测的是送风量，以确保有足够的过滤空气供应量与室内空气相混合并稀释空气中的污染物。常用的测量方法是先测量通过风管的或过滤器出风面的风速，再乘以出风面积。测定送风量的方法在第6章中讨论，测量风速的仪器在本章中讨论。

5.1 风速测量仪

洁净室使用的风速测量仪可分为三种类型：皮托静压管（简称皮托管）、叶片风速计、热风速计。

现在讨论每种仪器的工作原理、使用方法、优缺点。

5.1.1 皮托管

皮托管通常不用于洁净室内风速的测量，而是放在洁净室的送风管或排风管中来测定风管内的空气流速。根据管道横截面面积，就可以计算空气的供应量和排出量。送风量和排风量的获取方法将在下面的第6章中介绍。下面介绍皮托管是如何测量风速的。

如图5.1所示，皮托管结构为同心双管，可根据使用情况选择从30cm到4m的各种长度。

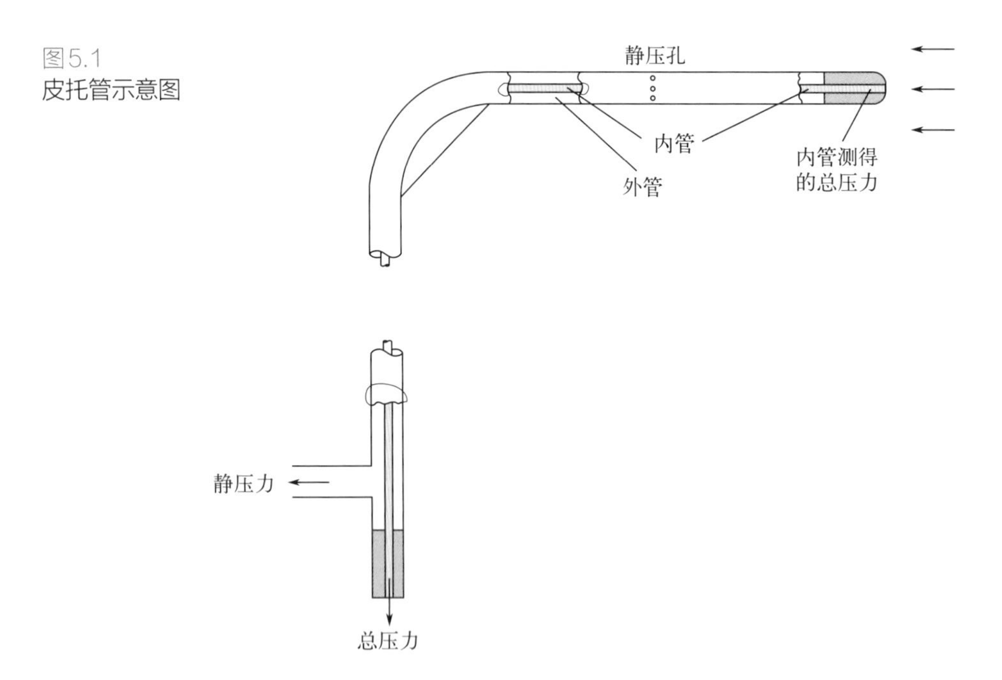

图5.1
皮托管示意图

将皮托管面向气流，并在其管嘴前内管嘴口处测量气流的总压力；该嘴口与内管连通。该总压力是由风速引起的（动态）速度压力和由气流阻力引起的静压力的组合，即式（5.1）。

$$风管总压力=速度压力+静压力 \tag{5.1}$$

或

$$速度压力=风管总压力-静压力 \tag{5.2}$$

风速是根据速度压力获得的。从式（5.2）可以看出，从风管总压力中减去静压力就得到速度压力。静压力是从围绕皮托管外圆周排成一圈的孔口（至少六个，通常是八个）获得的。这些孔口位于管嘴下游并与外管连通，孔口与管嘴的距离是管径的倍数。

用压力计测量内管（总压力）和外管（静压力）之间的压差，这就是速度压力。现在可以使用下式（常称为伯努利方程）通过测定速度压力计算风速。

$$p_v=0.5\rho v^2 \tag{5.3}$$

式中　p_v——速度压力，Pa；

ρ——空气密度，温度为20℃、大气压为1013mbar（1mbar=100Pa）时，空气标准密度为1.2kg/m^3；

v——风速，m/s。

示例：当大气压力为1013mbar、空气温度为20℃时，皮托管在风管中测出的速度压力为30Pa。问管道中的风速是多少?

由伯努利方程可知：

$$p_v=0.5\rho v^2$$

$\therefore 30=0.5\times1.2v^2$；

$\therefore v^2=30\div(0.5\times1.2)=50$；

$\therefore v=7.07$（m/s），即管道中风速为7.07m/s。

某些类型的仪器会直接给出风速读数。这类仪器以电子方式测量皮托管内管和外管的压力来获得速度压力，并将该速度压力自动转换为风速。

为确保获得准确的风速读数，皮托管前部必须与气流平行。如果在风管中使用皮托管，可以在风管外部安装夹具以确保对准气流方向。如果将皮托管的角度设置在气流方向的5%以内，则可能出现的误差小于0.5%；如果设置在10%以内，则可能出现的误差小于1%。皮托管与气流对准，就可记录下最大压差，从而获得准确的读数。

5.1.2　叶片风速计

这类仪器中的叶片是由气流转动的，其工作方式类似于风车中的叶片。图5.2为叶片风速计。叶片每次的旋转频率用电子方式测出，并转换为速度。叶片风速计通常用于高效空气过滤器面风速的测量，该风速与过滤器表面积相乘就可算出送风量。叶片风速计也可用在风道中进行风速测量，为此可使用小型风速计测头。然而，相较于皮托管，在管道中使用叶片风速计时切出的孔必须大些，这有可能是不受认可的。

叶片风速计和热风速计都存在气流速度读数快速波动的情况。风速计必须有适当的阻尼，以便更容易地读取出正确的速度。这也可避免将变速中的最高读数当作正确风速。此外，某些类型的风速计可以测定出指定时间段内的平均风速。

图5.2
叶片风速计

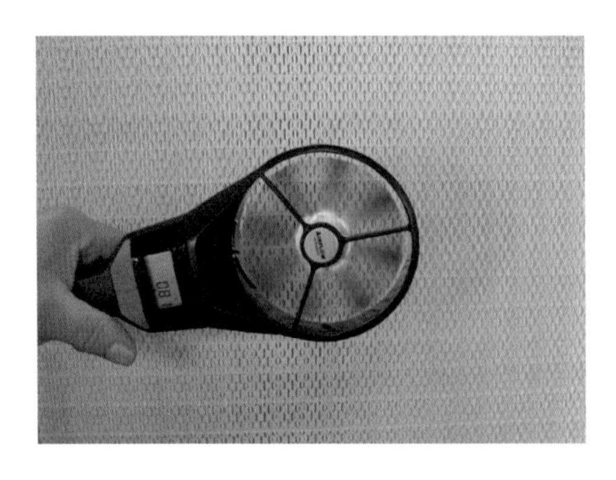

如果叶片风速计测得的风速为0.2 ~ 0.3m/s，则旋转叶片部件内的机械摩擦可能会导致叶片无法自由转动并使读数失准，旧的和长期使用的叶片风速计尤其如此。这种风速计还会因风速计的定向以及轴承上受力的不同而给出不同的读数。

叶片风速计测量的是其测量头面积上的平均风速。这对在过滤器表面获得正确的风速（简称“面速”）是一个优势，因为风速必然会在过滤器表面的短距离内发生变化[15]。叶片风速计具有较大的测量面积，相比于热风速计在过滤器面上某个点的读数，其读数对面速更具代表性。

5.1.3 热风速计

热风速计通过探测空气对其探头的冷却效应来测量风速。热风速计有多种，图5.3即为其中的一种。

图5.3
热风速计

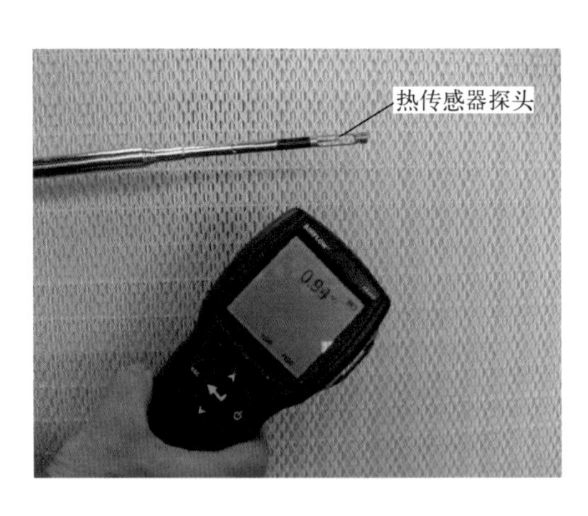

常见热风速计的工作原理是：加热了的小型热敏电阻珠被空气冷却，该冷却量与风速相关。通过将电阻珠保持在恒定温度所需的电能量来测出风速。探头电路中还集成了一个未加热的热敏电阻，以便正确地确定并抵消空气温度的变化。

某些热风速计品牌将热敏电阻集成在伸缩式小探头的延长部分中，这样就可用来测量风管内的风速。该风速计也可用于洁净室，以免手持着风速计的检测人员阻碍气流并改变气流方向和速度。

测量的风速较低时，热风速计比叶片风速计的可靠性更高。热风速计通常不如叶片风速计牢固，并且传感部件可能会因使用不慎而受损。然而，只要在使用上适当地注意，它还是可以提供长期服务的。

5.2 如何用风速计测量风速

为了用叶片风速计或热风速计准确测量并报告风速，应考虑下面一些要求：

① 仪器的正确校准；

② 风速计测量时的测量角；

③ 获得平均风速的时间；

④ 距过滤器面的最小测距；

⑤ 在与过滤器面有一定距离处进行测量；

⑥ 风速的均匀性和最大偏差。

5.2.1 风速计的校准

风速计应定期校准以确保其准确性。校准时应在洁净室的实际风速范围内检查仪器的准确性。众所周知，一些校准实验室有这样的假设：风速计能在风速高时给出正确的读数，就会在风速低时也给出正确读数。但实际情况可能并非如此。例如，叶片风速计轴承摩擦力的增加可导致低风速时的读数低于预期。

5.2.2 风速计测量角

风速计与气流有夹角会影响读数，空气应该顺当无阻碍地通过风速计。若风速计与气流形成一定角度，风速读数可能会降低。普通类型的风速计与气流形成30°以上的夹角，读数就会受到影响。某些热风速计探头直径较小、开口相对较深，空气通过这样的探头，就可能特别容易出现问题。测量过程中晃动风速计的探头直到测出最高读数，通常会得到正确的结果。

5.2.3 风速计测量时间

洁净室中的空气流速随时间不断变化，某一瞬间的读数不太可能具有代表性。应给出充足的测量时间以确保获得的平均读数准确，或使用可测定指定时间段内平均读数的风速计。

5.2.4 距空气过滤器面的最小测距

因为靠近过滤器表面的气流不均匀且有紊流，测量高效空气过滤器表面的风速可能会出现问题。这是由于空气流出过滤介质褶皱间的速度高于其通过介质的速度；另一个原因是过滤器面格网对气流造成的阻碍。这些影响因素的组合作用会在过滤器表面产生不均匀的紊流，并影响风速读数。过滤介质附近的读数可能比实际风速高25%。

图5.4显示的是在距高效过滤器面不同距离处测得的实际风速读数[15]。可以看出，直到风速计距离过滤器约15cm时，风速才变得均匀，并得到正确的风速。ISO 14644-3：2019[9] 建议在距过滤器面15 ~ 30cm处测量风速。

图5.4
叶片风速计距
过滤器面不同
距离处测得的风速

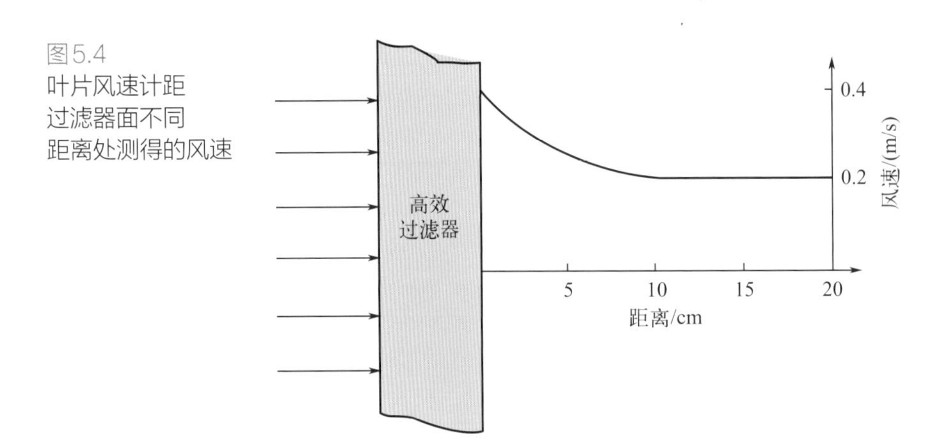

应注意的是，从过滤器出来的空气会散开并降低速度。为了获得正确的风速，不应在距离过滤器太远的位置测量过滤器吹出来的风速，最大距离为30cm是合理的。

5.2.5 单向流中远离过滤器面的风速测量

尽管测量送风过滤器面速的距离应不小于15cm，但在距过滤器过远的位置测量单向流的风速也可能会产生问题。

在图5.5所示的那类单向流系统中，风速测量应该没有什么难处。墙壁限制住空气，并且在距过滤器大于15cm的地方，风速理应保持恒定。然而，单向流系统在过滤器（或多个过滤器）的外周仍有空间，当来自过滤器面的空气膨胀并填充这些空间时，其速度可能会出现小幅但明显的下降（约10%或更小）。

图5.5
单向流工作台
中的理想气流

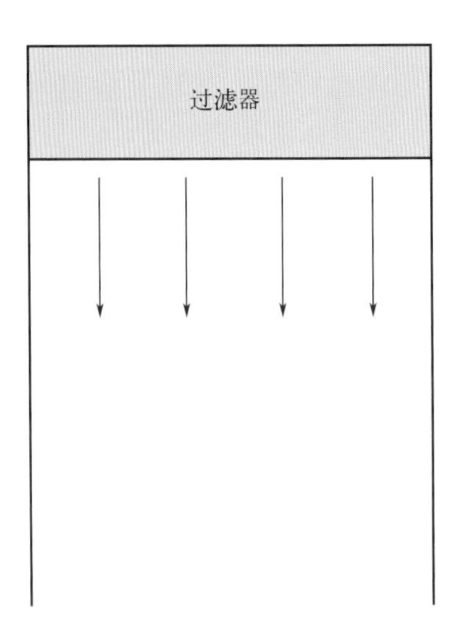

房间内的物体（例如工艺设备）会干扰气流并在测量风速时造成困难。例如，在图5.6所示的单向流系统中测量风速，在整个房间的大部分工作高度位置上，风速将相当恒定。但在图中所示的低风速区则不是这样。因为机器造成的阻碍使空气无法流过，气流必须偏转绕行，于是空气被迫转向，所以在低风速区中风速会降低。

图5.7所示是计算机流体动力学（CFD）对气流的分析，单向流从顶部的过滤器面流下并流向下部的工作台。来自顶部高效过滤器的空气流速为0.4m/s，箭头的长度与流

速成正比。该图显示了单向流系统中在工作位置测量风速所遇到的问题。单向气流无法通过工作台，只能分流并绕过工作台。因此，在工作台表面的工作区域，风速接近于零。确定风速测量位置时应该了解这一点，最好在工作区域上方的某个点测量风速。该点距离工作区域应近到足以认为其处在该工作区域中，但又不会过近而使受测气流受到工作台表面阻碍。

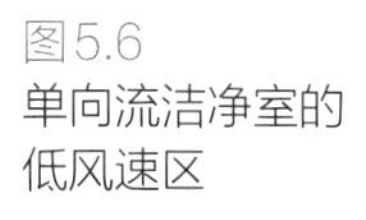
图5.6
单向流洁净室的低风速区

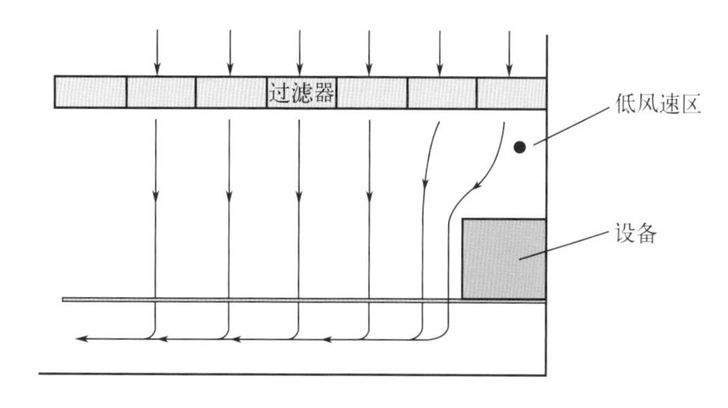

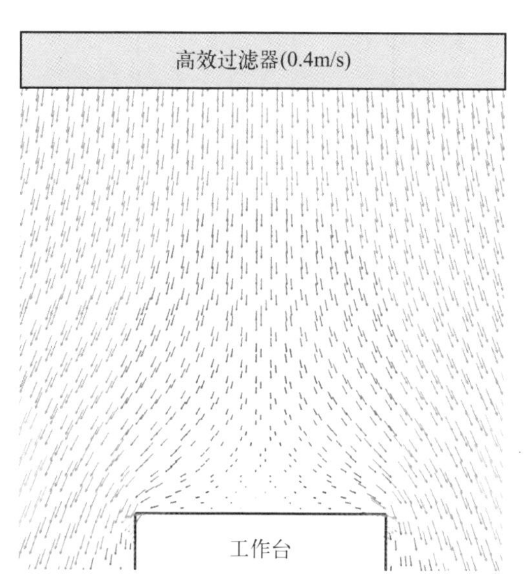

图5.7
工作台周围的气流
（箭头长度与风速成正比）

5.3 单向流中过滤器风速测点数量

单个高效过滤器不太可能在其整个过滤器面上具有恒定的风速，尽管过滤器表面上覆盖有可使气流均匀的孔板。此外，如果单向流洁净室或单向流空气净化设备的顶部（或壁板）上有多个过滤器，则过滤器之间的风速也可能不均匀。在单向流洁净室或单向流空气净化设备中，过滤器的风速变化过大是不行的。虽然任何ISO标准都没有给出一个值，但多年来一直认为最大风速变化范围为±20%（如早期的联邦209标准中所述）。

ISO 14644-3:2019建议单向流系统中获得平均风速所需的测量点最小数量用下式计算。

$$N = \sqrt{10A} \tag{5.4}$$

式中　N——风速测点的最小数量（上进到下一位整数）；

A——过滤器面积，m^2。

式（5.4）给出的是风速采样点（测点）的最小数量。但在许多情况下，需要更多数量的测点来确保不均匀的风速不会导致关键位置处测出的风速过低。下面讨论其中的一些情况。测点的实际数量应由客户和供应商商定。

图5.8显示的是理想情况下，空气从大型送风静压箱的顶部送出，空气过滤器位于静压箱底部。空气射流以及气流速度的变化发生在引入空气的顶部。但当气流达到过滤器时，气流很可能会变得均匀。高效过滤器进风侧的背压有助于气流的均匀。这种情况下，过滤器表面的风速差异可能很小，按式（5.4）计算出的最小测点数量，其测量结果应该正常。然而，由于空间限制，静压箱很少有足够的高度。

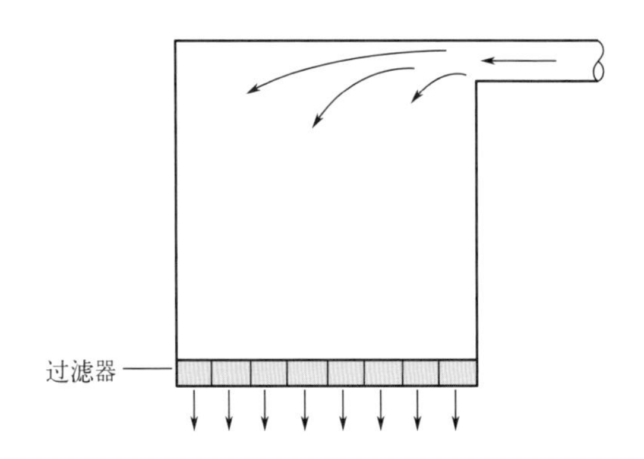

图5.8
理想条件通过过滤器的气流

图5.9中过滤器上方设置的是狭窄的送风静压箱，其进风口位于一侧。静压箱狭窄导致送风风速高并冲向静压箱的末端，从而使静压箱末端的过滤器有更多空气通过。这造成了通过过滤器的气流不均匀。

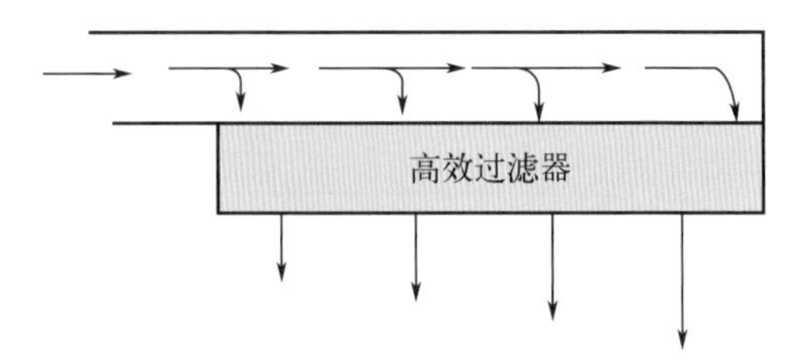

图5.9
狭窄的静压箱及其过滤器的气流状况示意图

图5.10显示的是另一个问题。如果空气由本地风机送出，或风管将气流引导到过滤器的某个区域，则该区域的风速可能远高于平均水平。这种情况可能发生在风机过滤器单元（FFU）以及净化工作台中，为此，通常在风机或风管前面使用导流板予以纠正。但使用导流板可能会产生其他问题：过滤器中心的风速较低，而中心外围的风速较高。

将式（5.4）应用于常见的、标称尺寸为600mm×600mm或600mm×1200mm的高效过滤器表面区域，得出每个过滤器的最小测点数量分别为2个和3个。然而，这可能还不足以给出小型净化工作台中过滤器气流均匀性的准确测量。此时，对这两种尺寸的过滤器，分别设置4个和6个测量位置可给出更准确的结果。这些测量位置应均匀分布在过滤器上。为完成此项工作，可将过滤器面分成等面积单元并测量每个面积单元中心处的风速。如图5.11所示。

图5.10
送风或风机位于过滤器中心位置时气流通过过滤器的状况

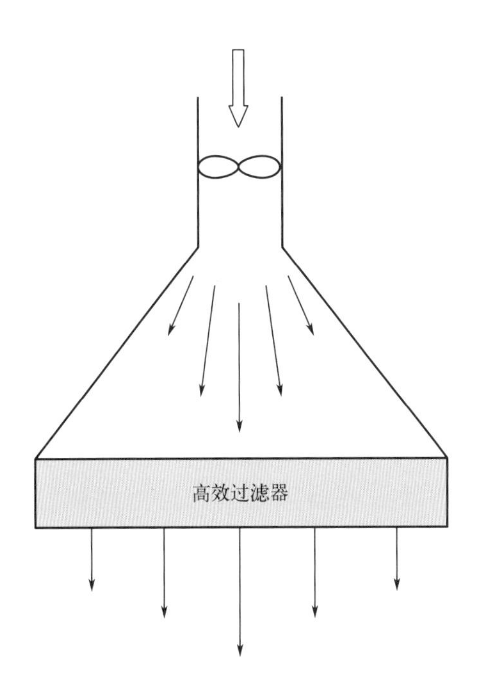

图5.11
不同标称尺寸过滤器表面上的风速测量点

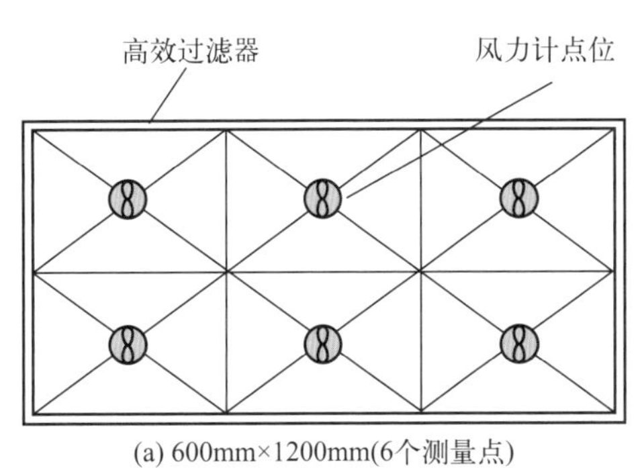

确定过滤器风速均匀性的另一种方法是用叶片风速计扫描整个过滤器面。应该留出时间让风速读数上升到实际风速，然后通过重叠扫描整个过滤器面来获得平均风速。叶片风速计覆盖的表面积比热风速计大，这种类型的扫描只能由可在足够长的时间内获取平均风速的风速计实施。一般600mm×600mm过滤器的总扫描时间为30s，600mm×1200mm过滤器总扫描时间为60s [15]。

5.4 单向流系统中风速的均匀性和最大偏差

一旦确定了单向流洁净室和洁净区中高效过滤器的风速测点数量并测量了风速，应计算平均风速以确认已达到设计值。ISO 14644-3:2019还建议计算风速的均匀性和最大偏差。

式（5.5）用于计算风速的均匀性。然而，应注意的是，为了获得准确的结果，风速读数的数量必须足够多以产生准确的标准差估值。

$$U_V=\left(1-\frac{\sigma}{V_{\mathrm{A}}}\right)\times 100\% \tag{5.5}$$

式中　U_V——风速均匀度，%；

σ——风速标准差；

V_A——平均风速。

式（5.6）用于计算风速的最大偏差。

$$D_{MAX} = \left(\frac{V_D - V_A}{V_A}\right) \times 100\% \tag{5.6}$$

式中　D_{MAX}——最大偏差，%；

V_A——平均风速；

V_D——与平均风速差别最大的读数。

为了说明如何获得风速的平均值、风速的均匀性和最大偏差，下面给出一个示例。

示例：单向流工作台高效过滤器顶棚的总过滤面积为3m×3m。最小测量点数量（N）由式（5.4）算出。

$$N = \sqrt{10A} = \sqrt{10 \times 3 \times 3} = \sqrt{90} = 9.5$$

上进到下一位整数，得出的测量位置是10个。额外添加一些位置是可以的，但会很难获得像10个那样间隔均匀的测量位置。为此，决定将过滤区域划分为12个部分，并在这些位置上获得了以下测量结果（m/s）：

0.38，0.39，0.42，0.38，0.38，0.45，0.43，0.43，0.38，0.39，0.40，0.41。

计算这些风速的平均值，得到0.40m/s。然后计算风速的标准差，可以使用有自动计算功能的电子表格，也可以用计算器，得到的结果为0.024。

风速的均匀性由式（5.5）算出。

$$U_V = \left[1 - \left(\frac{\sigma}{V_A}\right)\right] \times 100\% = 94\%$$

然后用式（5.6）计算风速的最大偏差：

$$D_{MAX} = \left[\frac{V_D - V_A}{V_A}\right] \times 100\% = 12\%$$

于是，单向流系统的风速测量结果为：平均风速=0.4m/s；风速均匀度=94%；最大偏差=12%。

6
送风量和排风量的测量

洁净室供应的是过滤了的空气，以此稀释和置换室内空气来去除其中的污染物。在非单向流洁净室中，空气洁净度与送风量（m^3/s）直接相关，洁净送风量越大，房间越洁净。与之相比，单向流洁净室中的风速（m/s）决定了空气的洁净度。前面的第5章讨论了风速，本章将讨论送风量以及排风量的测量。

6.1 送风量和换气次数的测量

整体而言，非单向流洁净室中的空气污染物浓度是由换气次数决定的。不考虑洁净室容积的情况下，也可以说是由送风量决定的，这也是可以从理论上证明[16]的。换气次数与房间的送风量及房间的容积有关，而单纯的送风量不提及洁净室容积。相同送风量但不同容积的洁净室会有不同浓度的空气污染物。也就是说，送风量、污染程度相同的情况下，较大的洁净室将具有高于预期的空气污染物浓度，因为房间实现的送风量相对较低；较小的洁净室将有更洁净的条件，因为房间实现的送风量相对较大。非单向流洁净室一般是依据其换气次数进行设计和测试。同时，也不排除按风量进行设计和测试。本章将讨论这方面的测量方法。另外，也有可能出于合同的要求，必须给出每小时换气次数。

计算每小时换气次数需要知道洁净室的送风量和容积（即长×宽×高），并使用下式：

$$每小时换气次数=每小时送风量（m^3/h）\div 房间容积（m^3） \tag{6.1}$$

示例：洁净室的送风量为$2.4m^3/s$，洁净室的容积为$10m\times10m\times4m$。每小时换气量是多少?

送风量$=2.4m^3/s$,

因此，每小时送风量$=2.4m^3/s\times3600s=8640m^3$;

房间容积$=10m\times10m\times4m=400m^3$,

所以，每小时换气次数$=8640\div400m^3=21.6$。

获得洁净室送风量或排风量的常用方法如下：

① 用皮托管或其他测速装置测出风管内的风速，根据风管的横截面积，计算出送风量或排风量；

② 测量从（成组）高效空气过滤器送出的空气速度，并根据过滤器面的表面积计算出送风量；

③ 使用风量罩；

④ 使用平均压力流量计和皮托管阵列；

⑤ 使用孔板和文丘里流量计。

6.2 用皮托管在风管中测量送风量和排风量

洁净室中的送风量或排风量可以根据风管中的平均风速及风管的横截面积，通过式（6.2）计算出来。

$$风量（m^3/s）=平均风速（m/s）\times风管截面积（m^2） \quad (6.2)$$

使用这种方法，可以获得每个送风口或排风口的送风量或排风量。通过将房间中各口的送风量或排风量加在一起，就可以得到进出洁净室的空气总量。

风管中的平均风速可以通过风速计获得。皮托管结实且准确，可以保持在校准状态。因此，它是首选的风速测量工具，现在讨论其应用。

6.2.1 风速在风管中的分布

单个读数无法准确测出风管中的平均风速，因为风管中的风速可能并不均匀。

如果空气沿直风管移动，最终会形成均匀的速度分布。这种类型的气流称为“充分展开”。在风管直长段的末端，速度分布如图6.1所示。虽然风管管壁的摩擦力会降低管壁附近的风速，但在整个风管上的速度分布还是相当均匀的。这种情况下，单个速度读数可能是可以接受的，但这种情况很少见。为了获得平均风速，通常需要在风管上读取多个空气速度读数。

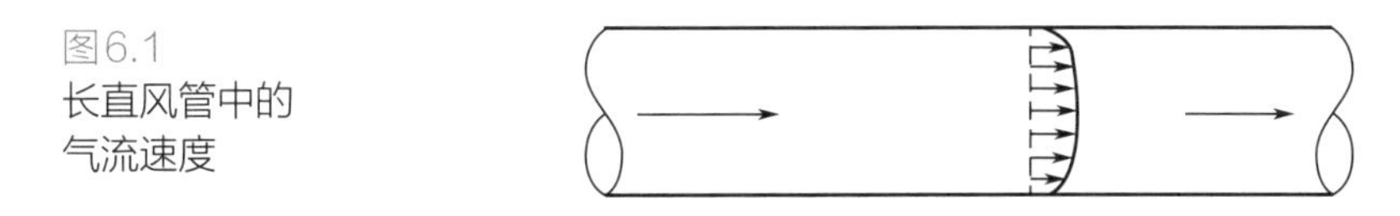

图6.1
长直风管中的气流速度

当风管截面从较小的尺寸变为较大尺寸时，速度将不再均匀，并且要达到图6.1那样的风速剖面，需要有一定的距离。此外，在风管转弯的位置，风管中靠外侧的空气具有更长的行进距离，并且必将具有更高的速度。这会产生图6.2所示的速度曲线。

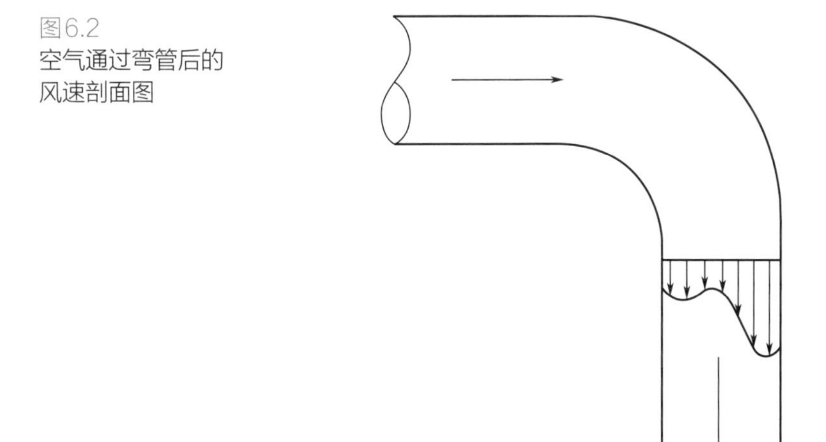

图6.2
空气通过弯管后的风速剖面图

当风管面积或风管方向有变化，或风管有阻碍时，则气流不均匀，难以获得穿过风管的平均风速，除非采用非常多且通常不切实际的测量次数。为了使气流充分展开，需要相当于风管直径50倍有时甚至是高达100倍的距离；此外，还需要与测点有大约20倍直管管径的净距离。在实验室中放置这类长度的风管也许是可能的，但在空调设备间的狭窄空间中（尤其是在需要大量空调设备的洁净室中）通常是不太可能的。可接受的折中方案是，保持适当的直管长度并在风管截面上测几个风速读数。

图6.3显示的是准确合理地测量风管中平均风速的最低要求。气流速度应在空气受阻后或在管径或方向发生变化后至少5倍直管管径（或宽度）处进行测量。并且，在距测量点至少1倍风管直径的距离上不得有障碍。

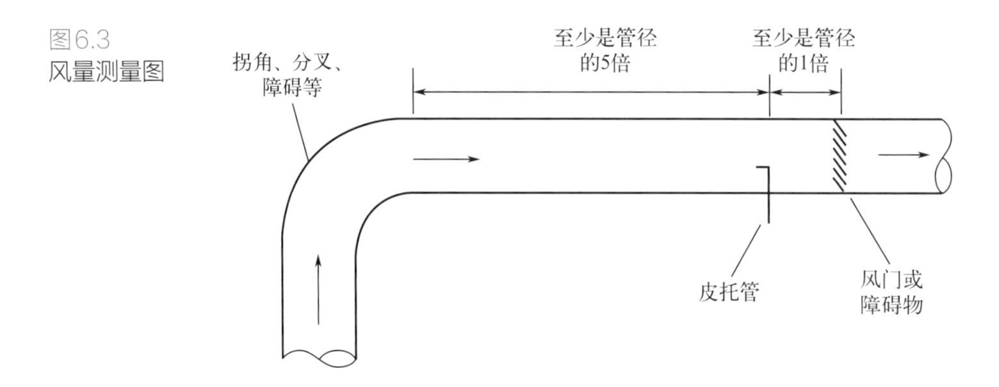

图6.3
风量测量图

6.2.2 风管截面上的多点测量

正如上一节所讨论的那样，风管上的风速不太可能是均匀的。因此，有必要在风管横截面选定几个风速测量点并计算平均风速。根据平均风速和风管横截面积，用式（6.2）就可以计算出风量。

使用皮托管测风管中准确的平均风速有标准的方法，这些方法在ISO 3966:2020中有描述：封闭管道中流体的测量-使用皮托管的风速面积法[17]。

如果风管是圆形的，则应在整个风管横截面上设定等面积圆环。在每个圆环内测量风速，并确定整个风管的平均风速。直径较大的风管需要的测量点较多，可以根据风管直径采用“对数-线性”规则在风管设置3个、4个或5个等面积同心圆环。图6.4所示是风管的横截面，它被三个同心圆分成了4个等面积圆环。

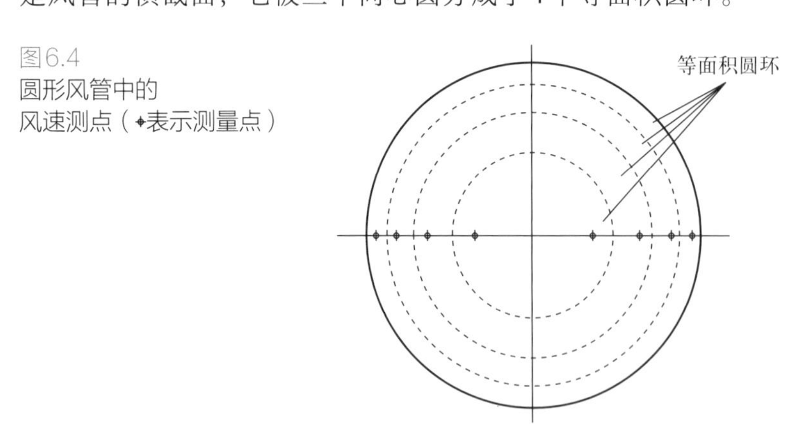

图6.4
圆形风管中的
风速测点（◆表示测量点）

表6.1 圆形风管中的速度测量位置与风管直径的比值

风管截面上等面积圆环数量	距管壁的距离与风管直径的比值
3	0.032，0.135，0.321，0.679，0.865，0.968

续表

风管截面上等面积圆环数量	距管壁的距离与风管直径的比值
4	0.021，0.117，0.184，0.345，0.655，0.816，0.883，0.979
5	0.019，0.076，0.153，0.217，0.361，0.639，0.783，0.847，0.924，0.981

表6.1中给出了对不同管径采用3个、4个 或5个等面积圆环方法设定风速测量点时，各测点距风管壁距离与风管直径比值的信息。现给出如何应用这种方法的示例。

示例：需要测定管径100cm风管的送风量。应使用4圆环方法，在横跨风管横截面的横贯线上设定8个风速测量点。

表6.1中给出的4圆环方法的比值是：

0.021，0.117，0.184，0.345，0.655，0.816，0.883，0.979。

将这些比值乘以管径（100cm），可以得到测点到风管壁的实际距离（cm）：

2.1，11.7，18.4，34.5，65.5，81.6，88.3，97.9。

建议采用横跨风管横截面的3条横贯线进行风速测量，最好彼此成60°（图6.5）（可能由于空间不足，这并不一定总是可行的）。然后计算平均风速。

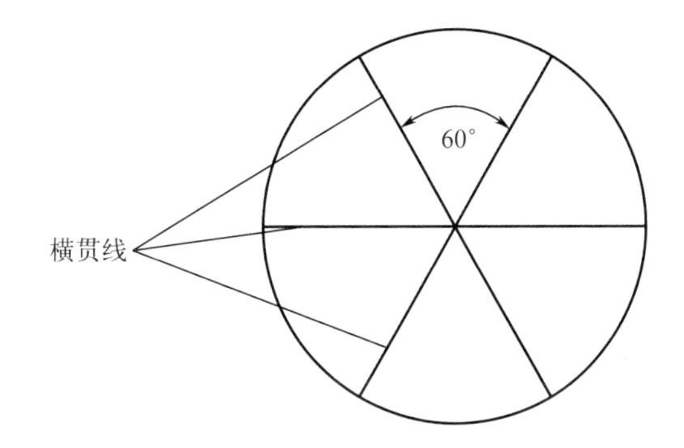

图6.5
风管截面的3条横贯线

因为矩形或方形风管通常用作主送风管，其横截面积通常大于圆形风管。应将风管的横截面积分成至少25个等面积区块来测量风速。测量位置可以通过“对数-切比雪夫规则”确定，表6.2给出了距风管一侧的管径比例建议值。30点（5×6）测量方式见图6.6。

表6.2　矩形或方形风管中风速测量位置与管径的比值

每条横贯线测点数	与管径的比值
5点	0.074，0.288，0.500，0.712，0.926
6点	0.061，0.235，0.437，0.563，0.765，0.939
7点	0.053，0.203，0.366，0.500，0.634，0.797，0.947

图6.6中，用皮托管在风管中的各测量点测量风速，计算出平均风速，并根据风管横截面积获得送风量或排风量。

图6.6
矩形或方形风管中
30个测速点的位置

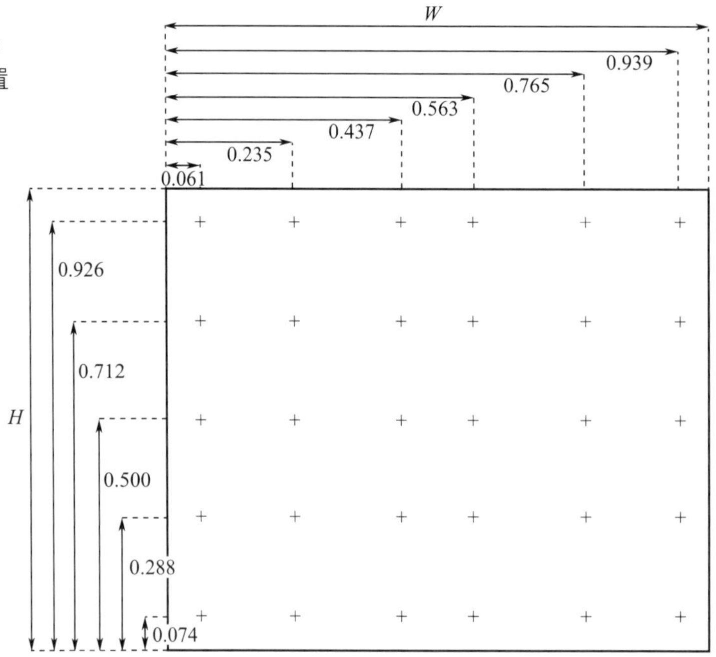

上述方法是洁净室中测量送风量或排风量最准确的方法。但是，有时使用这种方法可能存在某些难点，例如在拥挤的空调机房中无法接近测量点；此外，皮托管法也很耗时。因此，这种方法通常在交工前使用，此时需要送风量和排风量的准确信息。另外，在对实际送风量有争议的情况下，也可以使用皮托管法得出准确结果。

6.3 以送风过滤器测出的风速来计算送风量

使用皮托管和上面描述的方法，可在风管中准确地测量出送风量。然而，在空气入口处测量一个或多个过滤器的平均风速，并将该结果乘以过滤器面的表面积，也可获得送风量。此时应该使用式（6.3），它与式（6.2）相比有小的修改。

$$送风量\ (m^3/s) = 平均风速\ (m/s) \times 过滤器表面积\ (m^2) \tag{6.3}$$

ISO 14644-3:2019 [9] 给出了如何获得（成组）过滤器平均风速方面的信息，除此之外，还提供了测量空气速度方面更多的信息 [15]。根据该标准，应在距离送风过滤器表面15 ~ 30cm处测量风速。此外，(成组）过滤器的过滤器面应分成最少数量的等面积块，然后在每个等面积块的中心测量风速，并计算平均值。第5章讨论了该方法，现在给出一些相关信息。

单向流洁净室或洁净区：ISO 14644-3:2019给出了式（6.4），用来确定洁净室中供应单向流的高效过滤器的平均风速测量所需的最少测点数量。

$$N = \sqrt{10A} \tag{6.4}$$

式中 N——速度测量点的最小数量（上进为整数）；

A——过滤器（总）面积，m^2。

式（6.4）给出了合理的测量点数量，但在某些情况下（例如前一章讨论的情况），可能需要额外的测量点。额外测量点的数量应由客户和洁净室测试人员商定。然后根据所有的测量结果计算平均风速和送风量。

过滤器表面的空气速度测量应使用风速计，并且应仅在空气通过过滤介质的“有风区域”中进行测量。过滤器之间有一个风滞区，该区域中没有送风。图6.7显示了顶棚上装过滤器的这个区域。这种情况也出现在洁净室内自下向上安装的过滤器中。成组过滤器的周边也存在类似的区域。从图6.7可以看出，随着风滞区距过滤器面的距离增大，风滞区缩小并最终消失。因此，在工作高度测出的风速值，比距过滤器面15~30cm处的测值低，降幅可能为10%。如果只使用过滤器的有风区域面积来计算送风量，则会得到正确的结果。

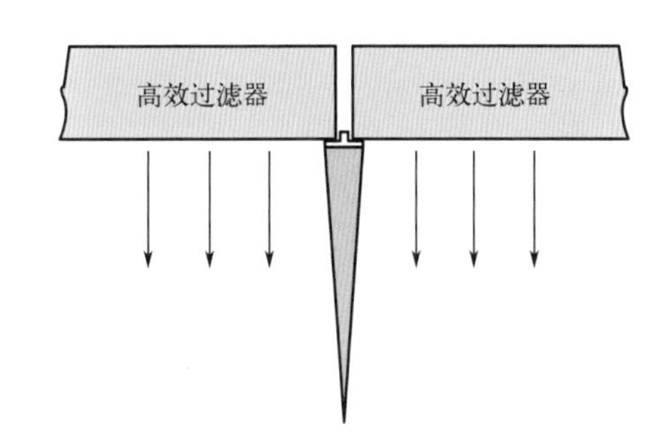

图6.7
单向流顶棚上高效过滤器的气流状况

非单向流洁净室：在非单向流洁净室中，洁净室每个送风口过滤器表面的平均风速乘以过滤器的“有风”表面积，即可获得空气供应量。将来自所有送风口的送风量相加，就获得洁净室的送风总量。

如果送风是通过散流器送出，则送风很可能以不同的速度从多方向送出。因此，在测量空气速度之前应拆除散流器。

6.4 风量罩

非单向流洁净室中，特别是对送风量进行例行检查时，通常会使用图6.8所示的风量罩。风量罩有时也称为气流测量罩或测压罩。

图6.8
在送风口处使用风量罩

风量罩将来自洁净室送风口的空气聚拢起来，并测定罩中流出的空气量。大多数风量罩的工作原理与皮托管相同，但测点不按出风口截面横贯线均匀布置，而是在多个散布的静压点布置。这些点相互连通以给出平均结果。

图6.9显示了风量罩出风口处的测量管网一般布置情况。一组互通的孔口均朝向气流并测量总压力的平均值。另一组互通的孔口背向气流并测量平均静压值。这两组孔的压力之差就是速度压力，可由灵敏的电子微压计测量出来。已知风压，由此计算出实际风速（见第5章5.1节），根据风量罩出风口面积即可得出送风量。

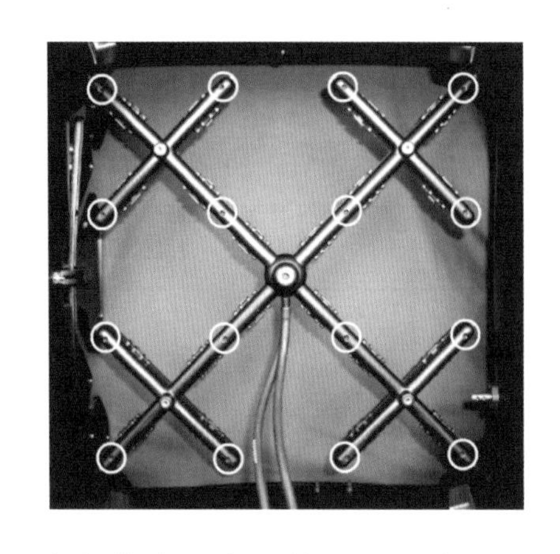

图6.9
风量罩出风口处的空气测量管网（圆圈标出的为测点位置）

风量罩给出的读数可因空气散流器类型的不同而有所不同。对这个问题已经有人做了调研[18]，并证明了紊流型散流器可使风量罩测出的送风量比实际风量高50%。

图6.10显示的是没有散流器时气流通过风量罩的CFD模拟。图6.11显示了四向散流器的气流通过风量罩的气流模拟。这两种情况下都可以看出，空气流动得相当均匀。图6.12显示了由紊流散流器引起的风量罩内的紊流，图6.13显示了位于测量点的风量罩出风口处的紊流。风量罩出风口内侧四周风速较高，而位于四周的测量点数量恰恰又较多，这两者效用的叠加（参见图6.9）就给出了高于实际的送风量。如果在风量罩内安装挡板使空气成直线流动，就可解决这个问题。另一种办法是在测量送风量之前先卸下空气散流器。

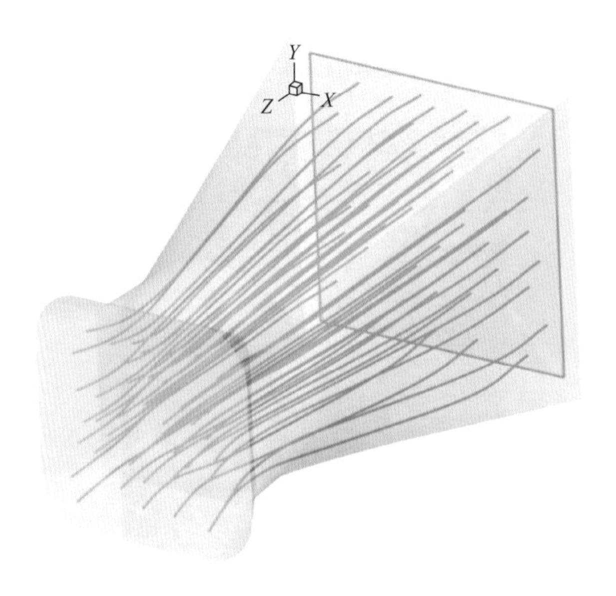

图6.10
无散流器时风量罩内的气流

图6.11
有四向散流器时
风量罩内的气流

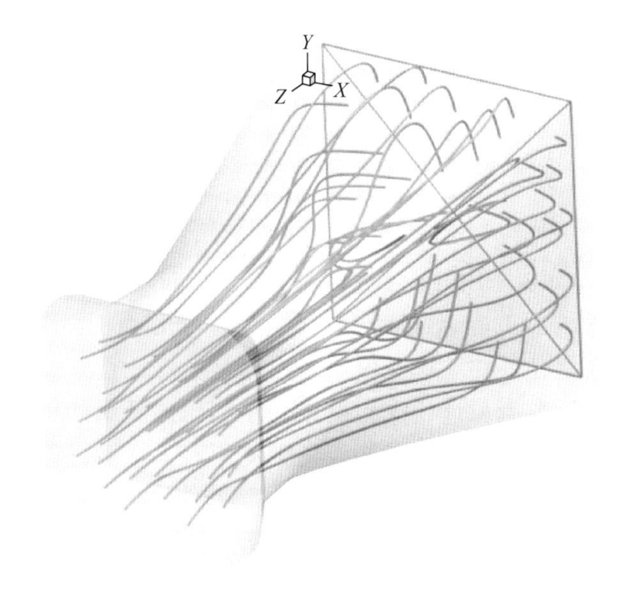

图6.12
有紊流散流器时
风量罩内的气流

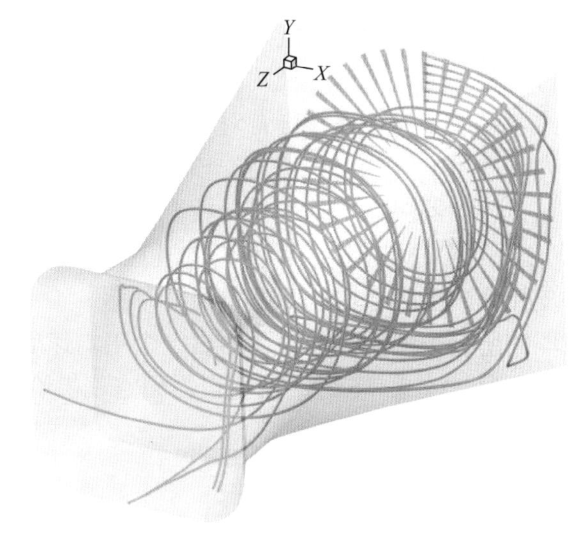

图6.13
出风口安装了紊流
散流器时风量罩
出风口处的气流
方向和速度

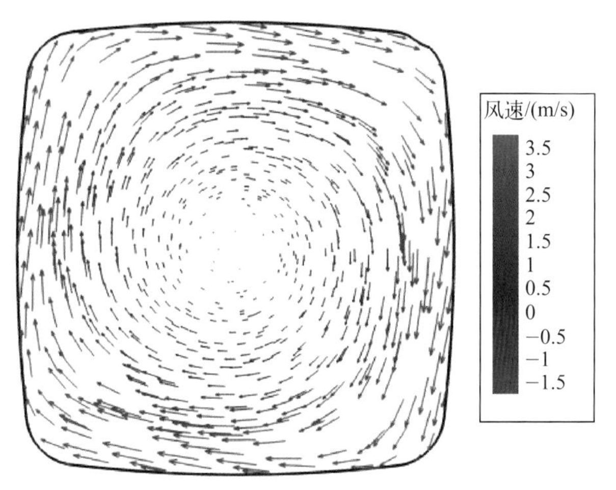

风量罩测量的送风量可能会受到紊流型散流器的影响，但影响可能较小。单向格栅

可能会产生问题，这是由于散流器比风量罩的进风面积小得多。风量罩应针对每种类型的散流器进行调整。为此，可以将风量罩读数与皮托管测得的送风量进行比较，由此得出校正因数并将其应用在风量罩上。

6.5 皮托管阵列

有多种风管送风量测定仪采用的科学原理与皮托管相同。这些仪器不是像皮托管那样横贯风管截面，而是在风管截面的静态点位设多个测量点。测量点相互连通来给出平均结果。

可以使用的仪器类型有多种。这些仪器采用的是与皮托管一样的静压原理，并被赋予各种名称，例如平均压力流量计、流量网格、平均压力流量计和皮托管阵列。有些仪器测量时用两根管子横贯风管管径，有些仪器则使用若干个平行管来涵盖更大的风管截面积。还有仪器采用出风口处的网管测点布置法，它类似于图6.9所示的风量罩。这些仪器中有些可以插入风管来获取测量值，然后移动到其他风管段来获取更多的测量值；还有些类型的仪器被设计为永久安装在风管中，并可实时监测送风量。

图6.14是这些仪器中的一种，称为平均流量压力计。该仪器有两根独立的管子，其长度与风管直径相同，每根管子上有一排互通的孔。测量时，一根管子的孔口朝向气流并测量风管截面的总压力平均值。另一根管则背对气流并测量平均静压值。两根管子测出的压力差就是速度压力，并可换算成空气速度。该仪器不是像皮托管那样的基本测量仪。为了获得准确的读数，该仪器应在风管中进行校准，即将其结果与皮托管在截面横贯线上测出的结果进行比较。这时，总压力测量管的孔应朝向气流，然后转动静压管，直至两管之间的压差与皮托管测出的平均速度压力相同为止。

采用皮托管工作原理的所有类型的仪器都会给出一个平均速度压力，并可由此获得平均风速。根据风管的截面积，按式（6.2），就可以得到空气供给量。

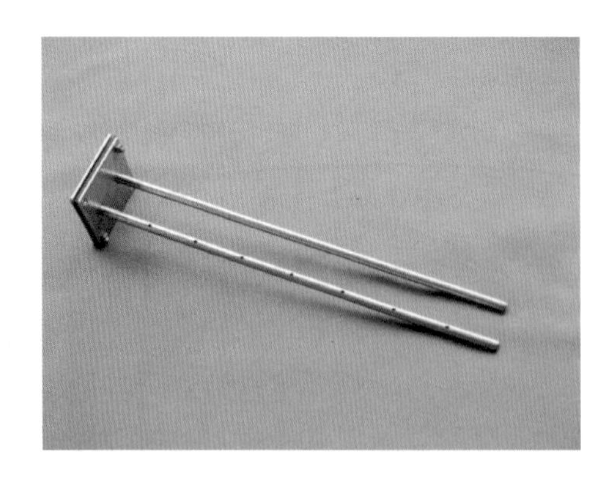

图6.14
在风管中使用的
平均流量压力计

6.6 孔板和文丘里流量计

为测量洁净室的送风量，有时会在风管上安装孔板和文丘里流量计。

6.6.1 孔板

孔板以图6.15所示的方式安装在风管中。孔板有个圆孔供空气通过，测量空气穿过孔板的压力差，即可获得风管内的空气供给量。

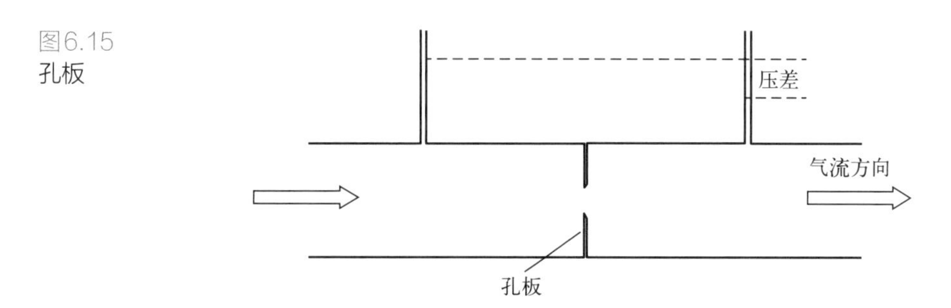

图6.15
孔板

6.6.2 文丘里流量计

文丘里流量计有个喉部，以图6.16所示的形式使风管的管径变得中间小两头大。测量喉部节流前后区域的压力，即可利用压差得到风量。进入文丘里流量计喉部的通道比孔板来得平缓，能量损失比孔板更小。然而，文丘里流量计所需的风管长度可能比孔板所需的更长，且其价格可能更高。

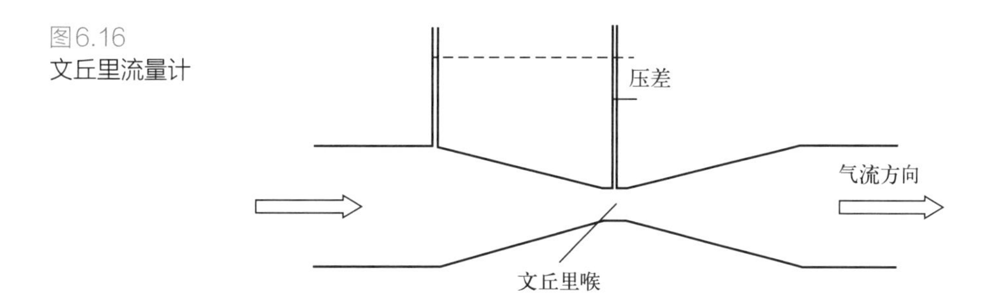

图6.16
文丘里流量计

6.7 非单向流洁净室排风口排风量的测量

送风量是非单向流洁净室测试中的一个必测项，但排风量却不是一定要测量的。如果洁净室有正确的送风量和相对于毗邻洁净室的正确压差，通常认为洁净室的通风设置是正确的。但是，当洁净室为首次安装，并进行送风量和排风量的调节（平衡）时，一般都要测量排风量。这是为了确保所有排风口排出的空气量都正确，以此确保洁净室各个部分的气流良好且空气悬浮粒子浓度都较低。这些排风口气流的测量也可以使用本章中所述的方法。

7 压差测量

空气经过滤后被输送到洁净室，以使房间内达到室内工作所需的空气洁净度，也可确保洁净室相对于周围区域处于正压。这样可以确保空气总是流出洁净室，防止空气污染物从洁净室周围不那么洁净的区域进入洁净室。本章将讨论这个主题，另外还讨论压差测量仪器的类型以及洁净室中与压力有关的其他要求。

7.1 洁净室所需的压差

已撤销的英国标准BS 5295建议，当洁净室的门关闭时，洁净区与洁净度较差的洁净区之间合适的压差是10Pa，洁净区与无洁净度分级区域之间合适的压差是15Pa。FDA指南[14] 建议洁净区与周围区域的压差至少为10 ~ 15Pa。这些压差多年来一直实行良好。ISO标准14644-4: 2022 [19] 建议需要7.5 ~ 15Pa的压差来确保正确的气流流向。较低压差（如5Pa）可在实现较高压差方面存在实际困难的情况下使用，例如连接两个区域的产品供应通道。但是，当压差为5Pa时，应证明没有空气从不太洁净的区域渗入洁净室内；这可以通过第10章中描述的气流可视化测试和第9章中描述的隔离测试进行检查。

通常认为ISO洁净度等级相同的洁净室之间不需要压差，但这种做法并不总是被认可的。FDA指南（2004年）建议："相邻的不同等级房间之间应至少保持（门关闭时）10 ~ 15Pa的正压差。有些情况下，无菌加工室和相邻的洁净室分级相同。保持无菌加工室和这些相邻洁净室之间（门关闭时）的压差可以达到有益的隔离效果。设施设计中与未分级房间相邻的无菌加工室应始终保持相当大的正压（至少12.5Pa）。"

在洁净室的使用寿命期间，空气过滤器会慢慢被尘埃堵塞，整个过滤器的阻力会增加，送风量会下降。必须调整空调设备中的风机以弥补这一点。这种调整既可以手动进行，也可以通过洁净室设施监控系统进行。该系统监控洁净室之间的压差并自动调整空气供应量以保持规定的压差。但最终还是必须安装新的过滤器。由于空气供应量终会下降，额外的压差有利于实现一定的"安全系数"。然而，如果压差过大，则会产生额外的能源费用；某些连片洁净室可能在开关门时遇到困难，还可能产生门缝"哨音"问题。

7.2 连片洁净室中的压差

图7.1是前面第2章中显示的常见连片洁净室的平面图，其中包含了每个房间的设计压力。生产间是最洁净的区域，与外面通道的压差设置为35Pa。这是必要的，因为生产间和更衣室之间的压差为10Pa，更衣室和衣柜间之间的压差为10Pa，衣柜间和外面的走廊通道（这是一个未分级区域）之间的压差为15Pa；总压差为35Pa。由于生产间和外走廊之间需要35Pa的压差，因此只有一个房间的物料传输区域也必须实现同样的压差。这样，物料传输区的设计压力可以比生产区小15Pa，但比外走廊大20Pa；虽然单从物料或传输区看，这些压差大于实际要的压差，但仍是可行的。

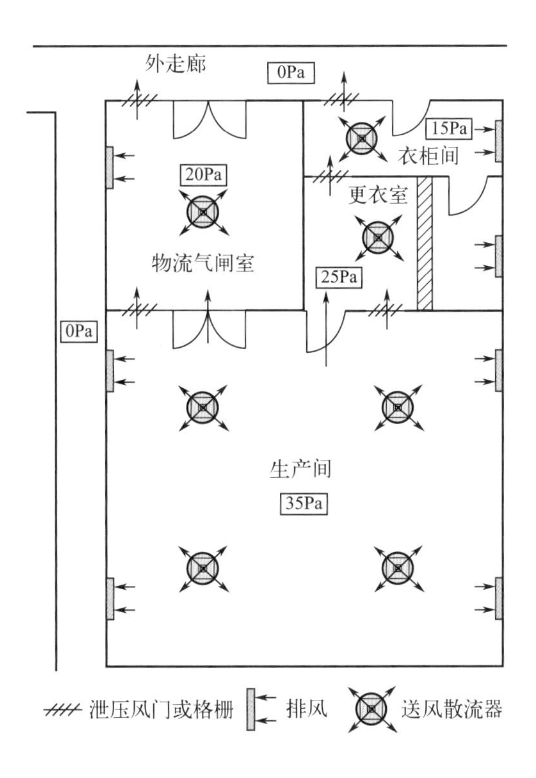

图7.1
连片洁净室
（显示了各房间、区域之间压力差值和气流方向）

7.3 压力测量方法

测量洁净室气压的仪器称为压力计或压力表。人们通常认为，用液体柱的位移来测量压力的称为压力计，而其他类型的仪器称为压力表。这些都是在本书中使用的术语。

压力的SI单位是帕斯卡（Pa），较早的单位如“英寸水柱”和“毫米水柱”仍在使用。这些单位之间的换算方法如下：

250帕斯卡=25.5毫米水柱=1.004英寸水柱

压力表和压力计用于测量洁净室中以下各项：

① 连片洁净室中不同区域之间以及连片洁净室与外部未分级区域之间的压力差，以确保空气始终从洁净区域向不太洁净的区域流动，而非相反。

② 空气过滤器的压降，以获取何时需要更换过滤器的信息。

③ 用皮托管测量送风管道或排风管道内的速度压力，从而获得空气速度，再根据风管的横截面积，计算出空气供应量或排风量。该方法已在第5章和第6章中做了说明。

7.3.1 洁净室压差测量仪

洁净室中使用的主要是以下几种类型的压差测量仪。

（1）液柱压力计

U形管液柱压力计如图7.2所示。这是最简单的压力计，即在U形的玻璃管或塑料管中灌装一半的液体。图中显示的第一条横线是在没有施加压力时液体位置的基准线。如果将压力p_1施加在该压力计管子的一端，因管子的另一端与大气相通，则液柱会发生位移，压力表示为两液柱面之间的距离（h）。如果需要的是两个压力之间的差值，则将两个压力分别施加到管子两端，两个液柱面之间的高度差就是两个压力的压差。

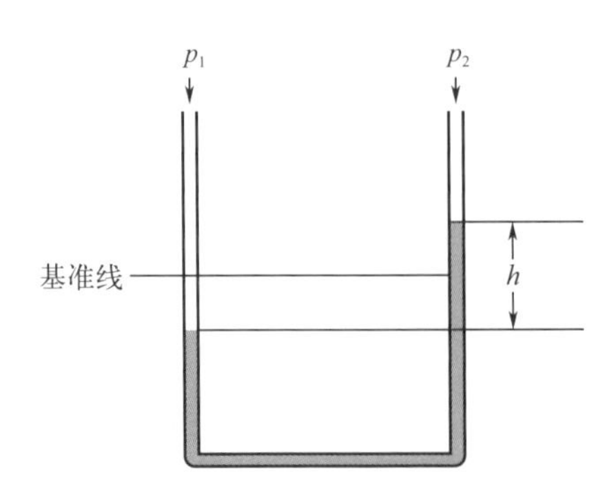

图7.2
U形管液柱压力计

洁净室中测量的压差读数一般都太小，所以无法通过U形管液柱压力计测量。为了提高灵敏度，其中一根管子可以是倾斜的（见图7.3），这样在相同的压差下，斜管中液体移动的距离更长。

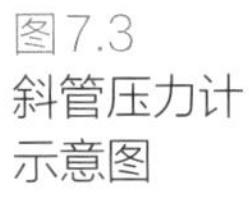

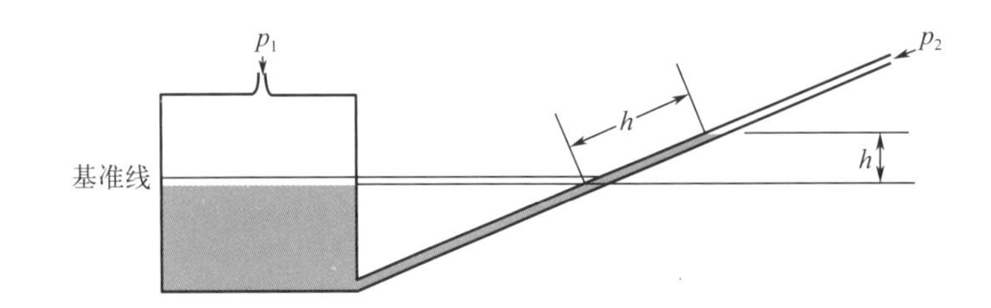

图7.3
斜管压力计
示意图

图7.4是便携式斜管压力计。这种类型的压力计是一种较旧的仪器，大部分已被更紧凑的电子压力计取代（稍后讨论电子压力计）。但这类仪器坚固可靠，适用于空气中含有易爆性混合物且不能使用电气设备的洁净室。

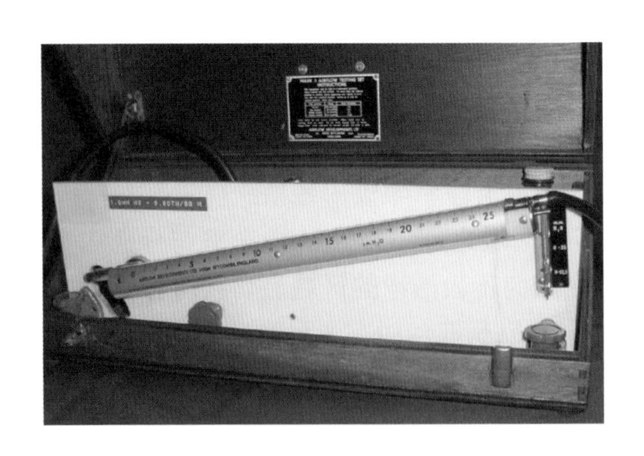

图7.4
便携式斜管
压力计实物图

图7.5所示的斜直管压力计是双用途仪器，既可以永久安装在洁净室墙壁上以测量该房间与相邻区域之间的压差，也可以安装在空调设备的外部以测出空气过滤器的压差；既可以用管子倾斜的下半部分测量洁净室之间约60Pa的小压差，也可用管子垂直的上半部分测量空气过滤器达600Pa的较大压差。

（2）隔膜压力计

隔（薄）膜压力计的一般原理如图7.6所示。一个薄的柔性隔膜将测量压力的两个密封腔p_1和p_2隔开。施加在这两个腔室上的压力之差使隔膜位移，与隔膜连接的指示器显示出压力差。

图7.5
斜直管压力计

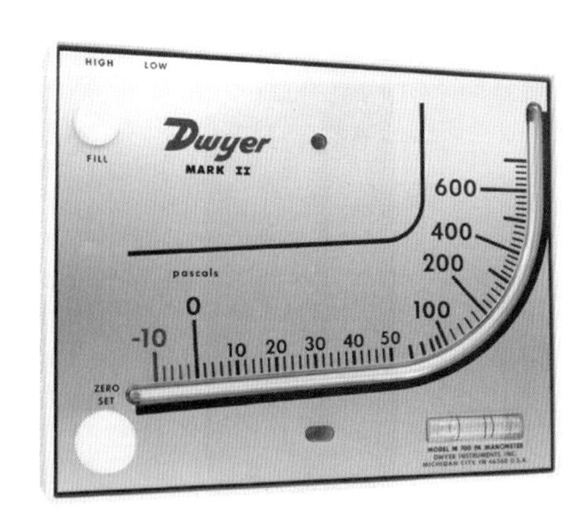

图7.6
隔膜压力计工作原理图

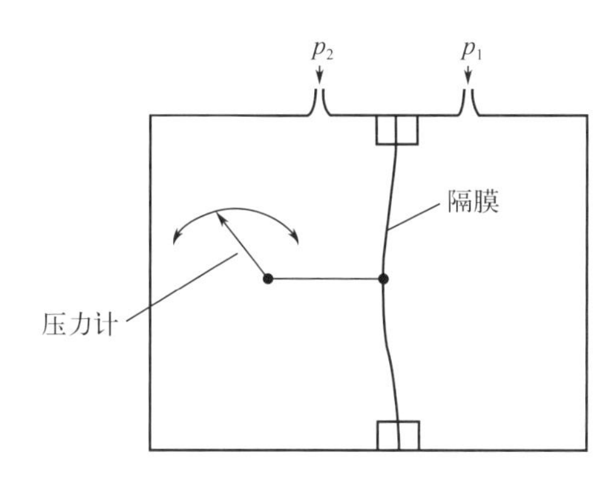

图7.7所示的磁螺旋压力表是通过作用在隔膜上的压力使指针移动来工作的。这种移动是由磁性连杆机构传递的，避免了连杆机构中的摩擦导致读数不可靠的问题。图7.7所示压力表的量程为0 ~ 60Pa，也有适合不同压差范围的其他压力测量表。而且，可用数字读数代替指针读数。此外，压力值可以电子方式从这类压力表传递到洁净室设施管理系统。

图7.7
磁螺旋压力表

（3）电子压力计

电子压力计的工作方式多种多样，与前面所述的各类仪器都不同。电子压力计是便携的并且可以数字方式读出压力。其结构紧凑，便于现场测量。常见的电子压力计如图7.8所示。

图7.8
电子压力计

7.3.2 压力表或压力计的应用

（1）测量洁净室之间的压差

洁净室之间的压差可低至5Pa，因此洁净室中使用的仪器必须能够准确测量低压差。

为了检查洁净室各区域之间的压力差，通风系统应已正确地平衡，洁净室送入排出的空气量应正确。连片洁净室中的所有门都必须关闭。为了手动检查压力差，压力表中的一根管子从门下穿过或经由打开的旁通格栅或风门通入相邻的房间。管子的末端应该远离门，这样就不会测到门下方缝隙中空气运动所产生的压力。然后读取压力差。

通常在洁净室外部会永久性地安装一系列压力表，以便人员对其进行定期查看，或由洁净室管理系统进行监控。这种情况下，房间内的压力通常是相对于一个参考点进行测量的（例如接近大气压的外走廊）。通过比较洁净室和外走廊的读数来获得两个房间之间的压力差。

（2）测量空气过滤器的压降

随着空气过滤器从气流中不断滤除尘埃而慢慢变脏，整个过滤器的阻力（压降）会上升，通过过滤器的空气供应量就会缓慢下降。空气供应量的下降可能会导致连片洁净室中的压差下降。针对这种情况，可使用仪表来测量空调设备内初效和中效过滤器的压降，还可监测末端高效空气过滤器的压降。对末端高效过滤器，既可以测量每个过滤器的压降，也可以测量洁净室中所有过滤器送风管中阻力增加的情况。可以手动或用洁净室管理系统提高空调风机的速度来克服过滤器上游阻力的增加。但是，将来会在某个时刻达到这样一个点：风机已无法克服过滤器上游的高阻力，只能更换过滤器。

新高效空气过滤器的压降原就很大，随着过滤器变脏，压降会显著增加。新高效过滤器的压降可在50～350Pa之间。通常建议高效过滤器的压降增加到2～3倍时予以更换。然而，这只是一个建议的指标，不能用于初始压降就高的过滤器，这些过滤器需要提前更换。何时更换过滤器还取决于空气处理设备，该设备可能已无法应对过滤器上游阻力的大幅增加。记录空气供应量和空气过滤器压降随时间的变化是有用的，可以据此确定过滤器需要更换的时间，这也有助于预测未来更换过滤器的时间，并且可以将这个时间纳入维护计划中。

致谢

图7.5、图7.7和图7.8中所示的压力表和压力计经Dwyer Instruments许可复制于此。

8

过滤器安装后的光度计检漏

洁净室的送风中应该不会有显著的空气污染，这是由洁净室送风口处安装的合适的空气过滤器，特别是高效过滤器（这里指HEPA和ULPA）来实现的。然而，高效过滤装置中可能会发生泄漏，并使未经过滤的空气进入洁净室。本章将讨论如何定位这些泄漏点。

ISO 14644-3: 2019 [9] 中描述了高效空气过滤装置泄漏定位的两种方法。两种方法分别使用光度计或光散射空气粒子计数器（LSAPC）实施。本章讨论了光度计法，本书附录D讨论了光散射空气粒子计数器法。

高效空气过滤器的类型及其颗粒滤除效率的内容已在第3章中给出。本章中，假设安装在洁净室中的过滤器颗粒滤除效率正常，并已由制造商单独测试确保没有泄漏。由于在运输和安装过程中高效过滤器可能受损，因此必须在安装后对其进行测试，还应定期进行测试，以找出随着时间的推移而可能产生的任何泄漏。

8.1 泄漏类型

在高效空气过滤器中发现的泄漏区域如图8.1所示，由此对应四种泄漏类型，现在讨论这些类型。

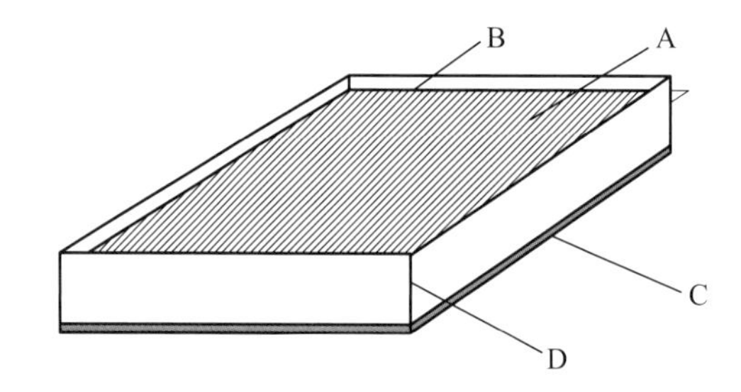

图8.1 高效过滤器中的泄漏区域
A—过滤介质；
B—过滤介质与过滤器外框接缝；
C—密封垫圈或密封凝胶；
D—过滤器外框接缝

8.1.1 过滤介质泄漏

过滤介质中可能会发生泄漏。许多此类泄漏发生在过滤介质因折叠而产生褶皱的地方。

8.1.2 过滤介质与过滤器外框接缝处的泄漏

过滤介质与其过滤器外框密封的地方可能会发生泄漏，这些泄漏点通常位于角落。这类泄漏通常可在制造过程中扫描过滤器时被发现，但也可能是在安装过滤器时发生损坏产生的泄漏。过滤器在其外框或吊顶桁架中的不均匀安装以及过度拧紧，可能会造成这种泄漏。另外，在过滤器使用过程中也可能出现问题，例如人在轻质顶棚上行走导致过滤器外框弯曲造成的损坏，这可能使外框上固定过滤介质的密封剂松动并造成泄漏。

8.1.3 垫圈和凝胶密封处的泄漏

过滤器与其安装框架或与吊顶桁架之间的密封处可能会发生泄漏。防止发生这种情况的两种方式是垫圈密封和凝胶密封。

（1）合成橡胶垫圈密封

垫圈是过滤器与其安装框架之间或过滤器与吊顶桁架之间一种常用密封类型。图8.2所示为过滤器放入安装框架的方式。

图8.2
吊顶桁架上安装的带垫圈的高效过滤器，过滤器从吊顶桁架上方装入

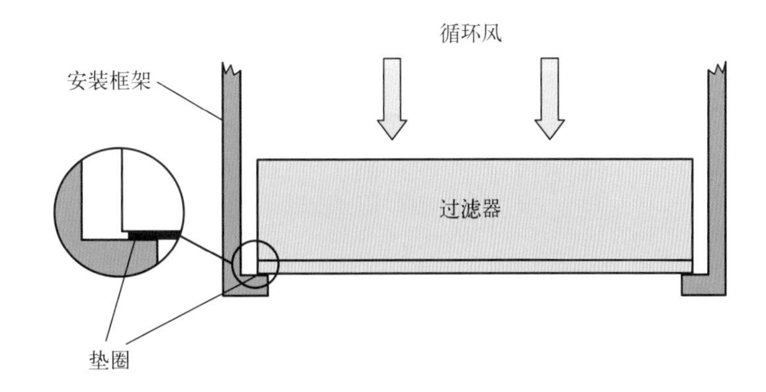

过滤器垫圈通常由合成橡胶（如氯丁橡胶）泡沫制成，未压缩时的厚度约为6mm。它们被粘在过滤器外框表面上，并与吊顶桁架接触。过滤器被夹住下放到位时，垫圈被压缩，因此过滤器外框与安装框架或吊顶桁架之间不应有泄漏。也可将泡沫作为垫圈材料连续涂抹到过滤器外框上来生成垫圈。安装过滤器时，通常会在垫圈表面涂一层薄薄的硅脂，这有助于密封，并确保更换时可以干净利落地取下过滤器。垫圈泄漏常发生在角落。若垫圈质量差或有损坏、安装表面出现变形或不平整等情况，泄漏就会发生。

（2）凝胶密封

单向流洁净室中，过滤器通常安装在吊顶桁架中，可以使用垫圈密封。另一种方法是使用凝胶密封。使用这种方法的吊顶桁架由挤压铝型材制成，型材槽中含有的果冻状流体不会流出型材。安装过滤器后，其外框中的刀口插入型材的槽中，凝胶围绕刀口流动，以防止空气污染物进入洁净室。图8.3显示的是常见做法。非单向流洁净室中各过滤器的安装吊架也可使用类似方法。

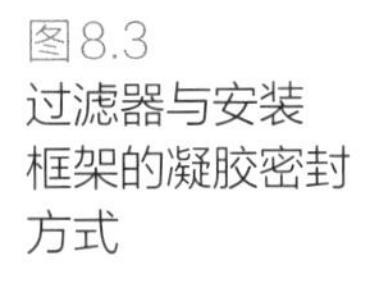
图8.3
过滤器与安装框架的凝胶密封方式

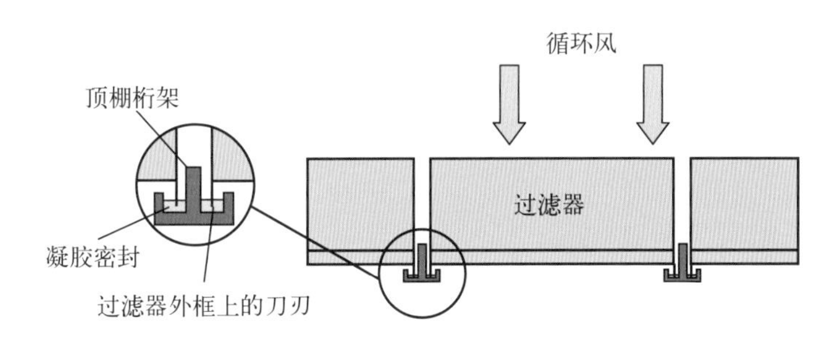

8.1.4 过滤器外框泄漏

制造高效过滤器外框的材料有多种，铝是常用材料。如果外框制造不当，或工作人员在运输期间及安装过程中不够认真，泄漏就可能发生，且通常发生在连接处。如果过滤器是从吊顶（顶棚）上方向下装入的，那么，查看图8.2和图8.3可以明白，外框泄漏并不重要，因为外框泄漏的任何污染都必须通过过滤器才能进入洁净室。但是，如果过滤器是从洁净室内向上装入的（见图8.4），则从外框泄漏的污染空气可以直接进入洁净室。

图8.4
从洁净室内向上装入的过滤器外框（及垫圈）的泄漏

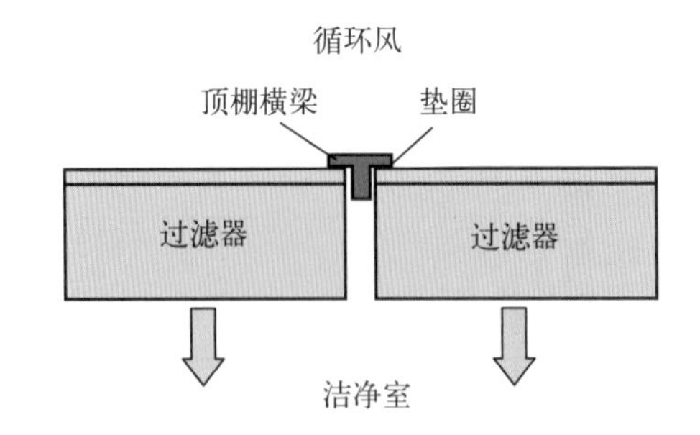

通常使用人工测试气溶胶来检测高效过滤装置的泄漏情况。将气溶胶以合适且均匀的浓度引入过滤器的上游。然后，使用光度计探头扫描过滤装置的下游，对任何的颗粒泄漏进行定位和测量，以发现泄漏点。

8.2 泄漏检测要求

8.2.1 测试气溶胶类型

使用光度计测试过滤装置的人工气溶胶有两种，即分别由特别选择的液体冷生成和热生成的气溶胶。邻苯二甲酸二辛酯（DOP）是测试过滤器的原始气溶胶生成材料。然而，由于其毒性，许多国家已不再使用这种材料。取而代之的是性质相似的油，例如：聚α烯烃（PAO），还有可称为癸二酸二辛酯（DOS）的二乙基己基癸二酸酯（DEHS），以及医药和食品级油品（例如壳牌Ondina油）。

在某些洁净室中（例如制造半导体用的洁净室），规定要使用惰性颗粒进行测试。这是为了确保沉积在过滤器或风管上的测试气溶胶，不会产生对产品或工艺有害的“气体释放”。由聚苯乙烯乳胶制成的微球通常与粒子计数器一起使用。本章没有讨论这些测试方法，但本书的附录D中描述了使用粒子计数器对安装后的过滤器泄漏进行定位和测量的方法。

下面介绍气溶胶发生器。

（1）拉斯汀喷嘴式发生器

为了产生出冷生成测试气溶胶，将压力在140 ~ 170kPa（20 ~ 25 psig）范围内的压缩空气以及前面提到的那类油，与拉斯汀喷嘴一起使用。图8.5显示的是带有一个拉斯汀喷嘴的气溶胶发生器，发生器最多可配备六个喷嘴。需要注意的是，油位应保持在高于喷嘴的位置。

当气压为170kPa（25psi）时，一个拉斯汀喷嘴的输出小于0.5g/min，可在0.8m^3/s的气流中提供浓度大约为10mg/m^3（10μg/L）的气溶胶，只能测试诸如隔离器、限制进入屏障系统（RABS）或单向流工作台这类装置中的小型送风系统。如测试更大的系统，则需要多个喷嘴。

（2）热气溶胶发生器

这里简称为热发生器。热发生器使用惰性气体作为推进剂，将前面提到的油以雾或气溶胶方式注入在适当温度下运行的加热蒸发腔体中。在这个腔体中，油雾在惰性气体中蒸发。当这种油气混合物离开发生器并遇到周围空气而产生冷却效果时，油会凝结成气溶胶，其颗粒大小（粒径）适合测试高效过滤器。粒径问题将在下一节中讨论。

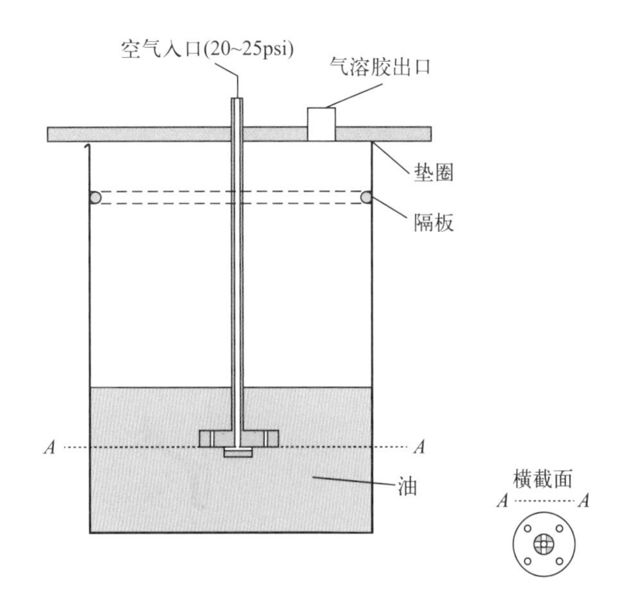

图8.5
带拉斯汀喷嘴的冷生成气溶胶发生器

热发生器能够产生大风量送风系统所需的大量测试气溶胶，因此，相对于拉斯汀喷嘴，通常优先选用热发生器。热发生器不像拉斯汀喷嘴那样需要空气压缩机产生高压，它只需要一个惰性气体缸，缸内一般装有二氧化碳或氮气作为推进剂。用惰性气体可降低加热腔中的可燃风险，其中加热器的工作温度高于油的闪点。如果要将来自热发生器的测试气溶胶引入正压的风管或静压箱，则需要单独的风机或鼓风机。热发生器不与风管或静压箱的进风口直接连接，但鼓风机从发生器吸入冷凝气溶胶，将其与环境空气混合并推入风管或静压箱。热发生器配置如图8.6所示。

热发生器通常可以产生大约1 ~ 20g/min的气溶胶。使用光度计所需要的测试气溶胶约为10mg/m^3，则产生的气溶胶足以用来测试送风量约为30 m^3/s的通风系统。

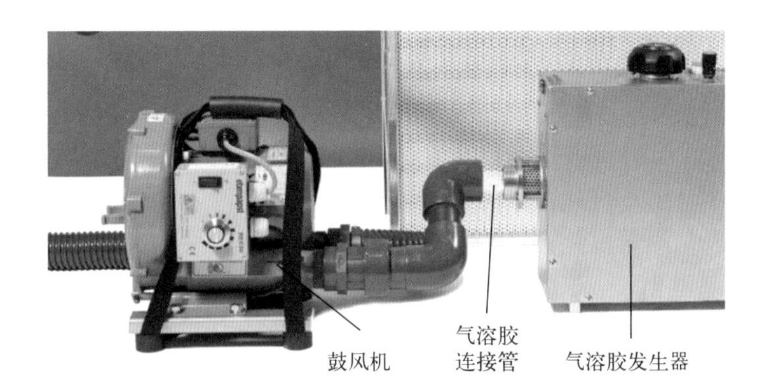

图8.6
热发生器将烟雾传送到鼓风机

8.2.2 测试气溶胶的粒径分布

ISO 14644-3: 2019建议高效空气过滤器用的测试气溶胶颗粒的质量中值粒径在0.3 ~ 0.7μm之间，几何标准差为1.7μm。FDA指南[14]建议“测试使用多分散气溶胶，该气溶胶通常由平均光散射粒径在亚微米范围内的颗粒组成，包括足够数量的约0.3μm的颗粒。虽然平均粒径通常小于1μm，但大于0.3μm”。

上述要求是由拉斯汀喷嘴以及热发生器实现的，只是热发生器产生的颗粒粒径通常稍小。

（1）光度计

光度计与采样头结合使用，即可以定位出表明存在泄漏的高浓度测试颗粒。空气样本从探头吸入到光度计（见图8.7），当空气中的颗粒通过光度计中的光束时会散射光线。向前散射的光量由光电倍增管测量并转换为电信号。该信号以所要求的测量单位（mg/m^3或μg/L）显示在光度计的显示面板上；粒子越多，信号与显示值越高。应注意的是，以mg/m^3与μg/L为单位的值相同，但ISO 14644-3：2019使用的单位是mg/m^3。

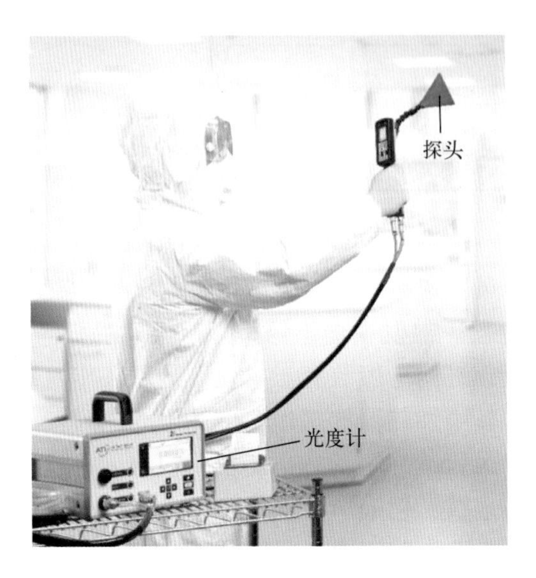

图8.7
与探头和打印机一起使用的光度计

光度计测量的测试粒子浓度通常在0.0001 ~ 100mg/m^3。它测量的是众粒子反射的总光量，因此与粒子计数器不同。后者对每个粒子单独测径、计数。

使用光度计对泄漏定位的一般方法如下：

① 确保仪器上的所有开关和连接都处于默认位置。打开仪器，并确保样本选择开关或阀门处于所需位置。

② 根据制造商的说明设置仪器。

③ 使用阀门选择开关测量上游测试气溶胶。

④ 将仪器设置为测量过滤器的颗粒渗透率，并将上游测试气溶胶浓度（mg/m^3）设置为100%的仪器基准值。

⑤ 扫描过滤器表面是否有泄漏。当找到泄漏点时，仪器会按下式计算渗透量，并在显示屏上显示为测试气溶胶的百分比。

$$渗透率（\%）=\frac{Y}{X}\times 100\%$$

式中 Y——测出的泄漏量，mg/m^3；

X——上游测试气溶胶平均浓度，mg/m^3。

⑥ 如果渗透率读数超过约定值（通常为0.01%），则表明存在泄漏。应注意其位置。

（2）探头类型

ISO 14644-3：2019推荐了两种标准探头。最常见的被称为“鱼尾探头”，进风口为

1cm×8cm，如图8.7和图8.8所示。另一种是圆形探头，进风口直径为3.6cm。这种探头与空气样本流速为28.3 L/min（1ft^3/min）的光度计一起使用。

（3）探头扫描

探头在过滤器面上的扫描速度很重要。如果扫描速度过快，可能会漏掉泄漏点。ISO 14644-3: 2019建议扫描速度约为5 cm/s。扫描应在过滤器面以重叠行程进行。重叠宽度应为1 cm，探头距离过滤器面或过滤装置不大于3 cm。

8.2.3 如何判断过滤器泄漏

过滤装置的颗粒渗透率为多少时就认为是泄漏必须予以确定。ISO 14664-3：2019建议，对总效率≥99.995%（按ISO 29463 [1] 和EN 1822 [2] 方法分级）的过滤器，超过上游浓度0.01%的渗透率应视为泄漏。但是，如果过滤器的整体效率≥99.95%但<99.995%，则可接受的颗粒渗透率为0.1%。如果总效率<99.95%，那么确定为泄漏的颗粒渗透率应由客户和供应商商定。

8.3 过滤装置测试方法

8.3.1 准备工作

使用气溶胶发生器进行任何测试之前，须考虑烟雾报警器是否会因烟雾过高而被触发。如可能的话，最好关闭所有烟雾报警器，以免出现消防队赶来灭火的尴尬局面。另一种方法是用塑料薄膜和胶带（临时）密封住报警器，使它们无法检测到气溶胶颗粒。以温升告警的警报器可不予考虑。

8.3.2 测试气溶胶颗粒的释放

测试过滤器的颗粒浓度在过滤器上游应均匀。否则，不均匀的浓度可能会导致过滤器非正常地通过或未通过泄漏检测。ISO 14644-3: 2019建议气溶胶浓度随时间的推移产生的变化不应超过±15%。然而，该标准没有提供气溶胶浓度在整个过滤器的上游允许变化的范围，通常也认为不应该超过±15%。

某些情况下，测试气溶胶可以在空调设备之后引入。如果这样做，那么气溶胶到达末端高效过滤器时应混合充分，整个末端过滤器的上游测试颗粒浓度应均匀。但是，如果将气溶胶注入到通向过滤器的风管系统，则注入口距过滤器应不小于15 ~ 20个风管直径。为确保气溶胶的良好混合，应将测试气溶胶从风管的中心注入。而引入测试气溶胶的一个好方法是使用横贯风管的管子，该管子称为喷射管，沿其长度布有一系列孔，这显示在图8.13中。测试开始前，应在过滤器之前的多个测量点上测试气溶胶的均匀度。

扫描过滤器之前，须设置过滤器上游空气中测试颗粒的浓度，该浓度应为1 ~ 100mg/m^3。为了减少测试颗粒堵塞过滤器的可能性，最好使用该范围的下限浓度。但也要与光度计的性能相匹配，并非所有光度计都可以在较低浓度下工作。

气溶胶发生器与通风系统入口之间的连接管长度应尽可能短。这将最大限度地减少连接管道中的颗粒沉积以及粒径分布的变化。

8.3.3 扫描检漏

一旦确定过滤器上游的颗粒浓度是均匀的，就应该用光度计测量该浓度并将其读数设置为100%的测试气溶胶浓度量程。然后可以扫描过滤器面，检查是否有 >0.01% 的或其他约定的颗粒渗透率。

正常的扫描方法是使用探头扫描整个过滤装置的泄漏情况。必须确定扫描从哪里开始。通常最好是不从过滤器面开始，而从垫圈区域开始。这样，垫圈区域的任何测试颗粒泄漏都不会被误认为是过滤介质的泄漏。检查完垫圈后，最好继续检查过滤介质与其外框之间的密封性，之后，再完成过滤器面的扫描（图8.8）。

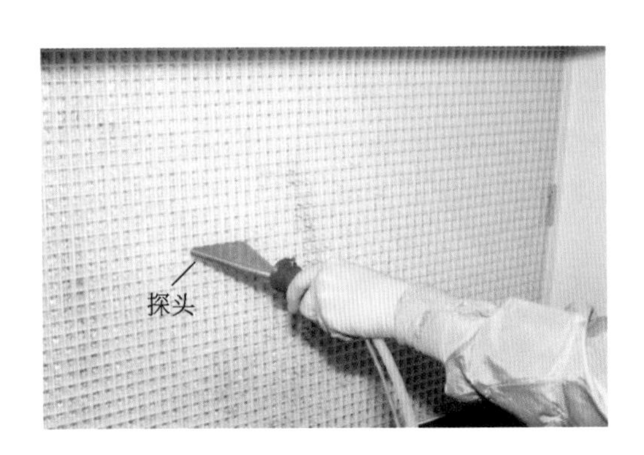

图8.8
过滤器扫描

（1）垫圈的扫描检漏

需要考虑不同种类的垫圈泄漏。也就是如图8.2所示的从顶棚上方向下装入的过滤器的垫圈泄漏，以及图8.4所示的从洁净室内向上装入的过滤器的垫圈泄漏。从顶棚上方向下装入的过滤器垫圈的扫描检漏是一个相对简单的过程，因为垫圈接缝可见且可接近。从洁净室内向上装入的过滤器垫圈的扫描检漏更加困难，现在对此进行讨论。

洁净室过滤器向上装入吊顶桁架或过滤器安装框架的，会在与其相邻过滤器之间留有一定的空间。此空间中有停滞的空气。这种情况下对垫圈泄漏定位可能很难。图8.9说明了从洁净室内向上装到安装框架上的过滤器产生的问题。来自垫圈泄漏的颗粒会散开并填充到过滤器与其安装框架之间的空间，产生高浓度颗粒。这可能会使远离实际泄漏的位置被误认是泄漏位置。确定泄漏的确切位置很费时间，并且可能被认为是不必要的。但如果需要，可以将探头从测试软管上取下并直接用该软管进行泄漏定位，尽管这会产生比有探头时更高的颗粒渗透率。此外，可以使用无颗粒空气吹扫来清除颗粒，以帮助对垫圈泄漏位置的定位，但从隔板处吹出的几股空气可能也就足够了。

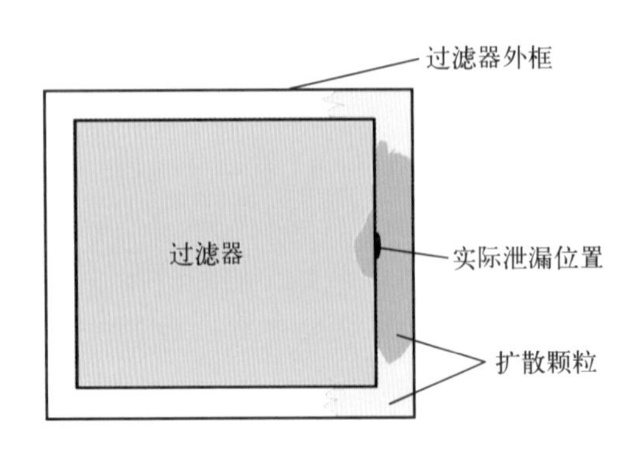

图8.9
由下向上装入的室内过滤器密封垫圈处泄漏颗粒的扩散

如果发现是垫圈处的泄漏，则应拆下过滤器，并检查过滤器外框或吊顶桁架的安装区域是否变形或不平整。如果安装区域没有问题，可以涂抹一层薄薄的硅脂并重新安装过滤器。如果还不能成功地堵住泄漏，则应更换过滤器垫圈。若不成功，可以在垫圈与安装框架或吊顶桁架之间仔细地施用封胶。如果这些方法都不起作用，则可能需要更换过滤器、过滤器安装框架或部分吊顶桁架。

凝胶密封的过滤器可能也需检查是否有泄漏。希望凝胶密封不会有泄漏，但这可能并不常如所愿。

（2）区分垫圈泄漏与过滤器外框泄漏

洁净室内向上装入的过滤器有个难点是，如果过滤器外框泄漏，很难与垫圈泄漏区分开来。图8.4对此做了说明。靠近过滤器外框来检查泄漏也是一个问题。一种可用于定位过滤器外框泄漏的方法是使用图8.10所示的检测台。泄漏检测台用气溶胶对过滤器进行测试时，可靠近过滤器外框并沿其四周进行扫描检漏。

洁净室有大面积过滤器要安装测试时，图8.10所示的检测台也可加快过滤器的安装过程。先在检测台上对每个过滤器的过滤器外框和过滤介质都进行检漏。然后再将过滤器小心地安装到其安装框架上或吊顶桁架当中，当所有过滤器都安装好并打开通风后，可以检查过滤器是否有垫圈泄漏或凝胶泄漏。

需要注意的是，如果检测台在洁净室施工期间使用，且没有打开通风，洁净室空气中的颗粒浓度会很高，这可能会干扰泄漏的识别。这种情况下，应将检测台放置在一个临时但洁净的密封体中，该密封体可以使用25mm的方形钢架，外部覆以塑料薄膜或薄板。密封体无须通风，因为受测过滤器会吹出低颗粒浓度的空气。

图8.10
泄漏检测台

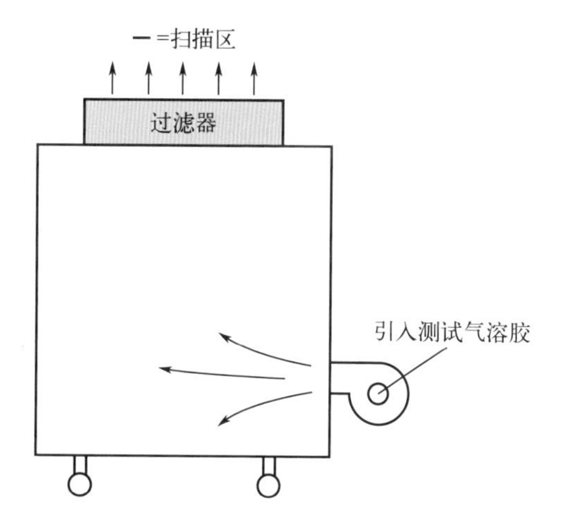

（3）过滤器面扫描

扫描过滤器面时，探头应保持在距过滤器面3cm处，并以5cm/s的重叠行程扫描过滤器。如果发现泄漏，则需要返回泄漏处，慢慢地扫过泄漏处，以便确定其确切位置。如果使用鱼尾探头，通常是向一个方向扫描。转动探头以原方向的90°继续扫描，从而定位泄漏位置。确定准确的泄漏位置之前，可能需要从不同方向缓慢扫过泄漏处若干次。从软管上取下探头后仅使用软管扫描，是准确定出泄漏位置的另一种方法。但是，这种方法可能会给出较高的泄漏值，应使用鱼尾探头获得实际值。

如果扫描过滤器面时垫圈处已存在泄漏，那么如前所述，来自垫圈泄漏的颗粒会扩散到过滤器面上。这种泄漏可能被错误地报告为来自过滤器面。当扫描相邻的过滤器面时，固定在过滤器外框上的隔板可在很大程度上克服这个问题，如图 8.11 所示。

图 8.11
垫圈有泄漏情况下扫描过滤器用的隔板

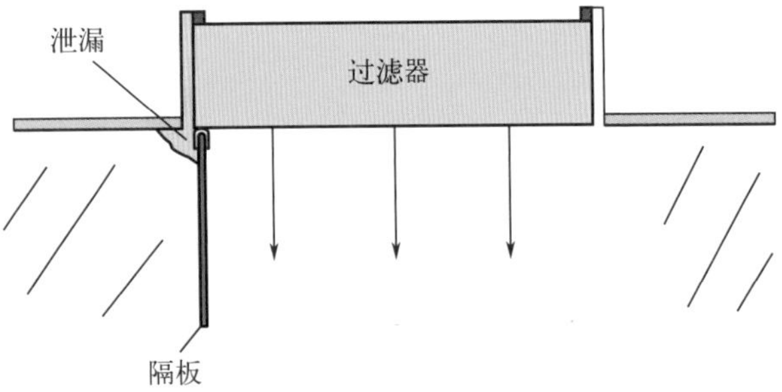

8.4 过滤器面速对颗粒穿透的影响

在高效过滤器中发现泄漏的概率受过滤器面风速（或面速）的影响。如果过滤器运行时的风速高于制造期间的测试风速，过滤器有可能无法通过检漏。其原因如图 8.12 所示。

图 8.12 显示了不同风速下高效过滤器滤纸对不同粒径的去除效率。应注意的是，这里的风速是指通过过滤器介质即滤纸的风速，而不是指通过整个过滤器的风速。图 8.12 显示，风速加倍可使过滤器过滤效率降至原来的 1/10。这可以解释检漏会意外失败的原因。

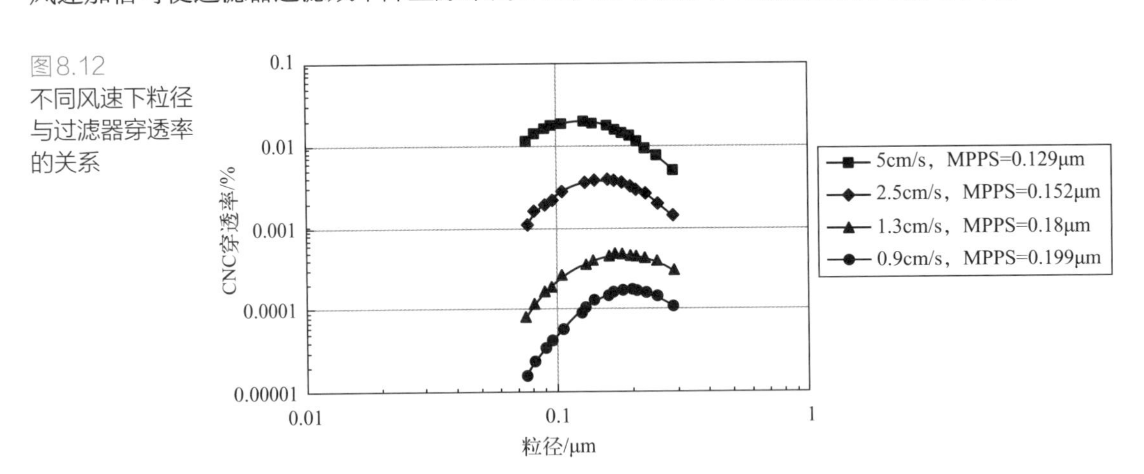

图 8.12
不同风速下粒径与过滤器穿透率的关系

8.5 过滤器测试其他注意事项

8.5.1 非单向流洁净室中过滤器的测试

如果非单向流洁净室顶棚上装有送风散流器，则应将其移除。如不移除，过滤装置的扫描检漏就得不到令人满意的结果。应在移除散流器后再进行扫描。

8.5.2 单向流洁净室中过滤器的测试

检查垂直单向流洁净室顶棚上所有过滤器遇到的一个问题是，过滤器面的总面积太大，检漏可能需要几天时间。该项测试可能在洁净室马上开始生产前进行，测试人员会有快速完成测试的压力。为减少测试时间，可以同时将几个光度计放在推车上进行扫描，让探头进风口都距离过滤器面3cm，并可用马达驱动推车在房间移动进行扫描。

也可以用图8.10所示的泄漏检测台逐个扫描每个过滤器来减少测试时间，并证明过滤器面和外框没有泄漏。然后将扫描后的过滤器小心地装入吊顶桁架中。当过滤器在整个顶棚就位并且通风系统打开时，可以检查垫圈密封或凝胶密封是否有泄漏。

8.5.3 单向流工作台、限制进入屏障系统（RABS）和隔离器中过滤器的测试

隔离器、限制进入屏障系统和单向流工作台中的过滤器可以使用之前描述的方法进行测试。但是，由于引入测试气溶胶的位置与过滤器之间的距离很短，因此可能难以在过滤器上游获得均匀的测试气溶胶。为检查测试气溶胶浓度的均匀性，空气净化装置的制造商应在至少两个间隔良好的位置提供可伸入过滤器上游静压箱内的系带。如果没有提供，可以在现场安装。

测试气溶胶通常被引入空气净化装置的进风口，由风机将气溶胶混合，使其在过滤器上游分布均匀。但这通常不起作用，最好采用多路支管或喷射管引入测试气溶胶并将其扩散到进风口（图8.13）。喷射管上钻有直径约为2mm的小孔，沿管长以规则的间隔分布，以便将测试气溶胶分散到过滤器的上游。永久安装在隔离器、限制进入屏障系统（RABS）或单向流工作台中的多路支管或喷射管是一种具有特点的实用设计。

图8.13
进风口处的喷射管将测试气溶胶喷散

8.6 泄漏修补

ISO 14644-3: 2019标准认为，只要客户接受，就可以对过滤器的任何部分进行修补。FDA指南则建议更换高效过滤器，或适当的话，修补过滤器的有限区域。ISO 29463建议的修补面积为过滤器面的5%，但最大修补长度不应超过3cm。

通常可以在过滤介质及其外框之间以及在过滤器外框和安装框架或顶棚桁架之间实施有效的修补。但过滤介质泄漏的修补可能难以实施，并且修补可能造成堵塞，会对气

流的均匀性产生不利影响。在非单向流洁净室中，送风会迅速地与室内空气混合，修补结果可能会令人满意。但对单向流工作台而言，修补不良的话，单向流可能会将气浮污染物从密封修补不良的泄漏处直接带到关键区。这种情况下，最好更换过滤器。

致谢

图8.6和图8.7经Air Techniques International许可复制于此。

9 隔离构筑物与气流隔离

为了证明洁净室或洁净区运行正常，必须证明从不太洁净的相邻区域渗入洁净室或洁净区的空气污染物的量是最少的。为此，对穿透洁净室结构这个物理屏障的污染物测试，采用的是隔离构筑物检漏；而对穿透了气流屏障的污染物，采用的是气流隔离有效性测试，目的是证明隔离气流的有效性。

9.1 隔离构筑物检漏测试

洁净室空气应向外流出洁净室，以防止不太洁净的空气进入室内。这是通过确保洁净室的压力高于不太洁净的相邻区域来实现的。第7章给出了有关洁净室加压方面的信息。洁净室的加压将避免空气污染物通过门和传递窗的缝隙，墙壁、顶棚和地板等建筑材料，电气、气体和液体等公用服务设施进入室内的位置处等，从相邻区域进入洁净室。尽管洁净室应该设计成比不太洁净的相邻区域处于更高的压力，但不太洁净的相邻区域的压力可能会更高，这会导致空气污染物流入洁净室。为确保不会发生这种情况，应通过隔离检漏对洁净室进行检查。

气浮污染物泄漏到洁净室的另一个可能通道是来自顶棚上方的空气静压箱。静压箱为高效过滤器提供空气，且其压力高于洁净室。因此，未经过滤的空气可以在图9.1所示的位置被推入洁净室，即：顶棚与墙壁间的接缝（图中显示为A)，顶棚与房间支撑柱包层间的接缝（图中显示为B)，房间支撑柱包层上的接缝（图中显示为C)。图9.1中未显示可能发生在顶棚与过滤器安装框架接缝处的泄漏，因为这些属于第3章中考虑的已安装过滤器的泄漏。图9.1中也未标明可能来自顶棚灯具安装架位置处的泄漏。

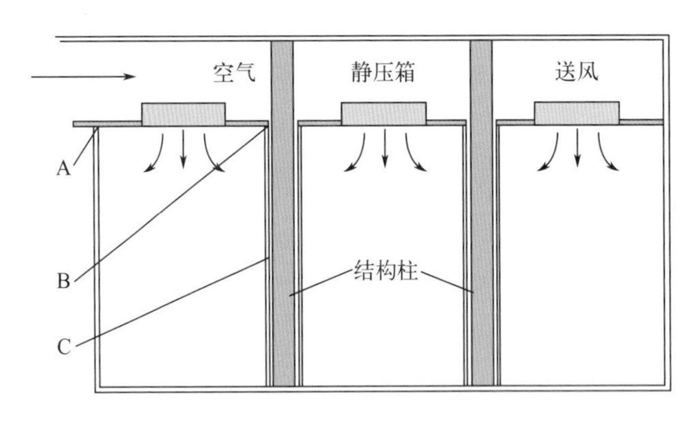

图9.1
高位送风静压箱可能的泄漏位置

ISO 14644-3: 2019 [9] 中描述了受污染空气渗入洁净室的隔离检漏定位方法。这些测试是在调节（平衡）了送风量和排风量并在各个洁净室之间建立了压差之后进行的。高效过滤器的安装也应该是无泄漏的。隔离构筑物测试通常在空态下进行，但也可在“静态”下进行。

ISO 14644-3: 2019描述了来自相邻区域的空气污染物渗漏的确定方法。使用粒子计数器或光度计的探头来检查洁净室内表面可能发生渗漏的位置，并在距潜在渗漏位置不超过5cm处、以5cm/s的速度进行扫描。

如果使用粒子计数器扫描渗漏，洁净室相邻区域的颗粒浓度应比受测洁净室高1000倍左右，且浓度大于$3.5\times10^6/m^3$。这种要求可以通过自然发生的污染物来实现，但其浓度通常太低，需要添加测试气溶胶。气溶胶通常由高效过滤器测试用的气溶胶发生器产生。如果加大测试颗粒浓度，应考虑气溶胶是否会导致洁净室中的产品或工艺受到污染，或影响到隔离构筑物测试人员的健康。在洁净室内可能发生渗漏的位置测量粒子浓度，任何大于测试粒子浓度百分之一的读数都被认为是渗漏。或者，可以使用光度计来发现隔离构筑物的渗漏位置，一个有用的方法是在相邻区域引入10mg/m^{3}浓度的测试气溶胶，读数超过0.1mg/m^{3}即视为渗漏。

可能发生渗漏的位置如下：

① 洁净室结构中的缝隙，例如在墙壁、顶棚、地板和灯具安装架的重叠边缘或对接处。在某些洁净室设计中，应考虑到图9.1所示的渗漏位置，如关闭着的门缝隙处的气流。

② 电气、液体和气体等公用服务设施穿过洁净室构造的位置。

这些情况下，污染物的渗漏可以通过隔离泄漏测试即检漏来发现，当然也可通过气流可视化烟雾来发现关闭着的门处的气流。

渗漏测试可能不像想象的那么简单。渗漏可能来自未曾预料到的污染源，可能发生在未曾考虑过的位置。在没有机械通风或没有稳定空气供应的区域，也很难实现稳定的颗粒测试浓度。此外，在某些情况下，测量粒子浓度的同时测量潜在粒子渗漏的位置可能令人产生困惑。为了克服这些问题，可以使用ISO 14644-3：2019中隔离构筑物测试的替代方法。这种方法不用在可能是污染源的区域中加入人工测试气溶胶，所使用的测试粒子是存在于洁净室相邻区域中的天然粒子。如果使用粒子计数器探头扫描可能发生渗漏的位置，颗粒浓度没有超过洁净室中的浓度，则不太可能存在隔离结构泄漏问题。

9.2 气流隔离有效性测试

上一节中描述的隔离构筑物测试可确定空气传播的污染物是否从不太洁净的相邻区域渗透到洁净室的物理构造中。而有些系统使用气流隔离来保护其洁净区域免受空气污染物的渗透，这种气流隔离称为“空气动力学隔离”。气流隔离的有效性通过有效性测试确定：将粒子引入隔离区域外的空气中，测量渗透到隔离区域内的粒子数，并计算保护系数。ISO 14644-3：2019给出了气流隔离有效性测试方法。

气流隔离有效性测试通常用于确定受保护区域气流的有效性，这些受保护的区域包括敞开的门口、产品传输通道、用气流将其内部洁净环境与设备外部不太洁净的区域分隔开的净化工作台等；也可用于洁净室大空间，即房间中某部分的空气污染不应转移到另一部分的关键位置处。

ISO 14644-3：2019中描述的气流隔离有效性测试，可测量透入保护区内一个或多个位置的渗透量，也可将其用于对其他区域（例如对位于隔离区域中部的关键位置）的渗透检查。

气流隔离有效性测试通常与第10章所述的气流可视化相关联。可视化用于检查洁净室或洁净区中的区域，以确保气流符合设计预期；还可用于确定气流隔离有效性的限度（边界），并由此选择空气采样的有效位置。可以认为可视化测试提供定性信息，气流隔离有效性测试提供定量结果。这两种方法相结合是最好的。

9.2.1 气流隔离检测方法

为进行气流隔离有效性测试，空气颗粒被连续地引向保护区，且浓度稳定。也可以使用自然存在的空气颗粒，但浓度可能不够高。因此，测试粒子通常由合适的气溶胶发生器生成（例如高效过滤器测试所用的类型）。喷雾器不太适用，因为水滴会迅速蒸发并消失。应参考职业接触限值（OEL）来考虑测试气溶胶对气流隔离测试人员健康的影响。

在气流隔离测试期间，粒径≥0.5μm的气浮粒子浓度由粒子计数器测量。ISO 14644-3：2019建议隔离区域外的空气中颗粒浓度为5×10^6个/m^3。然而，如果隔离系统非常有效，或者隔离区域内的粒子背景数量较高，则将测试用粒子提高到建议浓度以上可能是有利的。这种较高的浓度可能高于粒子计数器的重叠误差水平，如果发生这种情况，则应使用第11章所述类型的稀释器。

气流隔离有效性测试可以按如下方式进行。

① 开始测试之前，隔离系统及其附近区域的送风量和排风量应符合规定。

② 应证明送风高效过滤器无泄漏。

③ 气流隔离区域的气浮粒子背景浓度应足够低，不会影响测试结果。

④ 测试粒子应该在气流隔离区域之外连续释放出来，以给出稳定的气溶胶浓度。测试时可能需要使用比ISO 14644-3：2019建议颗粒浓度更高的浓度。

⑤ ISO 14644-3：2019建议气溶胶发生器与气溶胶测量点的距离应为1～1.5m，测试气溶胶浓度应在保护区外周不超过1m处进行。还建议在保护区内不超过0.1m处测量已穿透颗粒的浓度。但是，这些距离可能需要一定改动以适应实际情况。此外，隔离区域内测量点的数量取决于保护区的周长和形状，测试点的数量及位置应由用户和测试人员商定。

⑥ 在隔离气流的两侧各测三个空气颗粒浓度样本。每个样本的采样空气量取决于颗粒浓度，并应符合ISO 14644-1：2015 [7] 中对洁净室分级的采样量要求。这一要求将在本书的第12章中讨论，其中空气采样量计算使用的是式（12.2）。然后应根据9.2.2节中给出的方法计算隔离的有效性。

9.2.2 气流隔离有效性的计算

隔离系统的有效性可以通过下式计算出来。

$$\text{气流隔离有效性}=\frac{\text{保护区内粒子浓度(个}/\mathrm{m}^3)}{\text{保护区外测试粒子浓度(个}/\mathrm{m}^3)} \tag{9.1}$$

例如，如果保护区域外的测试粒子浓度为10^7个/m^3，保护区域内的粒子浓度为200个/m^3，则可以计算出气流隔离有效性为0.00002，即

$$\text{气流隔离有效性}=\frac{200}{10^7}=0.00002$$

ISO 14644-3：2019建议隔离气流的保护效果可以用保护系数来表示，即以10为底的气流隔离有效性的负对数。在本例中，保护系数为：

$$\text{保护系数}=-\lg 0.00002=4.7 \tag{9.2}$$

9.2.3 气流隔离有效性测试实例

这里以带短隔板的单向流顶棚为例，说明气流隔离有效性测试的应用。该系统的高效过滤器面为3m×3m，周边设计有隔板，隔板没有延伸到地板附近，而只延伸到地板上方2m处，以便于大型设备在洁净区域的出入。在距高效送风过滤器面20cm处测得的风速为0.38m/s。气流隔离有效性测试是在静态条件下进行的，没有人员在场。

在测试单向流系统的适当位置处引入测试粒子，通常从隔板外侧高位引入。测试气溶胶通过拉斯汀喷嘴气溶胶发生器生成。来自发生器的供应管连接到一个多管装置，该多管装置有四个长度相同的输出管，以将测试粒子输送到单向流系统的四侧。

在对面墙壁上洁净室高度设置两个测试架作为粒子浓度的测量位置。用结实的线（4磅尼龙鱼线）以20cm（或更长）的等高度差系在两支架间。这些线以每20cm（或更大）的间隔做出标记，形成测量每立方米空气中粒径≥0.5μm的颗粒数量的网格测点位置。颗粒浓度用于确定气流隔离有效性，这在图9.2中显示为等浓度线和渗透率。

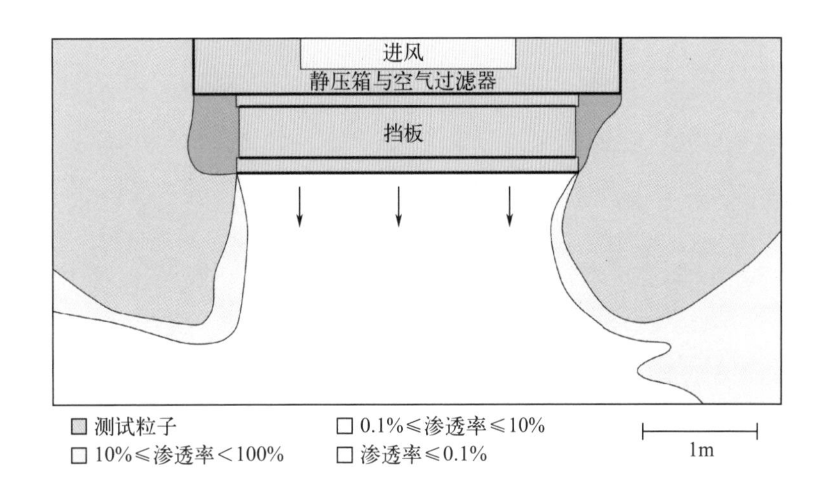

图9.2
送风温度与洁净室温度相同时单向流系统的气流隔离效率（%）

从图9.2可以看出，单向流系统运行良好，可以确保很少的污染物渗透到洁净区域，并在隔板下方提供宽大的洁净区域，气流隔离有效性小于0.1%（保护系数 >3）。这相当于在1000个粒子中只有不到1个粒子穿透了洁净的单向流动区域，这是令人满意的。

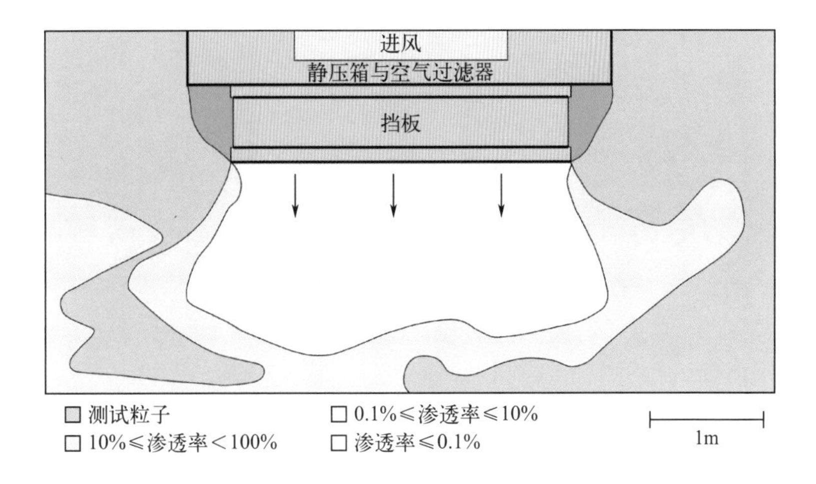

图9.3
送风温度比洁净室温度高0.65℃时单向流气流系统的隔离效率

另外，还研究了送风温度比洁净室环境温度高0.65℃时的颗粒浓度散布情况，结果如图9.3所示。可以看出，这时送风的浮力更大，其向下流动的倾向更小，这使得空气中的污染物能够渗透到受保护的洁净区域的下部。这项测试说明：带隔板的单向流系统的送风温度应不高于洁净室室温。

10

洁净室内气流的可视化、自净及通风有效性

为证明洁净室中空气的流动能有效地稀释或去除空气传播的污染物，可以进行以下测试：

① 空气流动的可视化；

② 测量非单向流洁净室去除高浓度空气污染物的自净情况；

③ 测量非单向流洁净室的通风有效性。

10.1 空气运动可视化

洁净室或洁净区的气流可以实现可视化，下面介绍几种用于气流可视化的方法。

10.1.1 气流可视化方法

洁净室或洁净区中的气流可视化可以使用飘带、发烟、雾气等方法。

（1）飘带

气流可视化所用的飘带通常是线、录音带或录像带。最好是那些易于看到、重量轻得会随气流飘动的物体。可以将飘带系在由强力线做成的穿过洁净室或空气净化装置的测量网线上，由此获得气流模式。还有一种方法是将飘带系在风速计的末端，在测量风速的同时，可以获得气流的方向（见图10.1）。

图10.1
系在FlowViz热风速计探头上的尼龙线

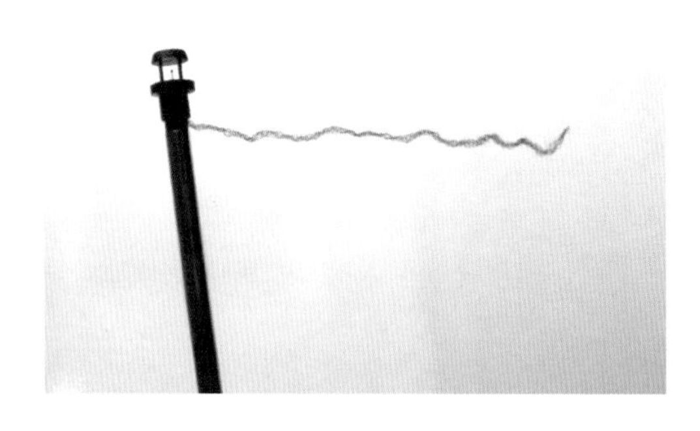

飘带可指示气流的方向，但由于其重量不是很轻，所以不太可能完全随气流飘动。例如，在风速约为0.5m/s的水平单向流中，由松散的尼龙线制成的飘带，只能以水平45°的夹角飘动。气流速度必须达到约1m/s，飘带才能提升并几乎水平地飘动。而使用烟雾可视化方法可以更准确地标示气流方向。

（2）发烟

产生烟雾的方法有许多，它们都可以将洁净室和洁净区的气流可视化。可以使用过滤器完好性测试用的以及音乐厅和剧院用的测试气溶胶发生器，所产生的烟雾不应对操作人员造成危害，这可以通过职业接触限值（OEL）进行评估。此外，还应评估烟雾对洁净室生产产品的危害。

图10.2所示是剧院和音乐厅使用的小型烟雾发生器，价格便宜，并且会从乙二醇和甘油的液体混合物中产生连续的烟雾。其产生的烟雾量取决于发生器的大小。

图 10.2
剧场用烟雾发生器

手持烟雾发生器可产生烟雾。图 10.3 是正在用其观察门下缝隙的气流状况的示例。

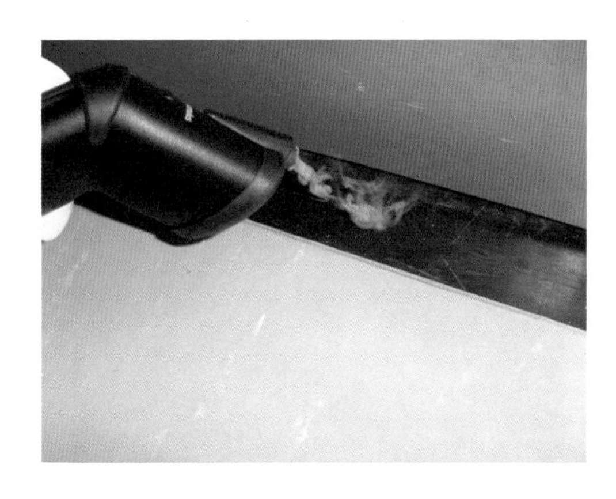

图 10.3
手持烟雾发生器释放出的一股烟雾

产生烟雾的一种简单方法是使用如图 10.4 所示的烟雾发生管。需要烟雾时，将密封玻璃管的两端折断，其中一端连接一个气囊，挤压气囊，烟雾就可从另一端吹出。需要注意的是，这种烟雾通常是酸性的，可能对某些洁净室不适用。产生烟雾的另一种方法是用点燃的香，虽然不会产生很多烟雾，但价格便宜、容易获取，且还有无味型。

图 10.4
烟雾发生管

（3）雾气

烟尘颗粒在某些洁净室中被视为一种污染物，不允许使用。这种情况下，可以用无污染的冷凝水蒸气取而代之。然而，水蒸气在空气中蒸发得非常快，因此，不像烟雾那样可持续更长的时间来提供良好的可视化效果。雾气可以通过下述的几种方法生成。

① 冷冻二氧化碳（干冰）：使用电加热元件将密封容器中的水加热到接近沸腾的温度，干冰降入热水中后变成二氧化碳气体，并从容器的喷嘴中排出。冰冷的二氧化碳气体使空气中的水分凝结从而产生雾气。

② 液氮：液氮在−196℃的极低温度下沸腾。如果让液氮沸腾并从管子中流出，极冷的气体会冷凝空气中的水分。此时看到的是图10.5所示的冷雾气流。

③ 水雾化：使用雾化器是生成雾气的常用方法，其效果如图10.6所示。

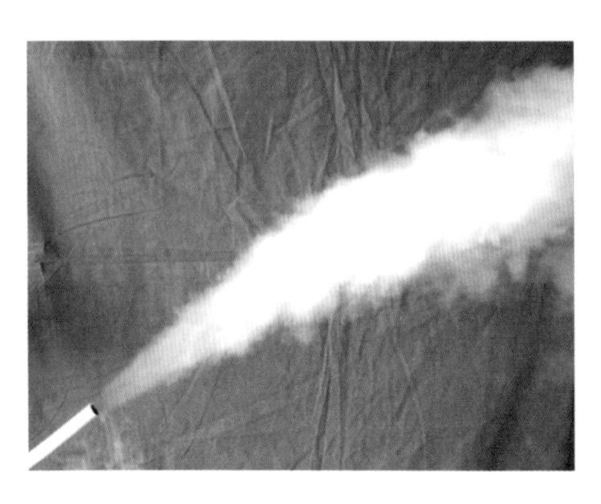

图10.5
液氮产生的水雾气

图10.6
雾化器产生的水蒸气

10.1.2 气流可视化烟、雾法的应用

洁净室或洁净区中气流的可视化，可以用烟或雾的“吹”“流”“多股流”或“云”来实现。应用哪种方法取决于气流是非单向流还是单向流。

在非单向流洁净室中，过滤后的空气从送风口送出并与室内空气混合，再通过洁净室四周的低侧位排风口排出。空气在整个洁净室中的有效混合和排出证明通风效果良好。在产品或工艺暴露于空气污染的关键区域，气流的可视化尤为重要。如果测试烟雾迅速散去，则洁净室通风良好。否则，空气中的污染就会聚集。应注意的是，送入非单向流洁净室中的烟或雾气不会像在单向流中的那样清晰地显示出气流方向等状况，并且会很快消散。

除了证明良好的空气混合效果外，还应证明洁净室所有区域的排风装置都能有效排出空气中的污染物。可能还需要检查送风口送出的风是否与排风口形成短路，从而有可能达到降低洁净室中过滤了的送风量的效果。

在需要且可行的情况下，应改善非单向流洁净区不良的通风效果。为此，可以调整送风散流器叶片的方向以提供更好的空气“吹射”效果，或者移开障碍物以及增加或重新平衡送排风量等。在设计不佳的非单向流洁净室中，可以考虑另外增加送风口或排风口。

因为单向的烟雾流更容易被看到，所以单向流洁净室中或空气净化装置中的气流效果研究，通常比在非单向流洁净室中更容易给出明确的效果。单向流系统中的单向流，通常是为了使产品或工艺暴露在空气污染之下的关键区域得到保护。这种情况下，可视化可用来检查并在必要时改进以下几种情况。

① 理想情况下，来自高效过滤器的单向流应该畅通无阻地流向关键位置，以使气浮污染物的浓度较低。

② 来自人员和其他污染源并悬浮在空气中的污染物，在向关键位置移动时会被吸入（夹带）到单向流中。此外，穿过单向流的物体可以在物体后部形成一条拖尾式气流，单向流的保护作用对该气流不起作用，它使空气中的污染物穿入单向流，且继续流向关键位置。

③ 单向流中的人员及其他空气污染源，可以将污染扩散到流向关键位置的气流中。使人员远离气流可能是防止产品或工艺受到空气污染的最佳方法。

可视化应该证明什么？FDA指南[14]给出了很好的建议。FDA指南建议：“适当的设计和控制可防止关键区域出现紊流和空气留滞。一旦设立了相关参数，至关重要的是评估紊流或涡流的气流模式情况，这些紊流或涡流可以成为空气污染物（如来自洁净度较差的相邻区域）的通道或储存处。应在关键区域进行空气模式的原位分析，以证明动态条件下单向流的模式及其吹扫产品的作用。气流研究应有详细的书面结论，并包括对无菌作业（例如干预）和设备设计影响方面的评估。录像带或其他记录方式在气流初始评估以及对促进后续设备配置更改的评估方面是有益的。”

在单向流系统中气流可视化的一种方法是，使用直径约为2.5 ~ 5cm（1 ~ 2in）的管子，以大约10cm（4in）的间隔成直线钻出直径为2 ~ 3mm的孔。管子安装在关键区域上方的支架上，并由烟雾发生器提供烟雾。烟雾发生器可以是剧院中使用的那种类型，也可以是过滤器完好性测试中使用的那种类型。还需要一个气泵将烟雾发生器产生的烟雾从管道上的孔中吹出，并使烟雾的速度与通过管道的气流速度相同。从管道发出的连续烟雾流可提供单向流可视化的良好效果。通过目视空气流动可以获得足够的信息，但通常需要有永久性的记录。可以拍摄气流的静态照片，但由于烟雾的扩散速度快，照片中的烟雾图像通常不够理想，所以视频对记录烟雾运动有更好的效果。如果关闭房间照明，用光束照亮烟雾并取深色背景，视频效果还可以得到改善。

10.1.3 气流速度和方向的测量

前一节中讨论的可视化方法，使用烟雾来显示空气在洁净室或洁净区中的流动情况。但收集到的信息必须给予主观解释，且没有关于气流速度的信息。而气流速度是气流有效性的重要指标。要获得通过洁净室或洁净区某部分的气流速度和方向等信息，可以使用以下方法。

在所研究区域的对侧竖立两个台子。用结实的线（例如4磅尼龙渔线）以均匀的高度间隔（例如20cm）串在两台架之间。每条线都以相似的间隔标记出来，从而形成测量气流速度和方向的网格测点。可以通过多向风速计进行测量，该风速计将给出X轴和Y轴或X轴、Y轴和Z轴的气流速度。然而，简单的风速计带上一个飘带（如图10.1所示）也能给出合理的结果。

图10.7显示了非单向流洁净室顶棚上的单向流送风区中，气流速度和方向的二维图。该单向流系统与前一章中用气流隔离测试进行研究和讨论的系统相同（见图9.1和图9.2）。送风区过滤器的送风面积为3m×3m。送风的温度与洁净室内的空气温度非常接近。这个单向流送风区有相对短的隔板，其下沿距离地面2m，而不是整个隔板几乎延伸到地面处那种的常见布置，这是为了给大型设备提供通道。排风口位于顶棚高度、送风区的外周。

图10.7中仅显示了单向流系统一半的效果，另一半是其镜像。图中箭头的长度与气流速度的大小成正比，测量点处给出的数字即为准确的速度。过滤后的空气以相当高的速度到达工作台上的工作位置。然后气流向外、向上流动并返回到排风口，从而最大限度地减小了来自送风区外部的污染被夹带到送风区下方洁净区域的可能性。

图10.7
带短隔板的单向流工作台中的气流方向和速度（m/s）

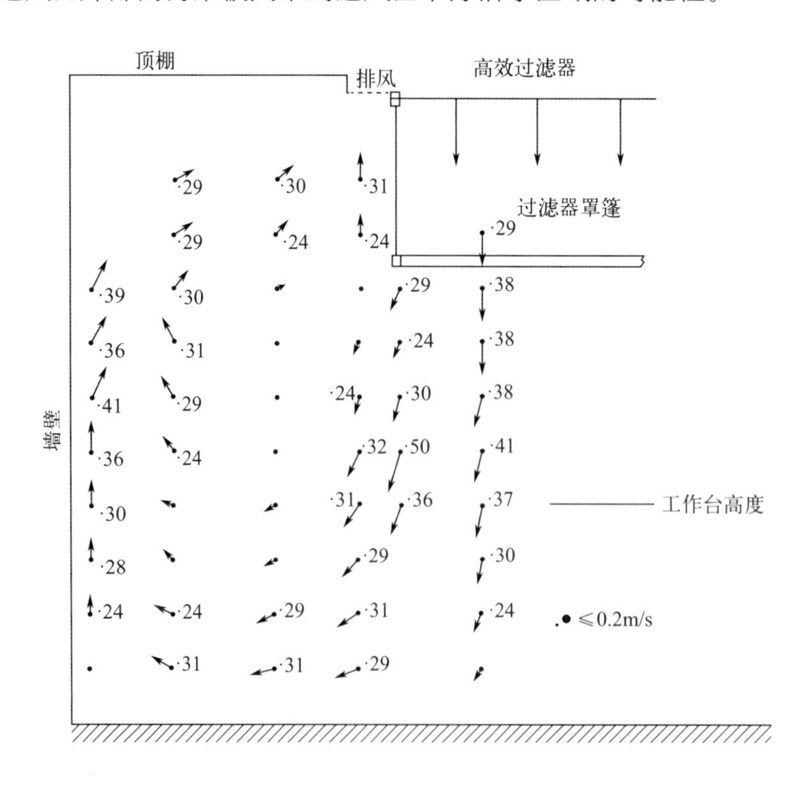

10.1.4 计算流体动力学

在设计新的洁净室系统时，可以通过计算流体动力学（CFD）研究其可能的气流性能。CFD方法使用计算机对Navier-Stokes方程的数值求解，并获得气流的方向和速度。

CFD分析不是洁净室或洁净区必需的测试方法，但可检查正在进行且在改进中的设计的可能效果，对检验首次采用的气流系统的设计也是非常有用的。CFD分析也可以在洁净室调试期间调查、发现设计中的问题，并提供可能的补救措施。

应用CFD软件对洁净室或洁净区的气流进行分析时，会遇到各种挑战，例如数值汇集、建模和网格划分，以及选择正确的紊流模型、边界条件和空气紊流强度等问题[20]。除了这些固有的问题外，人员流动也会造成问题，因为CFD分析无法有效处理不可预测的人员流动的影响。所有这些问题都可能导致洁净室中的实际气流不如CFD分析所预测的那样有效。尽管如此，CFD分析已被证明是预测洁净室中可能气流状况的有用工具。

为了说明CFD分析的效果，将CFD分析结果与上节中所报告的带隔板单向流系统气流方向和速度（图10.7）的实际测量结果进行了研究比对。图10.8为带隔板单向流系统断面的CFD分析结果，显示了该系统气流的方向，并标出了风速相似区域及风速等值线。比较图10.8和图10.7可以看出，CFD分析对气流和隔板系统的有效性给出了合理的预测。

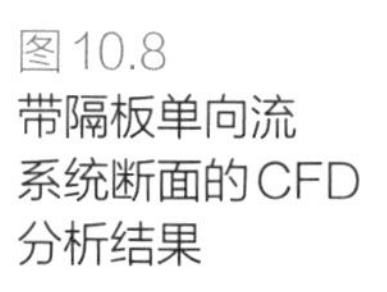
图10.8 带隔板单向流系统断面的CFD分析结果

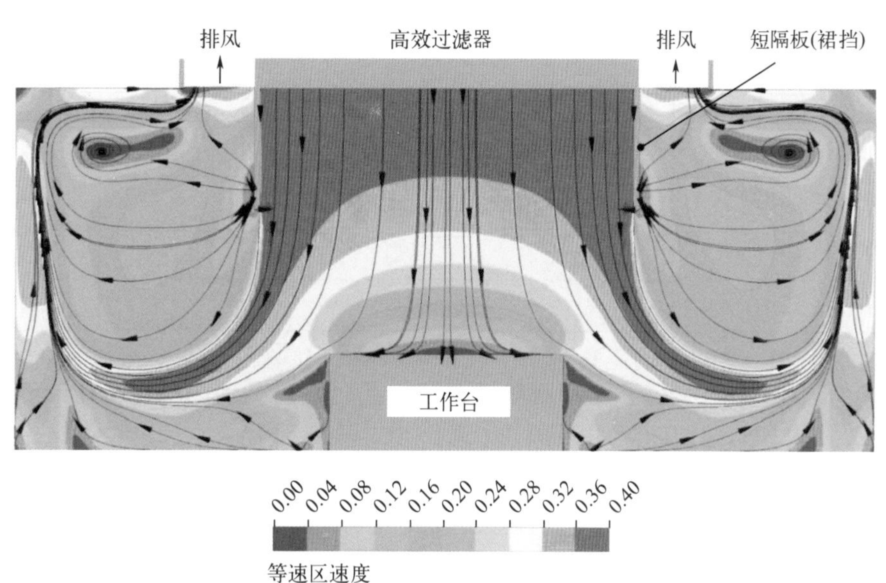

10.2 洁净室自净性能

本章前半部分介绍的可视化方法可用于确定洁净室中的关键位置是否能获得充足的、经过滤了的洁净送风。现在介绍另一种方法，用于测量在关键位置引入的气浮测试粒子浓度的衰减率。粒子浓度衰减得越快，说明向该位置供应的空气就越洁净。

ISO 14644-3: 2019 [9] 中提出了两种测试方法——自净时间和自净速率，统称为洁净室自净性能测试。这两种方法适用于非单向流洁净室，不适用于单向流洁净室和洁净区。

10.2.1 如何测试洁净室自净性能

现在用一个示例来解释自净时间或自净速率的测试方法。这是一个非单向流洁净室，换气次数约为50次/h。为了收集自净时间或自净速率计算所需的一些测试结果，使用了相同的方法。

洁净室通风系统的运行会使气浮颗粒被引入洁净室空气中并与室内空气混合。如果先关闭洁净室的通风系统，将颗粒引入室内并通过台式风扇将其与室内空气彻底混合，然后再打开通风系统，则测试颗粒与室内空气的混合更为充分。

颗粒通常是用高效空气过滤器系统检漏所用的气溶胶发生器生成。为了将测试颗粒与洁净室空气混合，可以将气溶胶发生器的输送管引至多管装置，该装置将各分管引至每个送风进风口。如果多管装置上各分管管长相同，则在每个送风进风口处释放出的颗粒数量大致相同。

将颗粒引入洁净室内几秒钟后就应停止，以确保其浓度不会太高。但其浓度还有可能超过粒子计数器可接受的重叠误差，所以可能需使用稀释器（见第11章）。洁净室内的送风也可用来稀释测试颗粒，并可在收集结果之前将空气中的浓度降至合适的浓度。

表10.1　随时间推移测试粒子的衰减

流逝的时间 /min	1	2	3	4	5	6
浓度（个 /m³）	7484	45437172	70000000	60221165	32618647	14530327
流逝的时间 /min	7	8	9	10	11	12
浓度（个 /m³）	6021721	2336013	945793	380781	182219	94357
流逝的时间 /min	13	14	—	—	—	—
浓度（个 /m³）	55880	34876	—	—	—	—

表10.1给出了粒子计数器在洁净室的关键位置测到的粒径≥0.5μm测试粒子的实际读数，将其绘制成图，如图10.9所示。应该注意图10.9中气浮粒子浓度的刻度单位是对数的。利用表10.1和图10.9中给出的结果，可以计算自净速率或自净时间。

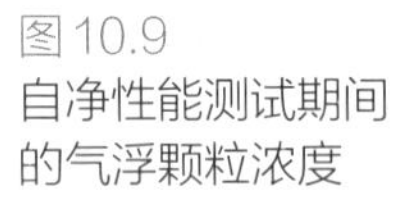
图10.9
自净性能测试期间的气浮颗粒浓度

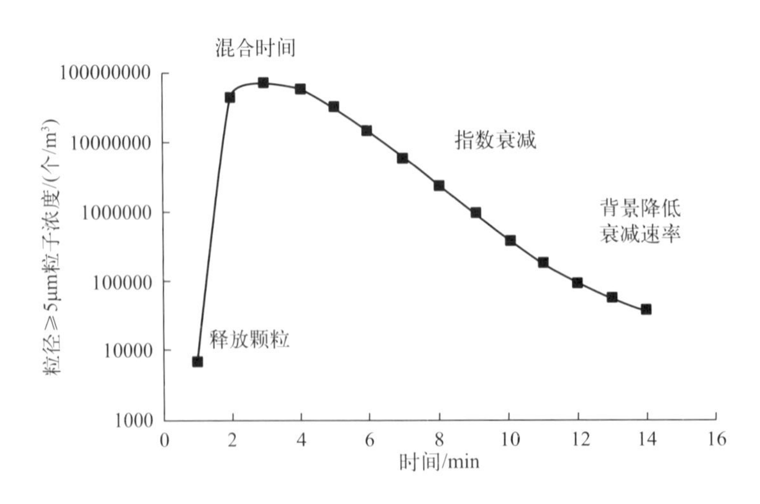

10.2.2 自净时间的计算

自净时间是引入洁净室的测试粒子浓度衰减到初始浓度的百分之一所需的时间，是在洁净室的关键位置测量的。也可以使用浓度下降至1/10的时间值。从图10.9可以看出，颗粒浓度从10000000个/m^3下降至100000个/m^3的时间为5.5min。因此，自净时间是5.5min。

应注意获得正确的自净时间。初始浓度应在指数衰减开始时测量，不可过早测量，即测试颗粒尚在与室内空气混合、浓度尚未出现变化之时。此外，最终浓度也不应太早测量，否则计数的很大一部分会被背景颗粒浓度占据，浓度降低显得很慢。图10.9中可以看到这些难点是如何发生的。使用自净速率可能会给出更准确的结果，还可以获得通风效果指数。

10.2.3 自净速率的计算

自净速率是测量引入测试粒子浓度的衰减速率来获得的，且必须在指数衰减期间进行测量。当衰减率为指数时，自净速率由式（10.1）获得。

$$\text{衰减速率或自净速率} = -2.3 \times \frac{1}{t} \times \lg\left(\frac{C_1}{C_0}\right) \tag{10.1}$$

式中　t——初始测量和最终测量之间经过的时长；

C_0——气浮颗粒浓度的初始测量值；

C_1——气浮颗粒浓度的最终测量值。

图10.9中Y轴的刻度单位应该是对数的，因此指数衰减的周期可以通过图表上的直线识别出来。如图10.9所示，指数衰减发生在第6～10min之间共4min的时长内。现在可以根据表10.1中的结果计算自净速率，亦即此期间测试颗粒浓度的衰减速率，计算如下。

$$\text{衰减速率或自净速率} = -2.3 \times \frac{1}{4} \times \log\frac{C_1}{C_0} = -2.3 \times \frac{1}{4} \times \lg\frac{380781}{14530327} = -2.3 \times \frac{1}{4} \times -1.58$$

$$= 0.91/\text{min} = 55/\text{h}$$

需要注意的是，算式中的对数为负数，因此最终结果为正数。还应注意，测量单位是数量/h。

10.3 欧盟GGMP的自净要求

欧盟GGMP[13]的附录1要求，制药洁净室的通风有效性需由生产作业完成后洁净室快速降低空气中颗粒浓度的能力来证明。空气中的粒子浓度应在15～20min（指导值）内降至受测洁净室静态时的等级限值。不同等级洁净室的动态和静态浓度限值在欧盟GGMP附录1中给出，参见表4.3。

欧盟GGMP中规定的A级区域通常不进行自净测试，因为通风一般都是单向流，并且该等级洁净区域静态和动态的气浮颗粒最大限值是相同的。自净测试通常在静态的、最大浓度限值分别为3520个/m^3和352000个/m^3的B级区和C级区进行，没有引入人工测试颗粒，而是使用洁净室中自然产生的颗粒（通常粒径≥0.5μm）。在生产和其他活动停止后应立即测量空气中的颗粒浓度，并测量颗粒浓度衰减到受测洁净室静态等级限值所需时间，要求不得超过15 ~ 20min。

尽管欧盟GGMP的附录1要求在生产后立即进行自净测试，但在无生产时可能也需要进行这类测试。此类测试可以采用与ISO 14644-3：2019中描述的自净时间测试相同的方式进行。粒子的初始浓度可以设置为受测洁净室等级动态下气浮粒子的最大限值（从表4.3中获得）。应注意其达到洁净室静态限值的时间，不得超过15 ~ 20min。例如，测试的是B级区，应将测试颗粒散发到室内并与室内空气混合。应待室内粒径≥0.5μm的颗粒浓度降至B级区动态时的最大浓度（即325000个/m^3）后开始测量。测出颗粒浓度降至静态条件下的最大浓度（即3520个/m^3）所需的时间。这个时间不应超过20min，最好是15min。

10.4 洁净室换气有效性系数的计算

设计不佳的非单向流洁净室中的洁净空气可能无法到达洁净室的所有位置，从而导致空气污染物浓度高得无法接受。为了确定是否存在这样的问题，需要测量通风的有效性。有关洁净室通风有效性系数的使用和选择等更多信息见其他文献[21]。

换气有效性（air change effectiveness，ACE）系数也称为通风有效性系数，可用来确定洁净室中各位置的通风状况。ACE系数将某个位置（通常是关键位置）的换气次数与洁净室中的整体换气次数进行比较，可反映出受测位置接收到的洁净空气是否比洁净室的平均值多或少。ANSI/ASHRAE 129-1997（RA 2002）[24]中描述了如何测量和计算ACE系数的方法。掌握以下关系式[21]，ASHRAE方法就会更便利并可用于洁净室。该关系式是在测量空气中颗粒的衰减以获得某个位置的自净速率时获得的。

衰减速率=自净速率=局部换气次数

ISO 14644-3中描述的测量自净速率的方法与测量局部换气次数的方法相同[22-23]，这一事实可证实上述关系式。因此，下式可用于获得某个位置的ACE系数[25]。

$$\text{ACE 系数} = \frac{\text{受测位置局部换气次数}}{\text{整个洁净室换气次数}} = \frac{\text{受测位置自净速率}}{\text{整个洁净室自净速率}} \tag{10.2}$$

如果非单向流洁净室中的空气与洁净送风混合充分，则所有位置的局部换气次数将与整体换气次数相同，并且每个位置的ACE系数均为1。但是，如果某个位置接收的洁净空气比洁净室的平均水平多，则ACE系数将高于1。如果某个位置接收到的洁净空气少于房间内的平均水平，则ACE系数将小于1。因此，希望ACE系数为1或高于1。

下面以一个例子说明ACE系数的计算方法。该示例与第10.2节中使用的非单向流洁净室相同。可以使用两种方法来计算ACE系数：换气次数或自净速率。

如果采用换气次数法，则需要获取整体换气次数和局部换气次数。示例洁净室的占地面积为6m×5m，高度为3m，因此容积为90m^3。准确测得洁净室的送风量为1.25m^3/s（4500m^3/h）。因此，洁净室每小时的总换气次数可以确定如下：

$$\text{整体换气次数} = \frac{\text{送风量（}m^3/h\text{）}}{\text{洁净室容积（}m^3\text{）}} = \frac{4500}{90} = 50\text{（次/h）}$$

第10.2节中已确定关键位置的局部换气次数为55次/h。因此，通过式（10.2）可计算受测位置的ACE系数：

$$\text{ACE 系数} = \frac{\text{受测位置局部换气次数}}{\text{整个洁净室换气次数}} = \frac{55}{50} = 1.1$$

如果使用自净速率方法，受测位置的局部自净速率用ISO 14644-3中规定的方法获得，该方法已在10.2节中介绍过。整体自净速率则可以通过测量洁净室所有排风口的自净速率，并以每个排风口的排风量加权，计算出平均值来获得。然后，可以用式（10.2）计算ACE系数。

计算结果得出ACE系数为1.1，这表明关键受测位置的洁净空气供应量高于房间的平均水平。由此得出的结论是：洁净室通风效果令人满意。如果ACE系数低于0.7，则是低于洁净室中通常应有的值[25]，这表明可能需要对洁净室中的气流进行检查，以便改善气流状况。

11

光散射空气粒子计数器

洁净室空气中颗粒的浓度未超过规定的浓度，必须要给出证明。第4章给出了ISO 14644-1: 2015[7]规定的、不同洁净度等级洁净室和洁净区空气悬浮粒子最大允许浓度。为确保洁净室符合规定的ISO等级，须用ISO 14644-1给出的方法进行测试，这将在下一章（第12章）中解释。还需要在洁净室的整个生命周期内对气浮颗粒浓度进行监测，确保不超过规定的浓度。本章讨论的是实施这类测量任务的仪器：空气悬浮粒子计数器。

ISO 14644-1: 2015中将空气悬浮粒子计数器称为光散射空气粒子计数器（简称粒子计数器）。这一名称将其与第8章中讨论的、检测高效空气过滤装置颗粒渗漏所用的气溶胶光度计区分开来。粒子计数器对空气中的单个颗粒进行测径、计数，而光度计测量空气中颗粒的（质量）总浓度。图11.1显示的是具有等速（等动力）进风口和Wi-Fi天线的普通粒子计数器。

图11.1
普通粒子计数器

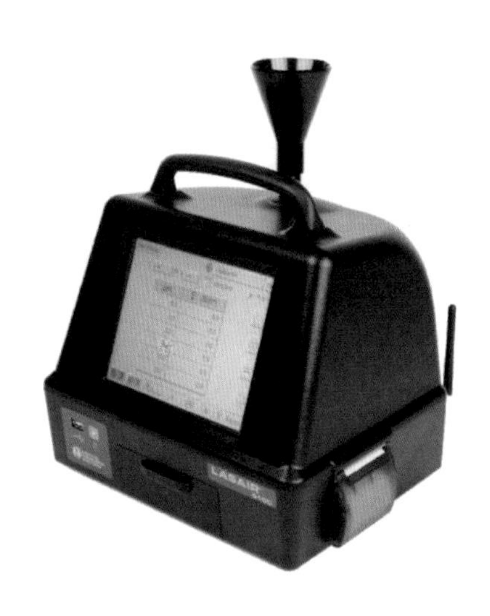

11.1 粒子计数器是如何工作的

图11.2显示了粒子计数器的主要部件。洁净室空气样本被吸入仪器并通过传感区，从激光二极管或氦氖激光器发出的一束光也穿过传感区。单个粒子穿过光束时会产生散射光，该散射光被光学系统收集到并传至光电二极管，光电二极管将其转换成电脉冲。根据脉冲高度即可测定颗粒大小。计算出脉冲的数量，即可确定颗粒的数量。知道了粒子计数器的采样量，就可以得到空气中不同粒径颗粒的浓度。

粒子的大小由粒子计数器根据粒子散射的光量确定。因此，粒子计数器测量的不是粒子的物理尺寸，而是其等效光学直径。等效光学直径是球形粒子的直径，其散射的光量与被测粒子相同。粒子计数器测出的等效光学直径是用标准的单分散聚苯乙烯乳胶颗粒对仪器做了校准后得到的。这些颗粒是球形的，易反光。因此，粒子的实际物理粒径与其等效光学粒径之间的关联性取决于粒子的构成物质及其形状。

按照ISO 14644-1: 2015，洁净室洁净度分级所需的粒径范围为0.1 ~ 5μm，粒子计数器可对这些粒径进行计数。但是，粒径测量低限为0.3μm或0.5μm的粒子计数器，可能也适用于许多类型的洁净室测试。粒子计数器的气流采样量一般为2.8L/min（$0.1ft^3/min$）、28.3L/min（$1ft^3/min$）、50L/min和100L/min。

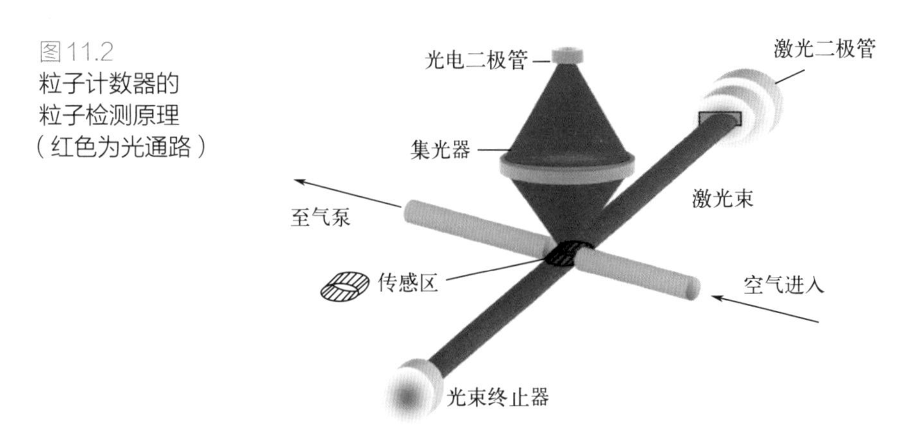

图11.2
粒子计数器的粒子检测原理（红色为光通路）

粒子计数器必须定期维修和标定。标定应符合ISO 21501-4: 2018[26]。但是，ISO 14644-1: 2015指出，这些测试可能都不能用于某些粒子计数器的标定，遇到这种情况，应将相关信息记录在标定测试报告中。

11.2 累积计数和分段计数

粒子计数器通常用于大于或等于（≥）指定粒径的颗粒的计数，这被称为累积计数。ISO洁净室标准所要求的正是这种计数。然而，粒子计数器也可以测量分段计数，即给定粒径范围之内的计数，例如0.5 ~ 1.0μm。必须注意确保洁净室测试时不会错误地使用并测量了分段计数。

表11.1解释了分段计数和累积计数之间的差异。第1列显示了不同的粒径范围，第2列显示了各粒径范围对应的粒子数量。第3列是对应于每行分段粒径低限的累积粒径范围，包括所有大于或等于这些尺寸的粒径。最后，第4列是从粒子计数器获得的（粒径）累积计数，这也可以用第2列中所关注的粒径及之后的所有分段粒子计数相加得到。

表11.1　粒子计数器的分段计数和累积计数的关系

分段粒径范围 /μm	分段计数 /（个 /m^3）	累积粒径范围 /μm	累积计数 /（个 /m^3）
0.3 ~ 0.5	12053	≥ 0.3	16276
0.5 ~ 1	3105	≥ 0.5	4223
1 ~ 5	1108	≥ 1	1118
≥ 5	10	≥ 5	10

11.3 重叠误差

如果空气中颗粒的浓度太高，重叠误差可能会使粒子计数器的计数不准。这些误差可能是由于光束中两个或更多的粒子被粒子计数器当作一个大颗粒所造成的。另外，小颗粒也有可能隐藏在大颗粒后面而未被计数。ISO 21501-4:2018 建议将重叠误差小于总计数10%时的颗粒浓度作为颗粒采样的最高浓度。这种情况通常会在浓度高于10^6 ~ 10^7个/m^3时出现，但实际值应根据制造商的资料来确定。

11.4　空气样本的稀释

当采样的粒子浓度高造成粒子计数器重叠误差高时，有必要在粒子计数器开始计数前先稀释空气中的粒子浓度。如果正在执行的测试是测量颗粒的衰减以获得自净速率、用颗粒测试高效过滤装置的泄漏并用粒子计数器检漏、用气流隔离测试方法确定空气净化装置中的颗粒渗透率，这些情况下的受测浓度可能高于发生重叠误差的浓度。遇到这种情况，可以使用稀释器以无颗粒空气稀释高的颗粒浓度，使其降至可以正常测量的水平。

图11.3显示了稀释器的工作原理。进入稀释器的空气被分入两条路径。一小部分空气样本通过一根小直径的细管，该管限制了气流量但对颗粒浓度没有影响。大部分采样空气则通过直径较大的侧管，其中所有颗粒通过高效空气过滤器时都被滤除。然后，这两种气流又汇合在一起。这样通过细管的实际空气样本就被来自侧管的无颗粒空气稀释。可供使用的稀释器多种多样，其稀释比介于（10:1）~（1000:1）。也可以将两个稀释器串联组合以提高最终的稀释效果。

图11.3
粒子稀释器

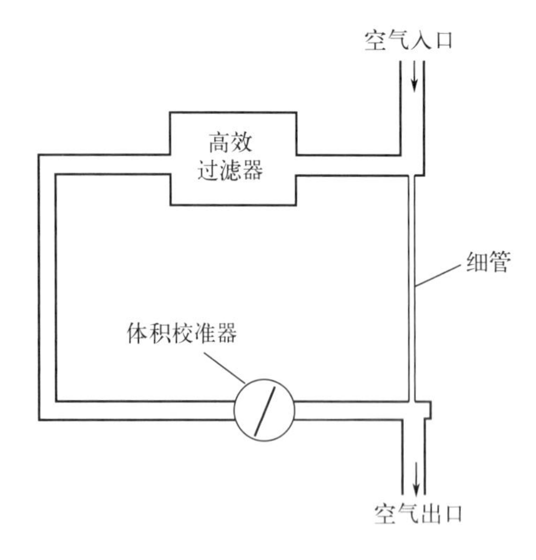

11.5　空气采样过程中的颗粒损失

用粒子计数器对洁净室空气采样时，必须确保粒子计数器对空气中的所有颗粒都能准确地测径并计数，没有增加或减少计数。为此，采样时应考虑以下信息。更多相关信息见本书附录G。

11.5.1　采样管壁的颗粒损失

如果粒子计数器距空气采样位置有一定距离，则需要一个采样管将空气中的颗粒输送到粒子计数器。当颗粒沿采样管流动时，尺寸较大的颗粒可能会因重力而沉积在管的内壁上。因此，一般情况下最好不要使用采样管，如果必须使用，则应尽可能短。ASTM F50-12（2015）[27] 建议采样管应不超过3m，ISO 14644-1: 2015建议对粒径≥1μm的颗粒进行采样时采样管长度不应超过1m。由于采样过程中颗粒可能因为惯性被抛到管内壁上，管的弯曲处也可能造成颗粒损失，ASTM F50-12（2015）建议采样管的曲率半径大于15cm。

11.5.2 静电引力造成的采样管中颗粒损失

如果采样管有静电，则颗粒可以被吸引并沉积到管的内壁上。为了最大限度地减少这种损失，采样管应该是良好的导电体，例如Bev-A-Line管，或带导电添加剂的聚氨酯管。

11.5.3 采样管的其他注意事项

采样过程中不得敲击或移动粒子计数器的管子，否则沉积在管中的粒子可能会脱落。如果所测的颗粒浓度低，这一点尤其重要。此外，采样管在不使用时应密封，以防受到颗粒污染。同样，粒子计数器不使用时，其空气入口应加盖以免受到污染。

11.5.4 采样头方向

为保证采样良好，采样头应对准气流方向。在单向流中采样，探头进风口应直接面向单向流。在非单向流系统的混合流中采样，采样管或探头的进风口应朝上。

11.5.5 等速（等动力）采样

单向流中采样时，要用等速（等动力）采样才能得到空气中颗粒的真实浓度。这对于0.3μm和0.5μm左右或更小的小颗粒是重要的，因为它们不会离开气流，尽管也不会因撞击进风口表面而被丢失。但如果其中还包含对较大的颗粒采样，则需要采用等速（等动力）采样。

等速（等动力）和非等速（等动力）采样如图11.4所示。应注意的是，采样头的方向应与单向流平行。

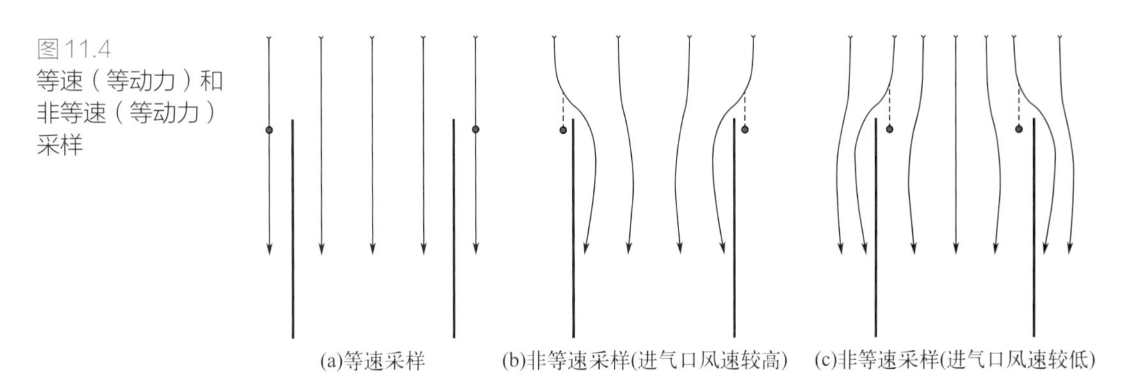

图11.4 等速（等动力）和非等速（等动力）采样

图11.4（a）显示的是进入探头的空气速度与经过探头的空气速度相同的情况，称为等速（等动力）采样。等速（等动力）采样时，空气顺畅地流入探头，颗粒既不丢失也不增加。图11.4（b）中，气流通过探头的速度高于探头外部的气流速度，探头内外

气流非等速（等动力）。具有足够大小和惯性的颗粒不会随空气流动而进入探头，而是仍沿探头外侧流走，未被采到。因此，空气样本中大颗粒浓度的占比将低于被采样空气中其实际浓度占比。对于图11.4（c）所示的探头，空气通过探头的速度小于其外部的空气速度，图中显示了气流的预期流线。当空气被迫“溢出”探头时，具有足够惯性的颗粒不受影响仍然进入探头。所以，空气样本中大颗粒的浓度占比将高于被采空气中其实际浓度。

因为非单向流洁净室中的空气以不同的方向和速度流动，通常无法进行等速（等动力）采样。但为了获得最佳样本，探头应朝上。然而，等速（等动力）探头在进风口处提供了一个尖型的空气入口，减少了由钝型进风口引起的颗粒沉积。

本章给出了获得采样空气中规定粒径颗粒准确计数的方法，可确保洁净室或洁净区的洁净度分级的正确性。ISO 14644-1: 2015中给出的分级方法将在接下来的第12章中讨论。

致谢

图11.1所示的粒子计数器经Particle Measuring Systems许可复制。Bob Latimer志愿绘制、提供了图11.2。

12
按 ISO 14644-1 以颗粒浓度划分空气洁净度

根据ISO 14644-1: 2015[7]中描述的方法，按照洁净室或洁净区空气中的颗粒浓度对其进行分级。这需要测量整个洁净室或洁净区中粒径范围在0.1 ~ 5μm之间的颗粒浓度。本章介绍了此方法。然而，在一些洁净室中，污染问题主要是由粒径>5μm的颗粒引起的。这些颗粒被称为大颗粒，本章末尾将描述如何依据这种粒径的颗粒来评估洁净室的洁净度。

12.1 洁净室的占用状态

洁净室或洁净区的分级测试可以在空态、静态、动态三种占用状态下进行，这三种占用状态可能会给出不同的气浮颗粒浓度和ISO等级。

新建洁净室的分级是在洁净室处于空态下进行的。如果洁净室的结构或其通风系统发生变化，也应进行分级检查。进行分级之前，为证明洁净室及其通风系统性能正常，应测量送风量和排风量以及风速、其高效空气过滤器系统的完好性（无泄漏）、洁净室与毗邻区域间的压差和气流状况以及洁净室内的气流模式。

一旦证明空态洁净室符合分级，就可进行机器设备的安装。当安装完成且机器设备运行良好时，可以在静态下对洁净室进行分级。当证明这个分级合乎要求时，为生产制造任务而准备洁净室的工作就可以继续进行了。

当洁净室建成并准备好运行时，应在动态条件下对洁净室进行测试和分级，以证明洁净室在实际运行中可达到正确的空气洁净度等级。然后可以开始正常的运行。

洁净室和洁净区的分级应在其完全生命周期内于静态或动态下进行，以确保其持续正常运行。洁净室通常是在关闭进行维护的静态条件下进行分级测试的，而不是在可能导致运行活动中断的动态条件下进行分级。

ISO 14644-1: 2015规定静态或动态分级可以定期进行，其时间间隔应基于应用场合的风险评估，但通常以年为基础。ISO 14644-2: 2015[8]规定每年应进行一次分级测试，但建议可根据风险评估、监测水平以及数据始终符合监测计划中规定的合格限值或合格水平而调整测试频次。

应注意的是，根据ISO 14644-1中给出的定义，空态和静态的分级过程中都不应有人员在场。但是，实际测试时测试人员以及审核测试的人员通常都在场。这些人会向空气中散发颗粒，增加空气中的颗粒数量。因此，应尽量减少气浮颗粒测量期间洁净室中的人数。从洁净室外启动无人房间内的粒子计数器是一种可行的方法。

虽然空态和静态的分级过程中不应有人员在场，但在动态下情况正好相反。那么最好确保测试期间在场的工作人员数量，即实际运行过程中可能在场的最大人员数量，并且机器和设备都在运行中。这种方法将证明洁净室的通风系统可以在空气污染物扩散量最大时实现所需的洁净度等级。

12.2 洁净室或洁净区的分级方法

对洁净室进行分级依据的是ISO 14644-1: 2015中给出的方法，其中必须确定所需的采样点数量和位置、最小空气采样量以及最少采样时间。当颗粒浓度不超过规定ISO等级的验收标准时，洁净室即达到该分级级别。

12.2.1 洁净室分级采样点数量的确定

要对洁净室进行分级，有必要收集足够的空气样本，以确信整个洁净室空气中颗粒浓度低于ISO 14644-1: 2015设定的最大限值。所需的采样点数量与洁净室的面积有关，面积越大，采样位置（采样点）越多。ISO 14644-1: 2015规定了与洁净室面积相关的最小采样点数量，即表12.1。

表12.1 与洁净室面积相关的最小采样点数量

洁净室面积 /m^2	需测试的最小采样点数量（N_L）
≤ 2	1
4	2
6	3
8	4
10	5
24	6
28	7
32	8
36	9
52	10
56	11
64	12
68	13
72	14
76	15
104	16
108	17
116	18
148	19
156	20
192	21
232	22
276	23
352	24
436	25

续表

洁净室面积 /m^2	需测试的最小采样点数量（N_L）
636	26
1000	27
>1000	请参考式（12.1）

注：1. 如果洁净室面积处于表中两个数值的中间，应选择其中的大者。

2. 单向流情况下，该面积可被视为垂直于气流方向的气流横截面面积。在所有其他情况下，该面积可被视为洁净室或洁净区的水平平面面积（房间面积）。

但当洁净室或洁净区的面积大于1000m^{2}时，则不再使用该表，而是按下式计算最小采样点数量（N_L）：

$$N_L = 27 \times \frac{A}{1000} \tag{12.1}$$

式中 N_L——需要评估的采样点的最小数目，四舍五入到整数；

A——洁净室的面积，m^2。

12.2.2 洁净室采样单元的划分

在确定了采样点的数量后，下一步是将洁净室或洁净区划分成采样单元，其数目应与表12.1中给出的采样点数量相同。ISO 14644-1: 2015中规定各个采样单元的面积应接近相等。如果房间简单，为正方形或长方形，洁净室采样单元的划分相对容易。如果房间不对称，或规定的采样点数量与面积不那么相配，则采样单元的划分会难些。ISO 14644-1: 2015建议可以另外增加采样单元，这样有助于划分得更精准。

12.2.3 各采样单元中采样点的位置

当洁净室或洁净区被划分为数量适当、面积相等的采样单元后，必须在每个单元中选择一个采样位置。ISO 14644-1: 2015中关于采样位置的规定如下。

① 应选择代表该单元特征的采样位置。这表明应避免颗粒浓度异常高或异常低的位置。然而，一般想法与ISO 14644-1: 2015中的这一规定相反，最好是能让通风系统证明其控制最坏情况的能力，即在可能发现颗粒浓度最高的位置实施采样。这应该根据受测洁净室的情况来定。

② 在非单向流洁净室中，如果采样位置直接位于非散流式送风口的下方，则可能对采样区域不具代表性。如果送风口没有散流器，则送风将在送风口下方形成一个更洁净的区域，这可能无法代表洁净室在该采样单元内的整个空气状况。因此，应该避免这类采样位置。

③ 如果还有其他关键的位置，可以设定出比表12.1中数量更多的位置，并进行采样。

④ 采样头应位于工作与活动所在的平面内，或位于其他指定点位。这允许将探头放置在任何高度。但空气样本通常是在工作高度采集的。

12.2.4 空气采样量和采样时间

预计洁净室或洁净区空气中颗粒浓度越低，应采样的空气量就越多。ISO 14644-1:

2015要求采样空气的体积足够大，即当所测最大粒径的颗粒浓度处于所考虑的等级限值时，能在空气中至少可检测出20个该粒径颗粒时的空气采样量。

应使用下式计算每个空气样本的最小体积：

$$V_S = \frac{20}{C} \times 1000 \tag{12.2}$$

式中 V_S——每个位置上的最小单个空气样本体积，L；

C——相关等级规定的最大关注粒径的等级限值，个/m^3；

20——规定的颗粒数，即如果颗粒浓度处于等级限值时，应当可以检测出的计数。

空气采样量须至少2L，最短采样时间须至少1min。

ISO 14644-1: 2015允许每个位置的颗粒浓度既可以单个样本测出的结果为准，也可以多个样本算出的平均值为准。

12.2.5 采样粒径不只一个

ISO 14644-1: 2015允许洁净室分级使用一个粒径或多个粒径。然而，如果所选的受测粒径不止一个，那么所选的较大受测粒径必须至少是下一个所选较小受测粒径的1.5倍。

12.2.6 验收标准

ISO 14644-1: 2015规定，如果每个位置的单个计数或每个单个位置的平均计数都没有超过等级限值，则洁净室已达到所需洁净度分级的标准。这些等级限值可查阅第4章的表4.1。

如果在测试期间获得了超标计数，按ISO 14644-1: 2015的要求，应对此进行调查。调查结果和补救措施应按如下所述在测试报告中注明：

① 如果识别出该计数是由异常事件产生的，可以废弃该计数并在检测报告上注明，然后重新采样。

② 如果该计数源于洁净室或设备的技术故障，则应查明原因，采取补救措施，并对超标的采样位置、紧邻的周围位置和其他受影响的位置进行重新测试。对这些位置的选择应清楚地记录在案并证明其合理性。

12.2.7 洁净室描述符

ISO 14644-1: 2015要求按ISO等级编号（N），以及洁净室占用状态和所测粒径颗粒的累积计数等方面的信息描述洁净室的等级。例如，一个ISO 4级洁净室在静态条件下通过了≥0.2μm和≥0.5μm粒径颗粒的分级，应表述为：

ISO 4级；静态；≥0.2μm，≥0.5μm

12.3 空气中悬浮粒子浓度低的洁净室

有些洁净室的房间面积可能超过1000m^2，因此需要大量的采样点来进行洁净度分级。此外，此类洁净室通常规定的气浮颗粒浓度低，因此，每个位置都需要大的采样量。例如，ISO 2级房间必须对0.3μm颗粒进行检测，则每个位置的最小采样量为

2000L。这将是一个冗长的测试，而测试人员可能面临完成洁净室认证以快速启动生产的压力。

在需要较长采样时间的洁净室中，可能发现随着采样的进行，粒子计数一直远低于等级限值，并且采样的预期结果也是颗粒浓度将远低于等级限值。这种情况下，可以使用ISO 14644-1: 2015中的“序贯采样”统计方法来确定采样是否可以在完整采样时间之前停止。这种采样方法可以大大减少气浮颗粒浓度低的大型洁净室的整体采样时间。该方法在此未做讨论，但在ISO 14644-1: 2015的附录D和本书的附录C中做了描述。

为了减少洁净室分级测试所需的时间，可以使用具有大采样量的LSAPC。一般LSAPC的采样量为28.8L/min（1ft³/min），但在这种情况下，采样量为50L/min或100L/min的空气颗粒采样器是最佳选择。

12.4 ISO 14644-1：2015测试方法实例

现在通过以下实例来说明如何应用ISO 14644-1: 2015所述分级测试方法。

待测洁净室面积为4m×5m。这是一个单向流房间，高效过滤器布满整个天花板，粒径为0.3μm的颗粒要在静态条件下符合ISO 4级。因此，空气中的颗粒浓度应低于1020个/m³。

所需的计算如下所述。

12.4.1 采样点

洁净室面积为4m×5m=20m²。ISO 14644-1: 2015中与洁净室面积相关的采样点数量表（表12.1）显示，对10m²以上但小于24m²的房间面积，采样点的最小数量为6个。

因为洁净室面积为20m²，需要的最少采样位置是6个，每个采样单元的面积应不大于3.33m²。为将4m×5m的洁净室分成6个面积相等的采样单元，可将4m边分成两个2m的长度，5m边分成三个1.67m的长度。其划分如图12.1所示。

将房间分成6个面积相等的单元后，需要确定每个采样点的位置。考虑到ISO 14644-1要求采样应在“代表该单元特征”的点进行，将采样点设置在6个矩形单元的中心。

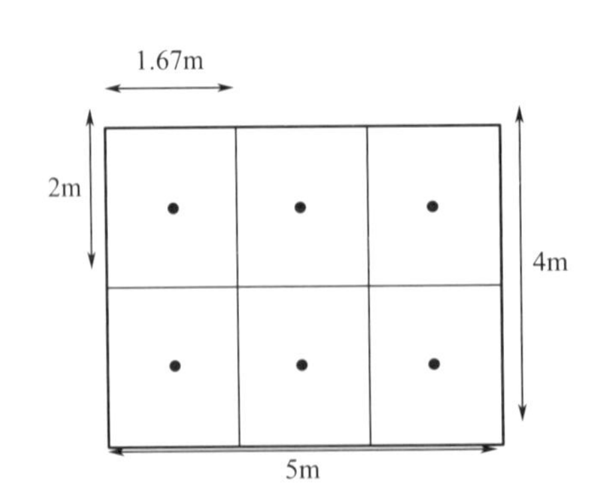

图12.1 将4m×5m的洁净室分成6个面积相等的单元（•为采样点）

12.4.2 最小空气采样量

每个空气样本的最小空气采样量可以使用前面讨论的式（12.2）来计算，即

$$最小空气采样量=\frac{20}{给定粒径的等级限值}\times 1000$$

由于ISO 4级房间中粒径≥0.3μm颗粒的等级限值是1020个/m³，于是：

$$最小空气采样量=\frac{20}{1020}\times 1000=19.6（L）$$

使用采样量为28.3L/min（1ft³/min）的粒子计数器，每个位置42s的采样时间就足够了。但是，ISO 14644-1: 2015要求每个位置最短采样时间为1min，于是采样1min。

12.4.3 采样结果及对洁净室的描述

在“静态”状态下，对位于工作高度6个位置的空气分别进行1min的采样，结果见表12.2。如果从粒子计数器获得的计数为颗粒个数/ft³，则必须将它们转换为公制颗粒个数/m³。表中给出的是在每个位置采集的单个空气样本的结果。如果在每个位置采集多个样本，则应使用该位置多个样本计数的平均值。

表12.2 洁净室分级检测的颗粒数

采样位置	粒径≥ 0.3μm 颗粒个数 /m³
1	280
2	300
3	220
4	160
5	140
6	220

表12.2中显示的所有结果均低于ISO 4级房间的等级限值（粒径≥0.3μm的颗粒，1020个/m³），满足ISO验收标准。因此，该洁净室可以描述为：

ISO 4级；静态；≥0.3μm

12.5 以大颗粒评估洁净室的洁净度

在一些洁净室中，造成颗粒污染问题的关键粒径可能大于5μm，这类颗粒被称为大颗粒。ISO 14644-1: 2015中给出了如何使用“M描述符”表述气浮大颗粒浓度的方法，如下所示：

ISO M（a；b）；c

式中 a——空气中大颗粒最大允许浓度，个/m³；

b——与规定的大颗粒测量方法相关的等效粒径，μm；

c——规定的测量方法。

例如，用飞行时间测量仪测量粒径≥10μm的大颗粒，测出的浓度为35个/m^3，则用M描述符表示如下:

ISO M（35；≥10μm）；飞行时间测量仪

空气中大颗粒浓度的测量方法在本书附录H中给出。

12.6 纳米颗粒的采样和监测

纳米颗粒是粒径<100nm（0.1μm）的颗粒。纳米颗粒的粒径低于LSAPC能够测量的粒径，通常纳米颗粒测量仪器是凝聚核粒子计数器（condensation particle counter, CPC）。该仪器在本书附录G中做了描述。

在某些类型（例如半导体生产用）的洁净室中，纳米粒子可能成为重要的污染物，并且可能需要在生产过程中监测其在关键位置的浓度。这种类型的颗粒主要是在生产过程中产生的，因此可以只在生产期间监测其浓度。

按纳米颗粒浓度对洁净室进行分级的方法并不存在，但在ISO 14644-12:2018 [28] 中给出了监测纳米颗粒浓度的方法。监测纳米颗粒的有关信息在本书的附录G中进行了讨论。

13
微生物采样基础

对于制药和医疗器械制造商使用的洁净室和洁净区，必须控制其中的微生物数量，以确保其浓度不超过规定水平。EU GGMP附录1（见表4.4）和FDA指南（见表4.5）等文件规定了洁净室中的微生物浓度限值；本书第4章也讨论了这两个文件[13-14]。

洁净室供应的是不含微生物的空气并相对于毗邻区域呈正压，因此人员很可能是微生物的主要来源。在空态或静态情况下，人员不在场，微生物检测的用途有限。然而，当洁净室完全投入使用并被占用时，微生物会不断地从房间内人员身体上散发出来。因此，有必要对洁净室进行测试，以证明微生物没有超过规定浓度。从空气中、洁净室表面和在洁净室工作的人员身上采集微生物属正常测试。

本章概述了对洁净室中微生物进行采样和测量的方法。如果需要更全面的信息，可以参考本书附录I和附录J。

13.1 体积式空气采样

可用于对洁净室空气中携带微生物颗粒（microbe-carrying particle，MCP）的浓度进行采样的仪器有几种类型。体积式空气采样器是对给定体积的空气进行采样，而在沉降盘空气采样中，MCP主要通过重力沉积到琼脂盘上。因此体积式采样也称为有源（主动）采样。

目前已经发明了许多类型的采样器来对空气中的MCP进行采样。在洁净室中，最流行的类型是使MCP撞击到琼脂上的撞击式采样器。撞击采样器通过惯性撞击和离心力撞击两种技术从空气中收集MCP。

在这两种采样方法中，MCP都被撞击到琼脂培养基的表面上。琼脂是一种果冻型物质，其中添加了有助于微生物生长的营养物质。落在琼脂表面上的MCP会繁殖。如果在合适的温度下放置足够长的时间，颗粒上的微生物就会繁殖成菌落。这些菌落的直径通常是几毫米，并可以被肉眼看到和进行计数。琼脂盘通常需要在30 ~ 35℃下培养3天，因为这是洁净室中发现的微生物中主要细菌类型生长的适宜时间和温度。如果要计算霉菌和酵母菌的菌落，则需要在20 ~ 25℃下培养4天，这样的条件能更有效地促进霉菌和酵母菌的生长。计算出菌落总数，根据采样器的空气采样量，就可以得出空气中MCP的浓度，并以每立方米空气中的菌落数量报告。

惯性撞击式采样器通常依据其不同的类型，每分钟采集洁净室空气样本30 ~ 200L。欧盟GGMP附录1要求制药洁净室中最洁净区域的空气中微生物浓度不高于1CFU/m^3。因此，具有较高体积流量的空气采样器有助于防止采样时间过长。

惯性撞击式采样器的工作原理如图13.1所示。采样空气通过采样口时被加速到约20 ~ 30m/s的速度。该速度可确保空气以直角转弯时，MCP的惯性将使其离开气流并撞击到琼脂表面上。一些撞击采样器通过狭缝吸入空气，被称为狭缝采样器。其他类型通过单孔或多孔吸入空气，被称为筛孔采样器，如图13.2所示。

离心式采样器在洁净室中也很受欢迎，这种采样器通过旋转叶片将空气吸入采样器。被从带离心力的气流中甩出的MCP最终落在琼脂表面上。空气中MCP的数量可以在培养后由琼脂上形成的菌落数量来确定。本书附录I中对此类仪器做了描述。

图 13.1
惯性撞击式（空气微生物）采样器内的气流

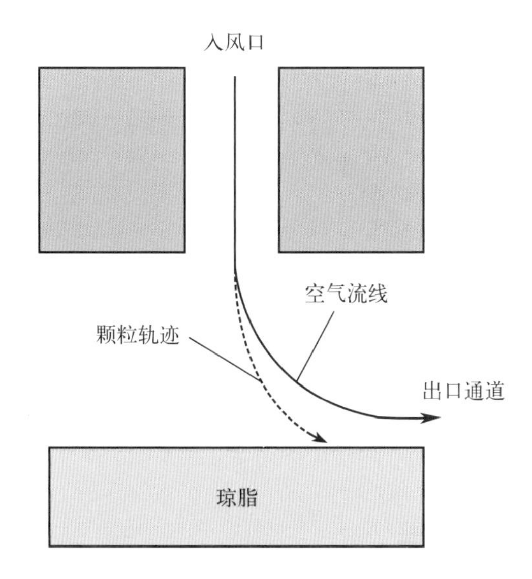

图 13.2
惯性撞击式空气采样器的前部孔盖分离后显示出内部的琼脂盘

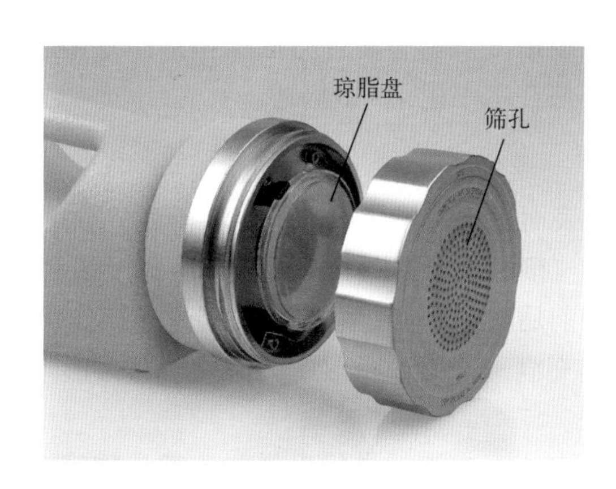

13.2 沉降盘空气采样

本章前一节已经描述了微生物的体积式空气采样。然而，空气中微生物的体积式采样器，是对微生物沉积在洁净室生产的产品上或接触到洁净室生产的产品的可能性的间接测量。体积式采样方法测量的是在空气中移动的MCP的数量，而沉降盘空气采样可确定在已知时间内沉积在关键表面上的MCP的实际数量。

在沉降盘空气采样中，将含有琼脂培养基的培养皿打开并暴露给定的时长，以使MCP沉积在培养基上。通常用的是直径为90mm（内表面积64cm^2）的培养皿。但在高质量的洁净室中，空气污染较低，所以更大的140mm（内表面积154cm^2）培养皿更适合。在规定的暴露时间内沉积在琼脂培养皿表面上的MCP数量，是通过培养沉降盘并计算形成的微生物菌落数量来确定的。图13.3中显示的是经培养后的沉降盘。

沉降盘的实用暴露时间是4h，这个时间与人员待在洁净室的时间相同，可以连续监控生产工艺过程，避免因空气流动使琼脂脱水（干燥）造成的微生物存活率降低。

培养皿中应该放有大约2/3 ~ 3/4的琼脂，以尽量减少脱水。沉积速率可以报告为在给定时间段内沉积在培养皿表面上的微生物数量。然而，将该速率报告为微生物沉积速率（MDR）可能更科学，即每平方米琼脂表面每小时沉积的MCP数量。

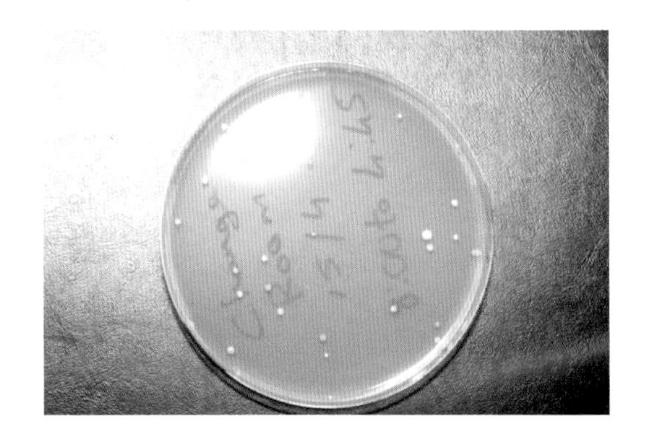
图 13.3
培养出约25个微生物菌落的沉降盘琼脂表面

13.3 表面微生物采样

洁净室表面上的微生物浓度测量有多种方法，但洁净室中通常使用两种方法：接触采样或擦拭采样。其他方法在本书附录J中描述。

13.3.1 接触采样

对相对平坦的洁净室表面进行采样使用的是接触盘或接触条。常用的RODAC（复制生物检测和计数）培养皿（接触盘）如图13.4所示。这些接触盘的直径通常为55mm，内盘充满琼脂培养基，使用前后由盖子从边沿上扣住起到保护作用。将15.5 ~ 16mL的琼脂培养基倒入空腔中，使其充满，并使琼脂形成边沿处稍有弧形隆起的状态。也有结构相似但形状为矩形的接触条。

将暴露的琼脂在洁净室表面上滚动进行采样时，微生物就会黏附在琼脂上。在合适的温度下培养合适的时间后，培养皿上的微生物会长成可计数的菌落。然后可以将微生物浓度报告为每个接触表面积上的数量，但报告每平方米的菌落数量更科学正确。

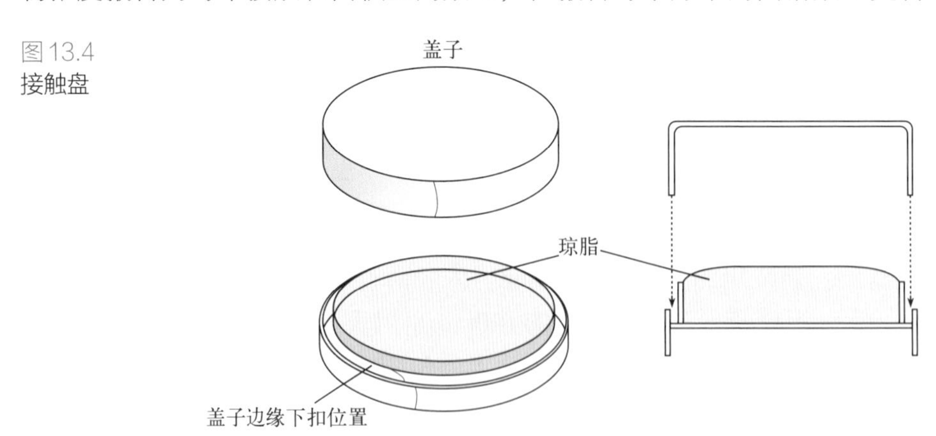

图 13.4
接触盘

13.3.2 擦拭采样

洁净室中不平坦或难以触及的表面的采样，最常用的方法是使用图13.5所示的拭子。最简单的方法是用干燥的无菌拭子随机擦拭洁净室表面进行采样，然后再用该拭子擦拭琼脂盘，将拭子上的微生物涂抹到盘上。再对琼脂盘进行培养并确定盘上的微生物数量。为了提高效率和再现性，拭子应该用无菌液体（例如盐水）润湿且采样表面积已知。然后，就可以按每平方米微生物的数量给出表面微生物的浓度。

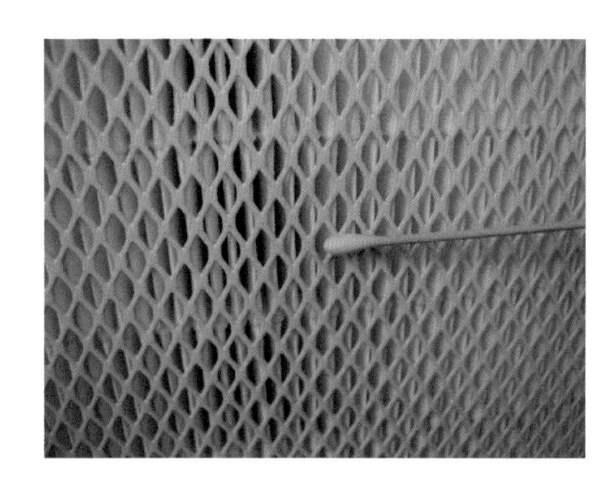

图 13.5
用拭子擦拭过滤器护网进行的微生物采样（不得触碰过滤介质）

13.4　对人员的采样

人员是洁净室中微生物的主要来源。一般会对人员进行例行监测，以确保他们没有携带可能导致微生物污染的高浓度微生物。当在空气中、表面上或产品上发现异常高浓度的微生物时，必须寻根溯源找到该源头人员。常用的方法有：

① 手指按压。人员将其指尖或戴着手套的手压在琼脂盘上，然后计算微生物的数量。

② 表面接触采样。用接触盘对人员的服装采样。

这两种方法通常在人员离开洁净室时采用。更多信息见本书附录I。

致谢

图 13.2 所示的空气微生物采样器经 Cherwell Laboratories Ltd 许可复制于此。

14 洁净室内的行为与纪律

洁净室的测试人员在洁净室中必须行为正确，并采用适当的污染控制方法，否则他们会污染洁净室。人员测试常常在生产制造期间进行，此时测试人员必须采取最有效的污染控制措施。测试也在洁净室关闭时进行，且只有在进行了深度清洁并验证洁净室的洁净度后才恢复生产。这种情况下，测试人员采取的污染控制方法可以不必那么严格。

洁净室管理人员应遵守那些针对实际情况制定的要求或规定，测试人员也应熟悉他们可以采取的污染控制方法。以下信息应予考虑。

14.1 一般行为

洁净室测试人员应遵守以下一般性要求:

① 应接受洁净室技术培训。

② 必须与洁净室生产人员联系，以确保其污染控制方法是可以应用的。

③ 进入洁净室之前，测试人员应该去除皮肤上的污染物（例如化妆品)，且不得将第14.2节中列出的、会导致污染的任何个人物品带入洁净室。

④ 要求测试人员穿着与洁净室工作人员相同的或有同样效果的洁净服，并需在进出洁净室时使用相同的洁净服更换方法。测试人员不应该在没有换上洁净服的情况下就进入洁净室（包括周末或周围无人时)。如果在停产期间进行测试，对洁净服有效性的要求可以降低，但要得到洁净室管理部门的认可。

⑤ 带入洁净室的工作物品应该是洁净的（必要的话是无菌的)，并由无腐蚀性、不易碎且不散发污染的材料制成。第14.2节给出了洁净室中一般禁用物品的相关信息。

⑥ 测试人员的行为应符合纪律要求，以免在洁净室中产生污染。该事项在第14.6节中讨论。

⑦ 测试完成后测试人员必须整理好物品，并确保由具备适当知识的人员对该区域进行清洁。清洁工作只能使用批准了的清洁剂、材料和设备。

14.2 人员和材料

14.2.1 禁止携带的个人物品

工作人员不得使用化妆品、发胶、指甲油及其他洁净室污染物，如使用了应在进入洁净室之前将其去除。工作人员还应考虑是否戴戒指、手表和贵重物品上班，因为这些物品通常不允许带入洁净室。其他可能导致污染且通常禁止在洁净室中使用的个人物品有:

① 食物、饮料、甜点和口香糖;

② 听装或瓶装食品;

③ 吸烟用具;

④ 收音机、个人音频设备、手机等;

⑤ 报纸、杂志、书籍、纸手帕、纸巾以及不是由洁净室专用纸制成的任何纸制品;

⑥ 钱包、皮夹及类似物品;

⑦ 口袋里的任何物品，特别是需要越过洁净服取用的那类物品。

14.2.2 禁带工作物件

如果将工具带入洁净室，工具必须是洁净的（如需要应是无菌的），且是由不会被腐蚀或不易破碎的材料制成。例如，不锈钢优于可能生锈的低碳钢。用蘸有异丙醇（通常为其70%水溶液）的洁净室擦拭布进行擦拭，是工具清洁和消毒的合适方法。洁净室内所需的工具或仪器应进行选择并经去污处理，然后放入与洁净室相容的袋子或容器中。这样可以确保不会将可能是污染源的纸屑、绒毛等与箱子或公文包一并带入房间。

备件和其他由纸、纸板或聚苯乙烯泡沫包装的工作物件，应先在洁净室外拆除包装。

采用非洁净室用纸的任何说明或图纸，均不得带入洁净室。可以将其复印到无尘纸上，也可以将其塑封在塑料膜中或放入密封塑料袋中。

任何与测试无关的物件都不应带入洁净室。如果不清楚什么物品许可带入洁净室，应询问洁净室管理人员。那些产生污染且通常禁止在洁净室中使用的其他工作物品有：

① 磨料或粉末；

② 产生气溶胶的罐头或瓶子，因为其每次喷雾都可以产生超过一百万个液滴，液滴干燥后可形成颗粒，这些颗粒可以在洁净室内各处转移并沉积在表面上造成污染；

③ 由木材、橡胶、纸张、皮革、羊毛、棉花和其他容易掉落颗粒和纤维的天然材料制成的物品；

④ 由低碳钢或其他会生锈、会腐蚀的材料制成的物品；

⑤ 铅笔和橡皮擦；

⑥ 书写工具，例如可能会刮花纸或其墨水含有化学污染物的纤维笔；

⑦ 与洁净室不兼容的一次性物品，例如擦拭布、拭子、胶带和标签。

14.3 洁净服

人的皮肤和服装上每分钟可以散发出数百万个颗粒以及数千个MCP。因此，在洁净室工作的人员必须换上能最大限度减少这种颗粒散发的服装。洁净服可过滤除掉人的皮肤以及内里服装散发的颗粒。此外，洁净服用的面料是由不会分解且纤维和颗粒脱落最少的材料制成的。服装如果是可重复使用的，则必须定期去污；如果是一次性的，则必须用后丢弃。

洁净服种类根据洁净室的不同类型而各有所异。在污染控制非常严格的高质量洁净室中，工作人员将穿着完全包裹住其身体并防止他们产生的任何污染被散发出来的服装，即连体服、头罩、口罩、护目镜、及膝靴和手套，如图14.1所示。

对污染控制要求不那么高的洁净室中，洁净服的包覆程度也不需要太高，例如工作服、帽子和鞋套（见图14.2）。如果洁净室为进行维护和测试已停止生产活动，并且在生产开始前还要进行彻底清洁和测试，此时可以使用比常规的包覆程度低些的服装。洁净室测试人员通常使用配有一次性帽子（或连带头罩）和鞋套的Tyvek型连体工作服。

这些物品在使用一次后即丢弃。还可以使用口罩和洁净室手套。

测试人员使用的服装必须是洁净室管理人员认可的，并在穿衣过程中服装外部不会被污染。下面介绍更换洁净服以防止服装受污染的常用方法。

图 14.1
较高标准洁净室使用的洁净服

图 14.2
适用于较低标准洁净室的洁净服，还可以佩戴口罩或手套（此处未显示）

14.4 入室更衣步骤

更换洁净服有几种不同的方法。一些连片洁净室有单独的洁净服穿、脱区，有些洁净室只有一个区。在这些区域内，可能有不同的布局并会影响服装更换方法。脱掉的日常服装的数量和洁净服的类型也会影响服装更换方法。为了更好地理解洁净服更换要求，下面描述了一种更衣方法。

到达洁净室之前，应考虑个人卫生情况及所穿服装的类型。个人卫生条件差在洁净室中是不允许的，因此，人员需要定期洗澡。技术人员应确保在接近更衣区之前脱掉脏的工装套装（连体工作服）。穿在洁净服下面的服装也应该清洁干净，且不能是棉或羊毛等天然纤维制成并脱落大量颗粒的服装。

人员需在更衣区换上洁净服后，才能进入洁净室。更衣过程中要尽可能不接触或少接触服装的外表面。这样的方法有很多种，但正确的方法是洁净室管理层所要求的方法。

下面介绍常用的更衣方法。若进入洁净室需通过一个气闸形式的专用更衣室，室内有隔离长凳将脏区和洁净区隔开，就可以使用这种方法。其中脏区有一扇通往走廊或不太洁净区域的门。洁净区则有一扇通往洁净室的门。

① 进入更衣室前，取出食物、香烟以及钱包等贵重物品，并存放在安全的地方。

② 脱掉室外服装，有的时候也要脱掉室外鞋具。

③ 洗手。

④ 进入更衣室的脏区，继续脱掉多余服装，以便穿着洁净服时感到舒适。在一些高等级洁净室中，工作人员会脱去所有的日常服装，换上洁净室专用的内衣，穿在外层洁净服的里面。

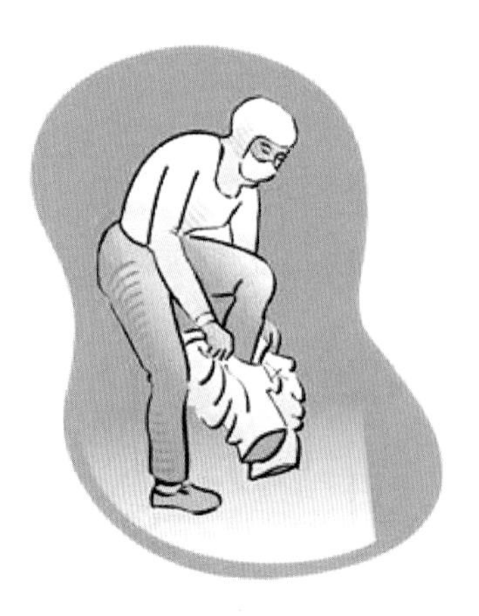

⑤ 选择好要穿的服装。打开包装并将它们按穿着顺序放置在隔离长凳上，通常是从头部开始。

⑥ 如果适用，戴上胡须罩。

⑦ 坐在隔离长凳上，双脚放在脏的一侧，需要的话可脱掉鞋子。在隔离长凳上转动一只脚放到洁净的一侧，一次只移动一只脚。然后，酌情穿上洁净鞋或一次性鞋套。

⑧ 如果在该区域配有洗手设备（某些场合不推荐使用），则应再次洗手。或者，可以使用无水酒精擦洗剂。

⑨ 开始穿洁净服，先戴上口罩（如果需要）和帽子（或头罩）。

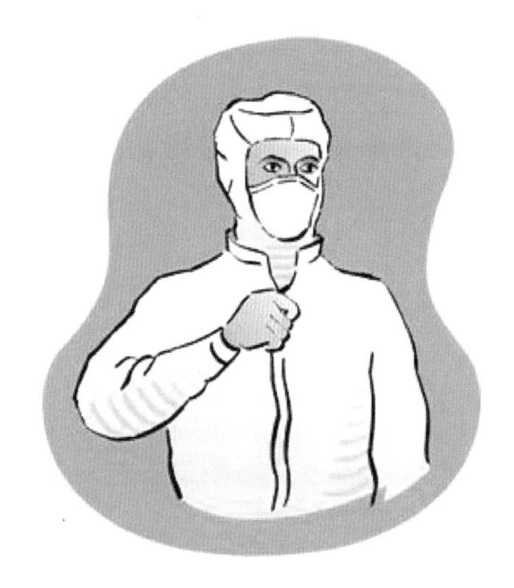

⑩ 从包装袋中取出连体工作服（或大褂）并展开，不要接触地板。穿着过程中也不要使服装触到地板。

⑪ 戴上洁净室无粉尘手套，或者也可以进入洁净室内再戴。某些洁净室中，允许不戴手套进行测试。而有些洁净室中，则需要戴无菌手套。还有些洁净室中需要戴双层手套。

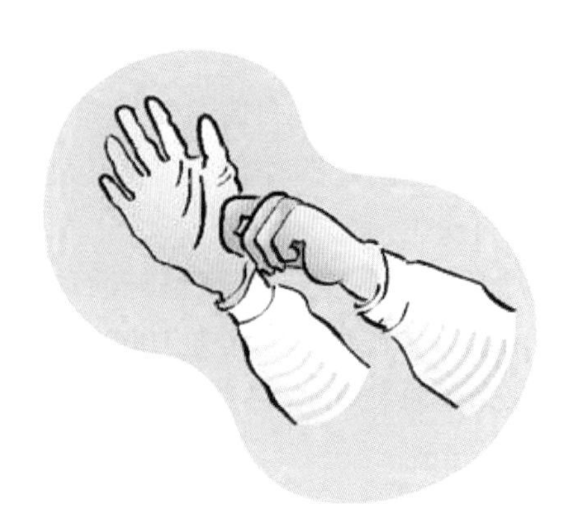

⑫ 为防止手套外侧被污染，戴手套过程中应抓住手套口边缘向手上戴，以使留在手套外侧的手上污染物尽可能少。

⑬ 完成上述操作后即可进入洁净室。

14.5 出室更衣步骤

有些洁净室进出各有一个更衣区，有些洁净室进出只有一个更衣区。然而，无论更衣区的复杂程度如何，在离开洁净室时，工作人员都要将他们的一次性物品（如口罩、帽子和手套）丢弃在容器中等待后续的处理。非一次性服装应单独放置在其他容器中，以便送到洁净室洗衣房进行清洗。

洁净室管理层可能要求每次进入洁净室时都要穿一套新的一次性洁净服。而连体服则重复使用，但是其他可重复使用的物品（如口罩和套鞋）予以丢弃，这种情况也屡见不鲜。任何要重复使用的衣物，都应挂起来或以受污染最小的方式存放。

14.6 洁净室纪律

洁净室内人员是洁净室污染的重要起因。遵守适当的纪律，就可以将洁净室的污染降至最低。这些纪律如下所述。

14.6.1 气闸（室）

要确保空气不会从高污染区域转移到低污染区域（例如，从外走廊流向生产洁净室），应遵守以下纪律：

① 人员只能通过更衣区进出洁净室，不应使用任何其他入口（例如，直接从生产区通向走廊的紧急出口），因为这可能会使污染物直接进入洁净室。为确保人员穿着洁净的服装进入洁净室，也需要使用更衣区。

② 门不能敞开。如果敞开，空气将在两个相邻区域之间流动（见图14.3），这是不允许的。

③ 人员通过更衣区、物料转运区等的气闸时，应确保第一道门关闭后才打开下一道门并通过。入口门和出口门之间的电气联锁和指示灯通常用来保证此步骤正确无误地得到执行。

14.6.2 人员行为

应考虑下列建议，以尽量减少对洁净室内造成的污染：

① 钻孔或其他维修改造等产生颗粒的作业，应与该区域的其余部分隔离屏蔽开。也可用局部排风来去除所产生的灰尘。

② 不得进行不必要的剧烈活动。污染的产生量与活动水平成正比（见图14.4）。一个静止的人产生的粒径≥0.5μm颗粒的速率大约为100000个/min。一个头部、臂部和身体在运动的人产生的粒径≥0.5μm颗粒可达约1000000个/min。一个行走中的人产生的≥0.5μm颗粒可达约5000000个/min。

图 14.3
门不应敞开

此外，人员不必要的移动也会导致正确的气流模式被打乱并造成污染。例如，当人通过单向流净化工作台前的敞口时，净化工作台中的单向气流就被破坏，受污染的室内空气得以进入工作台内的工作区。

图 14.4
人体活动散发的粒径≥0.5μm颗粒

(a) 静坐
产生颗粒100000个/min

(b) 慢走
产生颗粒1000000个/min

(c) 快走
产生颗粒5000000个/min

③ 人员应处在正确的位置上，以免污染物落到不该掉落的地方（图14.5）。如果人员在单向流中工作，应确保他们未处在洁净空气源（即空气过滤器）和关键位置之间。这通常被称为“空气第一”方式。如果测量人员处在洁净空气源和关键位置之间，则可能会使产品或关键区上沉积大量颗粒。按照ISO 14644-1对洁净室进行的分级检测，这一原则同样适用。应预先计划好工作方式，以尽量减少此类污染。

图 14.5
不要在产品上方
俯身以免污染产品

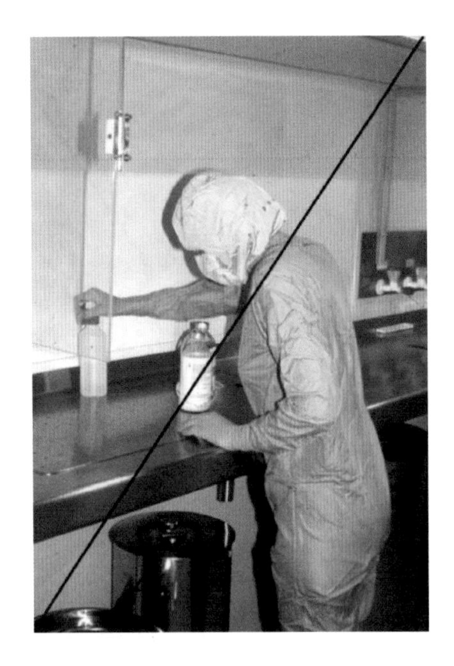

④ 有时为了便于测试，需要将洁净的材料移开。必须考虑移动这些洁净材料的方式，并且有必要向生产管理人员查证是否可以这样做。测试技术及测量方法都应防止污染物从手转移到需保持洁净的表面上。尽管在洁净室中佩戴着手套，但如果手套之前接触过受污染的表面，它们仍然是潜在的污染源。可以使用无接触方式，例如不直接用手而用长镊子抓取材料（图 14.6）。

图 14.6
镊子可减少接触污染

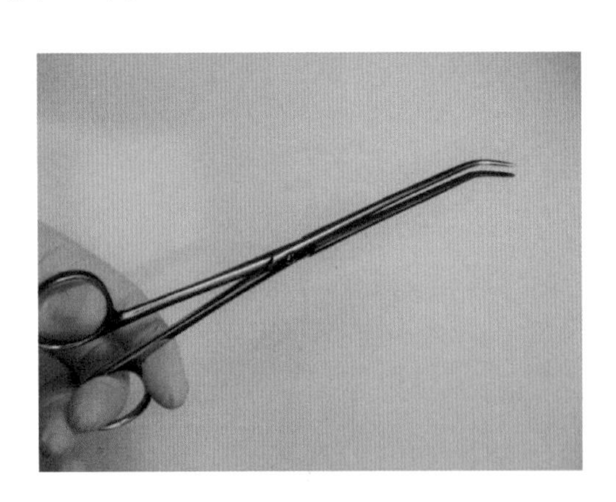

⑤ 应将口罩戴到鼻子上，因为打喷嚏、说话甚至是忍住喷嚏或用力呼吸时，鼻子都会释放出大颗粒（图 14.7）。

⑥ 通常，人员接触洁净室的各种表面是不好的行为举止。接触表面时如果没有戴手套，手就可能会严重污染表面；如果戴着手套，就会从表面粘走污染物；尽管这些情况下污染物的量可能不大，但仍然会转移并沉积到洁净室的其他表面上。

⑦ 不得将手帕带入洁净室（图 14.8）。手帕和鼻子都是主要污染源，它们会将颗粒和 MCP 转移到空气中和手套上。不得在洁净室内擤鼻涕，在更衣区这样做一般是可接受的。

图 14.7
应正确佩戴口罩，
不得露出鼻子

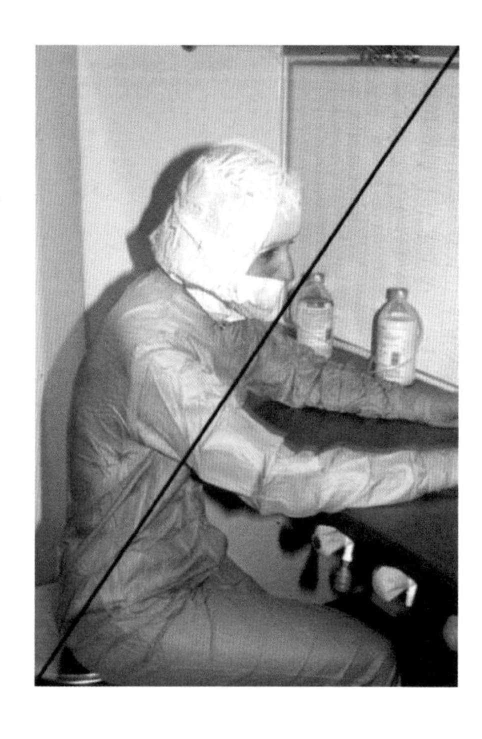

图 14.8
不得使用手帕

致谢

为本章照片摆拍的是Lynn Morrison女士。图14.1和图14.2的洁净服照片经Micronclean许可复制于此。

附录

附录A 洁净室性能监测

根据ISO 14644-1: 2015 [7] 中给出的方法，通过测量室内空气中的颗粒浓度来对洁净室进行分级。ISO 14644-1: 2015建议洁净室分级应定期进行，两次分级测试之间的时间间隔应依据风险评估而定，通常为一年。

有些洁净室仅每年按ISO 14644-1: 2015进行一次分级测试。然而，有些洁净室认为有必要以小于一年的间隔期或连续地对空气中颗粒浓度进行监测。除了空气中的颗粒浓度之外，还可以监测其他污染控制特性指标，例如压差、高效空气过滤器完好性、送风量和送风风速。

洁净室中的监测程度通常取决于房间内进行的作业。一般来说，洁净室作业越易受到污染，监测项目就越多。

A.1 设立监测系统

ISO 14644-2: 2015 [8] 给出的监测定义为：为提供设施性能的证据而按规定方法和计划通过测量实施的观测。

该定义还有一个注释：监测可以是连续的、顺序的或周期性的；如果是周期性的，则应规定频次。

这些信息清楚地表明，监测洁净室时，测试可以是连续的，也可以是规定了间隔周期的。并且，必须按照规定的时间间隔制订并执行监测计划，不得随意而为。

洁净室的ISO分级检测是对整个洁净室的测试，并且在洁净室内颗粒分布相对均匀的位置上测量颗粒浓度。然而，空气中颗粒浓度的监测通常在其污染最有可能影响产品或工艺的位置进行。此外，监测所需的点位数量通常少于洁净室分级检测所需的采样点位数量。

ISO 14644-2:2015中给出了关于洁净室监测的信息：通过颗粒浓度监测提供空气洁净度性能证据。该标准主要适用于对空气中颗粒浓度、送风量、风速和压差进行连续监测的洁净室。该标准几乎没有给出定期监测中测量频次方面的指导。英标BS EN ISO 14644-2: 2015 [12] 认识到这一缺陷，并附上了国家标准的资料性附录，其中列出了洁净室的监测项目及其实施频次。需要注意的是，此信息仅在英国版的ISO 14644-2:2015中给出。

设立洁净室监测系统前，需要回答下列问题。

① 应监测洁净室中的哪些污染控制指标?

② 监测应该是周期性的还是连续的?

③ 各种测量方法的监测频次应怎样选择?

④ 需要时，如何进行连续监测?

⑤ 应监测哪些位置上的空气污染物浓度?

⑥ 如何设定空气中污染物浓度的控制水平?

这些问题将在本附录中讨论。

本附录讨论了对气浮颗粒污染的监测，但其中大部分信息也可用于微生物浓度的监测。微生物监测更多更全面的信息可在以下文件中查到:

① 制药和医疗协会第20号技术专著：《生物污染的特征、风险分析、控制、监测和偏差管理》[29]。

② 肠外药物协会第13号技术报告：《环境监测计划基础》[30]。

③ EN 17141：2020《洁净室及相关受控环境——生物污染控制》[11]。

有关空气和表面微生物采样方面的更多信息，请查阅本书的附录I和附录J。

A.2 洁净室中可监测哪些污染控制指标

监测洁净室时必须监测空气中的颗粒浓度，但也可以监测其他污染控制指标，以更大程度地确保洁净室或洁净区的正常运行。相关指标列于表A.1中。表A.1中还给出了测试方面的一些简要信息。本书提供了有关这些测试更详细的信息，并且在下表中列出了相关章节。这些测试不是按测试的重要性排序，而是按新洁净室调试期间可能的实施顺序排列的。

表A.1 洁净室和洁净区的测试项目与意义

编号	测试项目	测试意义	本书相关章节
1	非单向流区域的送风量	非单向流洁净室的空气悬浮粒子浓度是由送风量决定的	第6章
2	单向流区域的风速	单向流区域的空气悬浮粒子浓度是由风速决定的	第5章
3	压（力）差	各洁净区域之间的压差用来证明不太洁净区域受污染的空气不会流向更洁净的区域	第7章
4	过滤器系统检漏	空气过滤器系统密封性测试是为确保其没有泄漏、空气中的污染物不会通过送风进入洁净室	第8章和附录D
5	密封隔离检漏	检测洁净室外部空气污染物通过洁净室结构的泄漏路径以及渗透入洁净室的情况	第9章
6	空气悬浮粒子浓度	这是一项时常进行的重要测试，以确认空气悬浮粒子未超过规定浓度	第12章
7	气流可视化	用来证明洁净室或洁净区中的气流方向正确。最常用于单向流区域	第10章
8	自净（时间）测试	测量洁净室对空气中高浓度颗粒的净化时间。通常作为非单向流区域通风效果的一项测试	第10章
9	气流隔离测试	确定测试用颗粒穿透受保护区域的比例，来衡量气流隔离系统的有效性	第9章
10	表面颗粒沉积速率测量	测量颗粒从空气中沉积到关键表面的沉积速率，来监测产品或工艺过程受污染的速率	附录E
11	微生物测试	进行这些测试是为测定空气中、表面上和人员身上的微生物浓度	第13章和附录I、J
12	静电控制测试	在一些洁净室中，需要测量表面静电荷，还要测量离子发生器中和电荷的有效性	本书未讨论，参见ISO 14644-3：2019 [9]
13	温度和湿度测试	这些测试与普通房间的测试相似	本书未讨论，参见ISO 14644-3：2019

本书讨论了表A.1中除静电控制、温湿度外其他所有的测试。

A.3 定期监测还是连续监测

对洁净室污染控制性能的监测可以是定期的、连续的，或这两者的结合。定期监测一般每月、每几个月、每年或每几年进行一次，通常由在洁净室工作的技术人员从表A.1中选择测试参数进行测量。技术人员通常会将粒子计数器放在手推车上，在距地面约1m处的工作高度测量空气中的颗粒浓度。过滤器完好性、压差、送风量、风速等其他参数，则使用便携式仪器（例如与光度计一起使用的气溶胶发生器、风速计、风量罩、压力计等）测量。这些测试所用的仪器和方法在本书相应章节中进行了讨论。

在洁净室中进行连续监测时，仪器会永久性地安装在位，以测量诸如压差、送风量和风速等参数。因为连续监测仪给出的是连续数据流，一般会使用计算机化的设施监测系统（facilities monitoring system，FMS）采集仪器中的各项结果，并对结果进行存储、分析、报告。

应注意的是，不可能连续监测表A.1中列出的所有性能指标，因为某些测试必须手动进行且需定期进行（例如过滤器泄漏测试）。因此，一般对洁净室采用的是连续监测和定期监测相结合的监测模式。

A.4 监测频次

对洁净室性能的监测可以定期进行，也可以连续进行。如果是定期的，则需要确定频次。表A.2中显示的是洁净室和洁净区定期监测的相关信息。这些信息曾在第4章中给出，也包含在BS EN ISO 14644-2: 2015英国国家标准的附录中。

表A.2中给出一系列测试的最大间隔时间建议，但决定洁净室需要进行哪些测试、测试频次应是低于还是高于表中建议的频次，是洁净室用户的责任。还应注意的是，表A.2中的可选测试仅在某些类型的洁净室中认为是必要的。

表A.2 BS EN ISO 14644-2：2015中的洁净室和洁净区测试时间表

测试参数、性能影响因素	测试最长时间间隔
空气悬浮粒子浓度≤ ISO 5 级	6 个月
空气悬浮粒子浓度 > ISO 5 级	12 个月
压差	通过频繁的人工观测或自动化测量仪，进行连续监测
洁净度等级≤ ISO 5 级的单向流洁净室中已装过滤器检漏	6 个月
洁净度等级 > ISO 5 级的非单向流洁净室中已装过滤器检漏	12 个
单向流的风速	6 个月
非单向流洁净室的风量	12 个月
洁净室密封完好性检漏测试（可选）	洁净室调试时，之后每 4 年，或在气流系统或工艺、设备发生任何重大变化后

续表

测试参数、性能影响因素	测试最长时间间隔
气流可视化（可选）	洁净室调试时，此后每4年，或在气流系统或工艺、设备发生任何重大变化后
非单向流的自净时间（可选）	洁净室调试时，此后每4年，或在气流系统或工艺、设备发生任何重大变化后
颗粒沉积速率（可选）	洁净室调试时，此后每4年，或在气流系统或工艺、设备发生任何重大变化后
气流隔离测试（可选）	洁净室调试时，之后每4年，或在气流系统或工艺、设备发生任何重大变化后
① 温度； ② 湿度； ③ 静电和离子发生器	根据实际需要，并与洁净室用户商定

A.5 连续监测方法

洁净室性能连续监测的指标包括空气中颗粒浓度、压差、风量和风速。现在讨论其监测方法。

A.5.1 空气中颗粒浓度的监测

技术人员可以将粒子计数器放在手推车上定期监测洁净室中的气浮粒子浓度。其频次可以是每月1次，也可以是每3个月、6个月或12个月1次。还可以在短期高强度生产活动期间监测颗粒浓度。然而，在产品污染风险和污染后果都很高的洁净室中，通常会连续监测空气中的颗粒。为此，可以采用将各粒子计数器分别布置在每个测点的分测点方式，也可以使用多管系统分别收集每个测点的粒子并统一由一台粒子计数器进行测量。

分测点方式中各监测点使用的是图A.1所示的小型粒子计数器。各个计数器（也称为远程传感器）位于洁净室各重要位置，可同时提供所有采样位置的读数。计数器尺寸小，可以放置在关键位置附近，与中央真空系统或专用真空泵相连来抽取采样空气。粒子浓度的信息通过无线方式或通过图A.2所示的有线方式，传送到计算机进行数据整理。

图A.1
分测点所用粒子传感器与笔的大小比较

图A.2
分测点气浮粒子监测系统（未显示抽气系统）

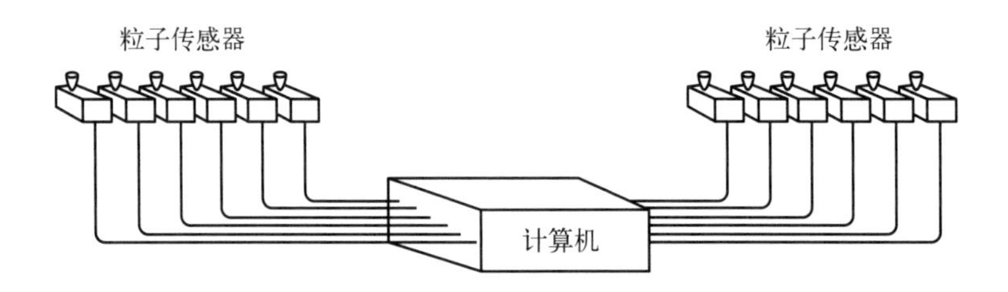

空气中颗粒浓度监测的另一个系统称为多管系统或顺序系统。在这种系统中，所选采样位置的空气通过采样管被输送到中央多管装置，该装置连接有真空泵来抽取空气样本。中央多管装置依次循环经过各个采样位置的管路并将其空气样本吸入，然后将该空气样本输送到粒子计数器，对其中的颗粒进行测径和计数，如图A.3所示。

图A.3
监测空气中颗粒浓度的多管系统

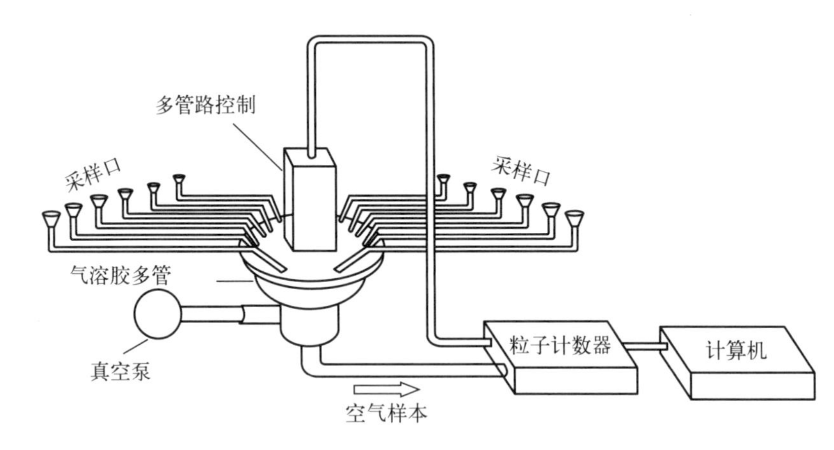

多管系统的成本可能比分测点系统低，因为整个系统只用一个粒子计数器。但是，每个位置的测量结果只能按一定周期报告。根据采样位置的总数，采样装置返回同一位置的时间间隔可以从几分钟到一个多小时不等。然而，在一些多管系统中，多管控制器可以进行编程以便更频繁地返回到那些选定的采样位置。这种非连续监测的多管系统在某些关键位置需要进行连续采样的洁净室中不太理想（例如制造无菌产品的洁净室）。

多管方法的采样管中大颗粒（粒径≥5μm）会有损失。此外，当分测点和多管方法同时使用时，需要考虑：①在单向流和非单向流条件下采样头进风口的朝向；②使用等速采样；③连接采样头与粒子计数器的采样管的最大管长。有关采样要求的这些信息在第10章和附录G中进行了讨论。

A.5.2　送风量和风速的连续监测

为证明洁净室和洁净区通风系统的工作令人满意，不一定只是监测空气中的颗粒计数，也可以对其他污染控制指标进行监测。非单向流洁净室可以监测送风量，因为非单向流空气中的空气颗粒浓度取决于送风量。单向流系统中可以监测风速，因为单向流系统的空气质量是由风速决定的。

非单向流洁净室的送风量可以在风道中使用风速计、平均压力管、皮托静压管阵列、孔板和文丘里流量计等仪器进行连续监测。或者，可以在距送风过滤器15 ~ 30cm范围内测量风速，并根据过滤器面的表面积计算送风量。送风量测量所用的方法在第5章中做了讨论。

距末端过滤器面适当距离处放置风速计，即可连续测量风速。或者，可以在通向过滤器的风管管道中测量送风体积量，并根据过滤器面的表面积，获得平均风速。有关如何测量风速的更多信息见第5章。

初建洁净室的风速和送风量应符合设计要求。然而，随着时间的推移，这些指标可能会因为过滤器污染而下降。空调设备中的初效过滤器和中效过滤器将在计划的维护期间更换，但高效过滤器可能仅在需要时更换。精心设计的空调系统将使高效过滤器获得长的使用寿命，其更换时间可能超过5年。然而，在此期间，高效过滤器的污染会使送风量慢慢地降低，这需要通过手动或由设施监测系统自动提高风机速度加以补偿，有时需要更换过滤器才能保持正确的空气供应量。

新装高效过滤器的压降可能在100 ~ 350Pa之间，通常建议压降增加到约2.5倍时予以更换。但当送风量下降超过其设计值的20%时，最好进行更换。随时间测量并记录送风量和压降是很有用的，这样就可以预计出过滤器的更换时间并将其包含在定期维护计划中。

A.5.3 洁净室之间压差的连续监测

影响洁净室空气洁净度的另一个性能指标是洁净室之间的压差。空气洁净度最优的洁净室，其压力应高于空气洁净度较差的邻近区域。这样，空气将从压力最高的区域流向压力较低的区域，可使转移到最清洁区域的空气污染物最少。存放微生物、有毒化学物质或放射性污染物的负压洁净室中，气流将沿相反方向流动，最大限度地减少有毒物质的外向流动。

洁净室压差测量所用的仪器已在第7章中描述。为便于连续测量压差，这些仪器通常是永久性地安装在位的。仪器至少应包含测量最洁净的洁净室与其相邻区域之间压差的压力计，还可以安装一组仪器来测量所有相互连接着的洁净室之间的压差。仪器可由洁净室人员定期目视监测或用设施监测系统监测。设施监测系统将自动记录压差并报出低于告警值的任何压差。

旧版的英国标准5295曾建议：门关闭时，两个洁净室之间需要10Pa的压差；洁净室和未分级区域之间需要15Pa的压差。FDA指南（2004）[14]规定的相邻洁净室之间10 ~ 15Pa的压差建议值与之相似。经过数十年洁净室的安装和运行，人们发现这些压差效果很好。但是，如果没有送风和压差的自动调整，则设置压差时可能需要额外增加几帕，因为压差会随着时间的推移下降，这可能是过滤器被污染或洁净室结构密封完好性变差导致的，对密封状况和过滤器进行检查维护可以最大限度地减少这个问题。额外增加的压差可以作为安全余度，但不应该过高，否则将需要更高功率的风机并产生额外的能源成本。此外，根据连片洁净室中的压差范围，门缝可能会出现哨声，开关门时会有阻力。这在设置压差时也应予以考虑。

设置正确的压差取决于送、排风量的正确调节，这项工作需要由擅长洁净室通风系统调节的公司完成。有关通风系统调节的信息在附录F中给出。当每个洁净室中的送风量和排风量都正确时，应测量门关闭时的所有压差并以此为依据设置告警值。此外，应测量每个门打开和关闭时的压降时长，并应用在设施监测系统的设置中。此信息是为了确保门的例行开启时不会因为压差缓慢返回到闭门状态而触发报警。

A.6 气浮颗粒浓度监测点的选择

按照ISO 14644-1: 2015对洁净室进行分级时，空气中颗粒的浓度是在洁净室内大致均匀分布的位置上测量的。然而，与之不同的是，洁净室监测点位应在空气中颗粒浓度可能对产品污染影响最大的位置设置。这些位置最有可能位于产品或工艺直接暴露于周围气浮颗粒沉积的关键位置上。但是，还应考虑高浓度空气颗粒的扩散源，以及在关键控制点（critical control point, CCP）控制空气颗粒的运动，否则就可能造成产品的污染。

可依据对洁净室的功能和运行以及生产工艺的了解，非正规地选择监测位置。但是，也可以通过正规的风险评估方法来决定监测位置。附录B中讨论了这类正规方法。

A.7 设置空气污染控制水平

洁净室中需对某些位置进行监测，以确保运行期间空气污染物的浓度不超过所规定的浓度。需要设定空气污染物浓度的控制水平（值），洁净室通常设定告警值和干预值的双重控制值，也可以使用其他控制值，例如单一的参照值。

干预值是指不应超过的颗粒浓度或微生物浓度的值，如果超过，应立即进行干预以纠正问题。该浓度值通常是洁净室设计给出的ISO等级的最大空气颗粒浓度。或者，干预值也可以是在洁净室中不太可能超过的污染物浓度值，因其室内实际颗粒浓度远低于洁净室设计的ISO等级。告警值是高于洁净室中空气污染物通常浓度的值。超出此值可能表明洁净水平正在向不可接受的程度漂移，此时需要给予更多关注，也可能需要进行调查甚至采取纠正措施。

许多洁净室中控制水平的选择是非正规地进行的，依据的是洁净室或洁净区运行期间，那些位置（特别是关键位置）上所要求的颗粒浓度和实际颗粒浓度方面的知识。如果需要更正规的方法，可以使用附录B中介绍的统计方法。

致谢

图A.1由Beckman Counter/Met One提供。图A.2和图A.3由Particle Measuring Systems公司提供。

附录B　选择监测位置和控制值的正规方法

附录A讨论了洁净室的监测方法，以确保洁净室正常运行并达到所需的洁净度标准。然而，在该附录末尾，讨论了两个主题，即空气污染监测位置的选择，以及设定控制值，使空气污染物的浓度不被超过。

监测位置最好通过风险评估确定，风险评估可以找出产品或工艺存在最大风险的位置。可以使用附录A中讨论的那种简单的非正式风险评估方法。但是，为了获得最佳结果，应进行正式的风险评估。本附录中讨论了其合适的方法。

监测前需要确定监测期间不应超过的空气污染物浓度，在洁净室监测中，就是要设置控制值。常用的两个控制值是告警值和干预值。这些控制值的含义以及如何非正式地选择它们，已在附录A中讨论过。在本附录中，描述了更正规的统计方法。

本附录中讨论的选择监测位置和控制值的正规方法，适用于监测空气中的颗粒以及携带微生物颗粒（microbe carrying particle，MCP）。

B.1　空气污染监测位置的选择

按照ISO 14644-1: 2015 [7] 对洁净室进行分级，必须在整个洁净室大致均匀分布的位置测量空气中的颗粒浓度。但是，监测气浮颗粒或携带微生物颗粒，应在空气传播污染最有可能导致产品污染的位置进行，其主要位置就是产品或工艺暴露于周围空气污染物沉积的关键位置。还应考虑控制的是空气污染物向关键位置转移的关键控制点（CCP）以及高浓度空气污染物的来源。

可以根据洁净室的功能和生产工艺的相关实际情况，非正式地选择出监测位置。但是，有时可能需要更正规的方法。危害分析和关键控制点（HACCP）[31] 以及故障模式、影响和临界性分析（FEMCA）[32] 都是洁净室中最常用的风险评估方法。这些方法在洁净室污染控制中的一般应用，在其他文献中进行了更为详细的描述 [33]。

B.1.1　监测位置的种类

可能导致产品或工艺受到污染的高风险位置有三类。可能需要对这些位置进行监测，现列出如下:

关键位置：这些位置是产品、部件和工艺等关键表面直接暴露于周围空气沉积污染物的位置。这类位置可能会给产品或工艺带来最高的污染风险，通常是最佳的监测位置。

关键控制点：这些是空气污染物向产品或工艺转移时应受到控制的位置，例如隔离器或微环境的入口和出口。所选择的受监测的关键控制点，应该是控制机制一旦失效可能导致产品严重污染的位置。应特别注意污染浓度以及整个控制点污染物的转移量。

高散发量污染源：这些污染源可能是存在于洁净室或洁净区中的污染源，其空气污染物的扩散量高，可以很容易地转移到关键表面。应特别注意空气污染物源头的浓度以及污染物转移到关键表面的容易程度。如果存在重大风险，则应在靠近污染源处以及通往关键表面的空气传输通道上进行监测。

B.1.2　待定监测位置上空气污染风险的计算

确定监测位置的正规方法的第一步是选择可能导致关键表面受到空气污染的位置。这类位置通常是上一节中讨论的三类监测位置中的某一类。应对这些可能的监测位置进行风险评估，以找到对关键表面具有最高潜在风险的位置。风险评估既要考虑各污染风险因素的可能性，也要考虑其严重性。从潜在监测位置可传输到关键表面的气浮污染的量，是由下列风险因素决定的。

空气污染物浓度：潜在监测位置的空气污染物（颗粒或MCP）浓度越高，关键表面受到污染的可能性就越高。根据风险的发源位置不同，空气污染物浓度可以是靠近关键表面的污染物浓度、关键控制点处的污染物浓度或散发大量空气污染的污染源的浓度。

转移系数：如果监测位置远离关键表面，应将空气污染物转移到关键表面的可能比例即转移系数，纳入风险评估。需要注意的是，转移系数与第9章式（9.1）计算的隔离效率几乎相同。如果需要，可以使用计算隔离效率的方法来获取转移系数的值。

表面积：指暴露于空气沉积物的关键表面的面积。表面积越大，污染的可能性就越高。

暴露时间：指关键表面暴露于空气沉积物的时间。关键表面暴露的时间越长，污染的可能性就越大。

每个风险因素都有相应的风险评分，再用式（B.1）获得风险评级。使用该评级可以识别出对产品具有最高潜在风险的位置，以及可能需要进行监测的位置。

$$风险等级=空气污染物浓度\times转移系数\times表面积\times暴露时间 \tag{B.1}$$

用式（B.1）求解时，为四个风险因素分配了风险评分。风险评分是风险严重性的描述符，并且可以看作是风险因素实际值的替代分值。风险描述符可以是“高”“中”“低”和“零”等，其对应的风险评分分别为“3”“2”“1”和“0”，并可代入式（B.1）。有多种方法可用于对风险因素进行评分[33]，应使用合适的方法。如果风险因素有实际值，那就既可以给描述符分配一个风险评分，也可以使用实际值。

B.1.3　风险评估示例

表B.1和表B.2给出的是选择隔离器中的监测位置所进行的风险评估示例。隔离器中包含一条容器灌装线，Tim Eaton之前撰写的一篇文章[34]中已对其进行了描述。

隔离器关键表面直接受到空气污染的风险见表B.1，表B.1计算了隔离器入口和出口处关键控制点对产品的风险。隔离器中不存在大的空气污染源，因此，风险评估中没有它们。两表前两列给出了可能的监测位置。这些位置是按生产顺序给出的，即从空容器进入隔离器开始，到装满、塞封的容器离开为止。

在此风险评估中，未使用描述符类型的风险评分。空气污染物可能浓度的风险评分依据的是每个位置上人员和设备的活动量。如果通风系统沿隔离器的长度上有所变化，那么来自活动量的风险可能会因通风质量的不同需有所调整。但这被认为并无必要。活动评分在1到2之间。如果没有活动，则风险评分为1。如果有活动，则风险评分在1和2之间，具体值根据活动时间占总时间的百分比确定。例如某个位置的活动时间占总时间的10%，其得分为1.1。

示例中采用的是暴露于空气污染的容器颈部开口、针头和塞子这三个关键表面积（cm^2）的实际值。但当容器被塞子封住并离开隔离器时，因为容器一直是被塞子封着的，所以容器内部暴露于污染的表面积认为是零。另外还获取了关键表面暴露于污染的时间（min），并在表B.1中列出。转移系数未包含在此项风险评估中，原因是在隔离器内转移系数被认为是个合理的常数，在风险评估中并不需要。将三种风险评分相乘即得出生产制造过程中每个步骤的风险等级。

表B.1 隔离器内各位置风险评估结果

位置编号	生产制造活动	活动性评分	暴露的表面积/cm^2	暴露时间/min	风险评级
1	容器入口区，累积、调整	1.05（5%活动性）	2	10	21
2	容器输送至灌装头，调整	1.05（5%活动性）	2	2	4.2
3	针头和针管经由快速液体传输口进入	2（连续）	2.1	1	0.004
4	针头组装到灌装头	2（连续）	2.1	1	0.004
5	容器灌装	1（无活动性）	2	0.25	0.5
6	给灌装的容器加塞子	1（无活动性）	2	0.05	0.1
7	容器灌装后输送至加塞工作台，调整	1.05（5%活动性）	2	0.5	1.05
8	向料斗添加塞子	1（无活动性）	0.5	0.5	0.25
9	料斗中的塞子被输送到加塞工作台，调整	1.1（10%活动性）	0.5	30	16.5
10	容器出口，调整	1.05（5%活动性）	0	1	0
11	容器出口累积、调整	1.05（5%活动性）	0	10	0

表B.2是因空气污染物从隔离器外部通过关键控制点转移到容器时对产品各个生产环节风险的评估结果。在隔离器的入口处，测试污染物来自起连接作用的供应隧道，该隧道为单向流通风且内部没有活动，空气污染风险评分为1。在出口处有一个起连接作用的开放型通道式单向流工作台，内有压接设备，空气中污染物的浓度可能较高，所以风险评分为2。入口和出口处的转移系数估计不低于1%。容器暴露于污染时间的风险评分为实际值，在隔离器的入口和出口均为10min。容器颈部开口的面积为$2cm^2$，但在出

口处容器被塞子塞住，因此暴露于空气污染的容器颈部面积为零。使用这些信息，关键控制点（CCP）的两个风险等级通过式（B.1）计算得出，并在表B.2中列出。

表B.2　关键控制点重要性的风险评估

位置编号	生产制造活动	空气中污染物浓度	转移系数	暴露的表面积/cm^2	暴露时间/min	风险评级
12	容器进入隔离器	1	1%	2	10	0.2
13	容器出隔离器	2	1%	0	10	0

通常，监测主要是在紧邻关键表面、预计周围空气直接污染最大的位置进行的。然而，也可能存在重要的关键控制点以及空气悬浮粒子和携带微生物颗粒的高浓度扩散源，这些也应被视为可能的监测位置。为了选择进行监测的位置，使用了风险等级阈值，高于该值的所有位置都被选中进行监测。阈值依据风险评估的类型和监测点位的数量而有所不同。表B.1和表B.2所给的示例中，风险等级的阈值为4时，可以选择超过该值的三个位置（位置1、2和9）进行监测。如果使用风险评分10作为阈值，则有两个位置超过此值（位置1和9）。值得注意的是，示例中选择的监测位置是因周围空气直接沉降造成了污染，不包括关键控制点或高散发量污染源。

为空气净化装置提供背景空气的洁净室中，可能会监测一个或两个对产品构成最高风险的位置。这些位置既有高的颗粒浓度，也有污染物转移到产品或工艺的可能性。在洁净室分级检测期间将收集洁净室中有关颗粒浓度的信息，并且将这些信息与颗粒转移到产品或工艺的可能性相结合，用于监测位置的选择。

其他普通的辅助洁净室也要进行风险评估，以确定哪个位置或哪些位置对产品的风险最高，以及应该在哪里进行监测。通常每个洁净室有一个监测位置。

B.2　污染浓度控制值的选择

在洁净室中对一些位置进行监测，是为了确保空气中颗粒浓度或携带微生物颗粒浓度不超过最大限值。通常这些限值采用的是告警值和干预值这两个控制值。洁净室内的污染物浓度不应超过干预值，如果超过了，则应立即采取干预行动纠正问题。干预值通常是所选ISO等级或监管文件（如欧盟GGMP附录1 [13] 或FDA指南 [14]）中规定的最大空气污染物浓度，也可以是洁净室或洁净区不太可能超过的浓度，因其实际运行中的颗粒浓度已大大低于设计要求。告警值通常是高于洁净室或洁净区正常情况下的空气颗粒浓度值，可对颗粒浓度漂移到高得无法接受的情况发出早期预警。遇到此情况时需要提高警惕，有时还需要调查或采取纠正措施。

告警值和干预值可以非正式地或凭经验做出选择。但是，本附录讨论了如何使用统计方法正规地获得样本，接下来讨论这些统计学方法。

B.2.1　使用统计方法设置控制值

监测期间不应被超过的空气污染物浓度，可以用统计过程控制（statistical process

control，SPC）[35] 方法获得。这种统计方法常用于普通制造业中控制和提高产品质量，也可用于洁净室。

在讨论如何将SPC应用于干预值和告警值的选择之前，应该回顾一些基本的统计数据。图B.1显示的是众所周知的统计的正态分布及其熟悉的钟形图。平均值（μ）位于中心峰值处，结果在平均值前后出现的频率，呈现为在两个方向上等同减少。结果的扩散度是从计算标准差（σ）得到的。标准差越大，结果的扩散度就越大。

如图B.1所示，正态分布中，包含在平均值两侧1个、2个和3个标准差内的结果分别约占所有结果的68%、95%和99.7%。

图B.1
结果呈正态分布

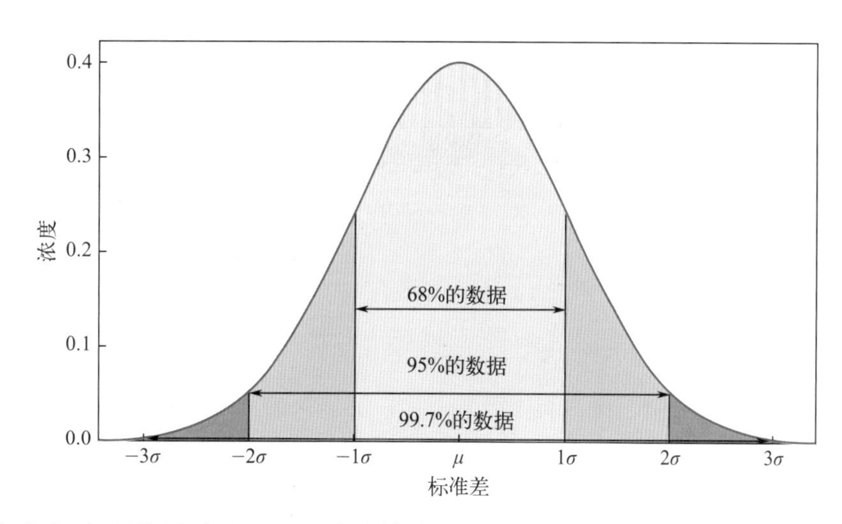

许多洁净室空气中颗粒浓度和MCP浓度符合正态分布，也有一些洁净室的浓度可能更适合其他统计分布（如泊松分布、对数正态分布或负二项式分布）。因此，首次设置空气传播粒子监测时，假设其浓度为正态分布是合理的。可在收集到更多结果后研究是否需采用更好的统计分布方法。如果使用的统计分布对结果最适合，则可以更准确地预测给定发生概率下的空气污染物浓度，这可使控制限值设置得更准确合理。

B.2.2 洁净室空气污染计数的统计分布

图B.2所示的是ISO 7级洁净室单一位置上测出的粒径≥0.5μm空气悬浮颗粒的一般分布。其平均值为115000个/m³，标准差为73000个/m³。可以看到计数有相当大的变化，计数分布相当符合正态分布，具有图B.1所示类型的钟形曲线。

但是，可以看出，它与完美的正态分布不同，而是具有正偏斜和异常高的计数值。在洁净室中发现计数高的异常值是正常的，不应将其视为采样方法引起的技术误差，也不应将其从结果中删除，除非有充分的技术原因。

图B.3中显示的是ISO 5级洁净区单一位置处测得的≥0.5μm颗粒计数频率。计算出的平均值为3000个/m³，标准差为5200个/m³。这个更洁净的区域有许多零计数，这导致其计数分布的左侧偏离了正态分布中应出现的对称性。在控制较好的ISO 5级区域中，零计数较多且分布更加不对称是很常见的。此外，这个分布图与图B.2所示的情况相同，右侧也有一个延展了的尾部，且具有高的离群计数。当测量空气传播的MCP浓度时，得到的分布与图B.2和图B.3中的分布非常相似。

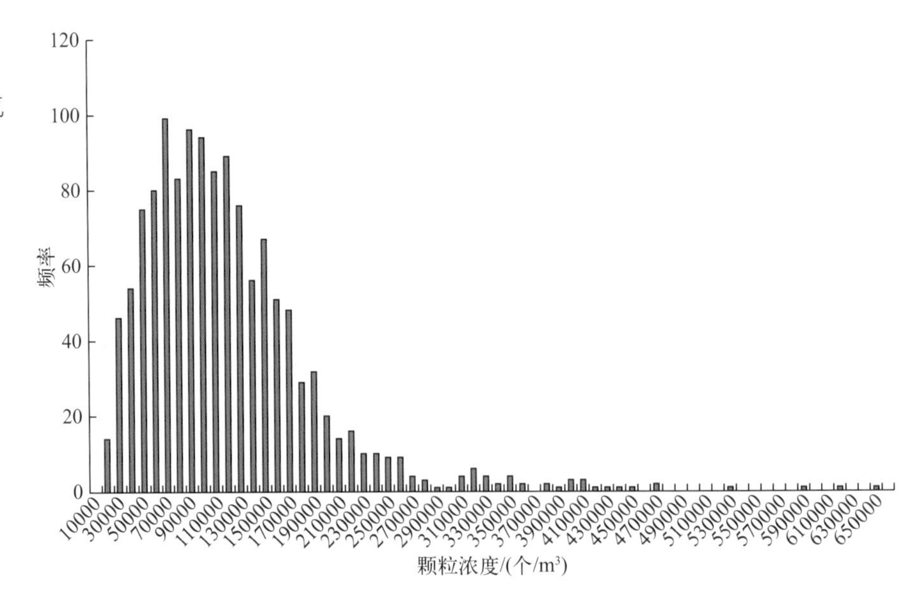

图B.2
ISO 7级洁净室中粒径≥0.5μm的气浮颗粒计数分布

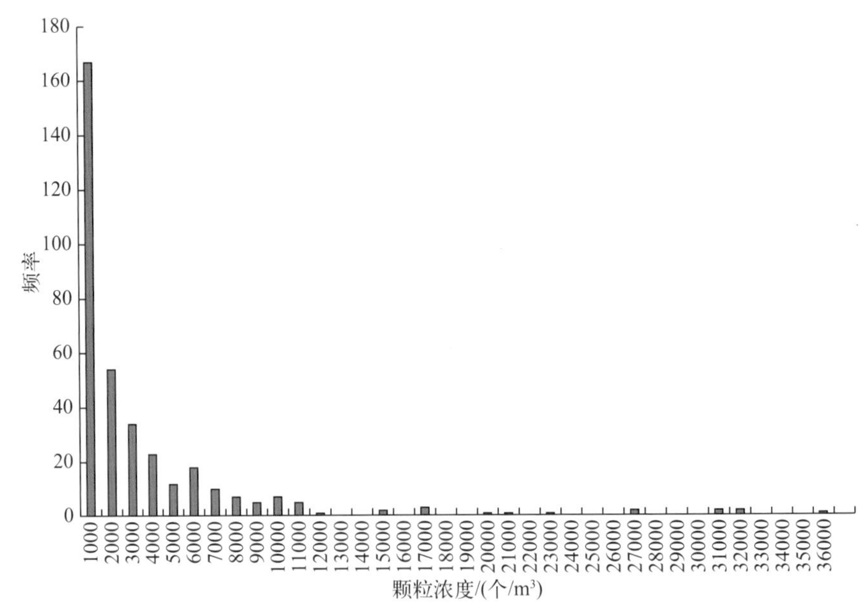

图B.3
ISO 5级洁净区中粒径≥0.5μm的气浮颗粒计数分布

B.2.3 使用统计分布设置告警值和干预值

如前所述，气浮颗粒计数分布的标准差显示了计数与平均浓度的差异程度。标准差越大，结果与平均值的差异越大。如图B.1的正态分布所示，均值两侧的两个标准差应包含抽样结果总数的95%，这些值称为95%置信上限和95%置信下限（即：95%UCL和95% LCL）。平均值两侧的三个标准差分布将包含大约99.7%的结果。

95%和99.7%的置信限包括高于和低于平均值的计数。然而，低于平均值的计数在洁净室污染控制的背景下并不重要，可以忽略不计；更好的方法是只考虑高于平均值的计数。超出正态分布平均值两个标准差的计数最高占总结果的2.3%，即44个计数中有1个。超出平均值三个标准差的计数占总计数的0.14%，即740个计数中有1个。使用此信息设置干预值和告警值，有两种方案。

① 干预值可以设置为ISO 14644-1、欧盟GGMP附录I或FDA指南设置的最大的颗粒浓度值或携带微生物颗粒浓度值。这是洁净室或洁净区的设计值。然后，可以将告警值设置为高于平均粒子浓度两个或三个标准差，以显示计数何时高于其预期的自然变化值。如果没有足够多的结果，可以估计计数的平均值和标准差，并随着时间的推移修正这些估值。

如果考虑图B.2中给出的ISO 7级洁净室的结果，则可以将干预值设置为处于运行状态的ISO 7级洁净室的限值。对粒径≥0.5μm的颗粒，该值是352000个/m^3。然后可以将告警值设置为比平均值高两倍的标准差，即95%置信度，为115000+73000×2=261000。或者，可以将其设置为高于平均值三个标准差，即99.7%置信度，并得出334000的值。后一种方法适用于连续监测结果过多、控制值常被超过的情况，但会导致对空气污染控制程度的降低。

② 将干预值设置为洁净室中很少被超过的气浮粒子浓度值。统计过程控制方法通常建议采用的干预值是平均值以上三个标准差，即99.7%的置信度，洁净室中也常采用此干预值。这种情况下，告警值通常设置为高于平均值两个标准差，即95%置信度。使用图B.2中显示的结果和上一段中讨论的计算方法，干预值将是115000+（73000×3）=334000，告警值为261000。

B.2.4 控制图

控制图是统计过程控制（SPC）方法的组成部分。但连续监测颗粒浓度时，所获信息可能比控制图所能处理得还多。设施监测系统（facility monitoring system，FMS）的计算能力可以处理大量需分析与存储的结果。当结果较少时，控制图很有用。

FMS使用的分析方法类似于控制图使用的分析方法。通过图表来可视化和理解统计过程控制方法是很有用的。现在将对此进行讨论。不同类型的控制图及其应用方面更全面的描述，在许多关于统计过程控制方法的书籍中都可以找到[35]。ISO 7870系列标准中也提供了有关控制图的信息[36]。

图B.4显示的是一个控制图的简单示例，该控制图用于空气颗粒浓度定期监测过程，也可在ISO 7级洁净室运行期间使用。图中显示了每月对粒径≥0.5μm的颗粒进行采样得到的空气中颗粒浓度情况。

干预值设置为ISO 7级洁净室粒径≥0.5μm颗粒的最大限值，即352000个/m^3。在洁净室运行期间进行的采样表明，颗粒浓度相当符合正态分布，平均值为116000个/m^3，标准差为32000。此标准差小于洁净室中的一般值，但可用来说明超过告警值时可能发生的情况。告警值设置为比平均值高两倍标准差，即116000+32000×2=180000。平均值、告警值和干预值如图B.4所示。

从图B.4中显示的数据集可以看出，干预值从未被超过。但告警值在第31次计数时被超过了一次。这种超标可能是由计数的自然变化引起的，因为当告警值设置为高于平均值两个标准差时，平均每44次计数预计会出现一次超标。因此，测试者注意到了这一超标数值，并加强了对接下来几个结果的观测。而接下来的几个结果中并没有发生更多的超标，所以就认为没有必要进行情况调查。

图B.4
ISO 7级洁净室空气中粒径≥0.5μm颗粒浓度控制图

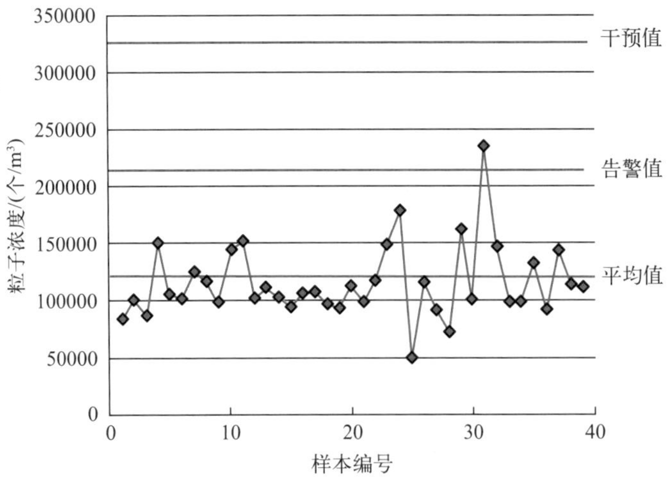

B.2.5　采用非参数分布设置告警值和干预值

本章的前一部分讨论的是：如何使用与洁净室中测量的空气污染浓度结果相适的统计分布来设置控制值。然而，只有当结果很好地符合已知类型的统计分布，才能获得准确的控制值。但一般而言，情况并非总是如此。解决这类问题的一种方法是，假设粒子计数实际发生的分布，不符合任何类型的标准统计分布方式。这种分布可以称为非参数分布。

空气污染浓度的控制值可以设置为非参数分布结果较高百分位（百分比位置）的计数。这里的百分位是指在所观测情况下获得的按浓度排序的全部计数中某计数位置的百分比。例如，总共获得了1000个气浮颗粒计数，将所有计数按每个计数的实测浓度从小到大排序。于是，依其浓度排序为第950个计数、第990个计数、第995个计数和第999个的计数，分别就是第95个百分位计数、第99个百分位计数、第99.5个百分位计数、第99.9个百分位计数。百分位计数即某个百分位上的数值，这里就是洁净室中空气污染物的浓度值。可以这样认为：这些百分位等同于统计分布的置信度，例如，第95个百分位将等同于统计分布的95%置信度，依此类推。百分位的使用方式与之前设置控制值的置信度相同。

在一般的洁净室中，干预值可以设置为ISO 14644-1: 2015中规定的或适当法规文件中给出的浓度限值。但是，如果洁净室比该设计值洁净得多，则可以使用合适百分位（例如99.9%）的计数值。例如，上述两种情况下合适的告警值上限，可设置为95%百分位计数值或是99%百分位计数值。

采用非参数方法设置控制值比用统计分布的平均值和标准差更简单。然而，这并不意味着其在科学上的正确性较低。该方法采用的是粒子计数的实际分布，因此更有可能既正确又准确，并成为大多数情况下的最佳方法。

致谢

图B.1由Daniel Styne提供。隔离器风险评估方面的信息由Tim Eaton提供。

附录C　用序贯采样法为洁净室分级

洁净室和洁净区是按照ISO 14644-1: 2015 [7] 中给出的方法进行分级的。该方法规定，洁净室各处大致均匀分布的位置上的空气悬浮粒子浓度，应低于为洁净室选定的ISO等级的浓度限值。第12章中对该方法进行了解释。

在洁净室的分级检测过程中，空气中颗粒的浓度由粒子计数器测量。ISO 14644-1: 2005要求在每个位置采集足够的空气样本量，以确保在颗粒浓度处于等级限值时至少可以检测出20个粒子。第12章给出了计算每个采样点最小采样量的算式，如下所示：

$$V = \frac{20}{C} \times 1000$$

式中　V——最小采样空气体积，L；

C——所关注的最大粒径的颗粒浓度等级限值，个/m^3；

20——如果颗子浓度处于等级限值时可计数到的粒子数。

以ISO 3级洁净室为例，其粒径≥0.3μm颗粒的等级限值为35个/m^3，可以计算出每个采样位置的最小采样量为571L。如果粒子计数器的采样量为28.3L/min，则采样时间为20.18min。该采样时间适用于每个采样位置。这样，可能需要很长时间才能完成整个洁净室分级检测。下列情况可能需要较长的采样时间：

① 空气中的粒子浓度低，例如ISO 4级或更优的洁净室。

② 分级依据的是粒径较大的颗粒，因此，其颗粒浓度低于较小的颗粒。

③ 粒子计数器的采样量低。

ISO 14644-1: 2015给出了利于进行序贯采样的条件，见第4章的表4.1。

洁净室分级测试期间对某个位置的空气进行采样时，如粒子计数器反复记录下非常低的粒子数，那么依据常识就可判断出该位置粒子浓度最终将远低于等级限值，此时已没有必要继续进行采样。同样，如果粒子计数器反复记录的是非常高的粒子数，一般就能很明显地看出洁净室将无法通过分级测试。ISO 14644-1: 2015中描述的标准分级检测方法，不允许在完整采样时间结束之前停止空气采样。但该标准介绍的序贯采样法允许提前停止采样。现在讨论这种方法。

C.1　序贯采样计算

序贯采样是已确立的一种统计方法，Cooper和Milholland [37] 将其应用于洁净室的分级测试。该方法是在采样期间将实测颗粒计数的累计值与按该方法计算的上限和下限边界值不断地进行比较。采用该方法需要下列信息。

① 预期计数：这是洁净室按规定的等级（限值）运行时采样位置预期的颗粒计数。如选定的ISO等级限值为C（个/m^3），则在使用采样量为Q（L/s）的粒子计数器经采样时间t（s）后，预期计数由式（C.1）给出。

$$预期计数 = \frac{QtC}{1000} \tag{C.1}$$

需要注意的是，式（C.1）中粒子计数器的空气采样量以L/s为单位。粒子计数器的正常计量单位是L/min，应转换为L/s。例如，28.3L/min的体积采样量应换算为0.47L/s。

② 计数上限和下限：预期计数在采样过程中可能出现的计数上限与下限。这些统计限值可以通过以下公式计算出来。

$$计数上限=3.96+1.03\times 预期计数 \tag{C.2}$$

$$计数下限=-3.96+1.03\times 预期计数 \tag{C.3}$$

知道了预期计数及其上下限，就可以将序贯采样法应用于洁净室分级检测。现通过示例解释该方法。

C.2 序贯采样示例

这里仍以前面的ISO 3级洁净室作为示例，其粒径 ≥0.3μm颗粒的等级限值为35个/m^3。已经算出该洁净室分级检测时每个采样点必须采集571L空气。571L的空气量也是序贯采样法需要采集的最大空气量，尽管希望该方法允许有小些的采样量。

本例使用的是采样量为28.3L/min的粒子计数器，可以计算出20min可采集566L空气，很接近所需的571L，所以是可以接受的。因此，每个样本采集20min即可代表所需的最大空气采样量。

表C.1中显示了在一个采样点进行序贯采样所需的信息。第一列给出了样本顺序编号，第二列给出了每新增一个样本之后的总采样时间。第三列给出了每次采样后所采集过的空气总量。

用式（C.1）计算了每次总采样时间后的预期计数，见表C.1第四列。然后使用该预期计数按式（C.2）和式（C.3）分别计算出上限和下限，结果分别见该表的第五列和第六列。

通过粒子计数器在采样位置每分钟测量一次气浮颗粒计数，第七列中给出了各次的计数。第八列中显示了每次测出的计数与前面计数相加得出的累计计数，也可以说是处在累计过程中的总计数。

在每个空气样本之后得出一个结论，并在第九列中给出该结论。结论如下：

① 如果实测计数的累计值没有降到低于下限，并且也没有高于预期计数的上限，那么采样必须“继续”。

② 如果实测计数的累计值低于相应的计数下限，则停止采样，因为洁净室该位置已通过了洁净度分级测试。

③ 如果实测计数的累计值超过相应的计数上限，则停止采样，因为洁净室该位置未能通过洁净度分级测试。

如果实测计数的累计值既没有高于上限，也没有低于下限，则在完整采样时间（本例情况为20min）过后，洁净室该位置即通过了洁净室分级测试。

表C.1　序贯采样计算

列号								
1	2	3	4	5	6	7	8	9
序贯样本编号	总采样时长 /s	空气采样总量 /L	预期计数	计数上限①	计数下限②	粒子计数器从1min 样本中测出的计数	实测累计计数	结论
1	60	28.3	1.0	6	0③	0	0	继续
2	120	56.6	2.0	7	0③	1	1	继续
3	180	84.9	3.0	8	0③	0	1	继续
4	240	113.2	4.0	9	0	2	3	继续
5	300	1411.5	5.0	10	1	0	3	继续
6	360	169.8	5.9	11	2	0	3	继续
7	420	198.1	6.9	12	3	1	4	继续
8	480	226.4	7.9	13	4	0	4	通过
9	540	254.7	8.9	14	5			
10	600	283.0	9.9	15	6			
11	660	311.3	10.9	16	7			
12	720	339.6	11.9	17	8			
13	780	367.9	12.9	18	9			
14	840	396.2	13.9	19	10			
15	900	424.5	14.9	20	11			
16	960	452.8	15.8	20	12			
17	1020	481.1	16.8	20④	13			
18	1080	509.4	17.8	20④	14			
19	1140	537.7	18.8	20④	15			
20	1200	566.0	19.8	20④	16			

① 计算值上进到下一位整数。
② 计算值舍去小数点后尾数。
③ 这些计算结果给出了负数，所以均视为零。
④ 这些计算得出的结果大于 20，故以 20 为准。

从表C.1可以看出，在8个样本之后，实测累计计数下降到计数下限以下。因此，测试可以在第8个样本之后停止，并得出采样位置已通过分级测试要求的结论。

为了帮助理解序贯采样法，图C.1将表C.1中的信息绘制成图。图C.1中显示的是表C.1中的计数上限（红线）和计数下限（绿线）。图C.1中还给出了实测累计计数（蓝线）。可以看出，蓝线（实测累计计数）在第8个空气样本处下降到绿线（计数下限）以下，表明测试位置符合ISO 3级分级要求。

图C.1
以图形方式显示序贯方法的结果

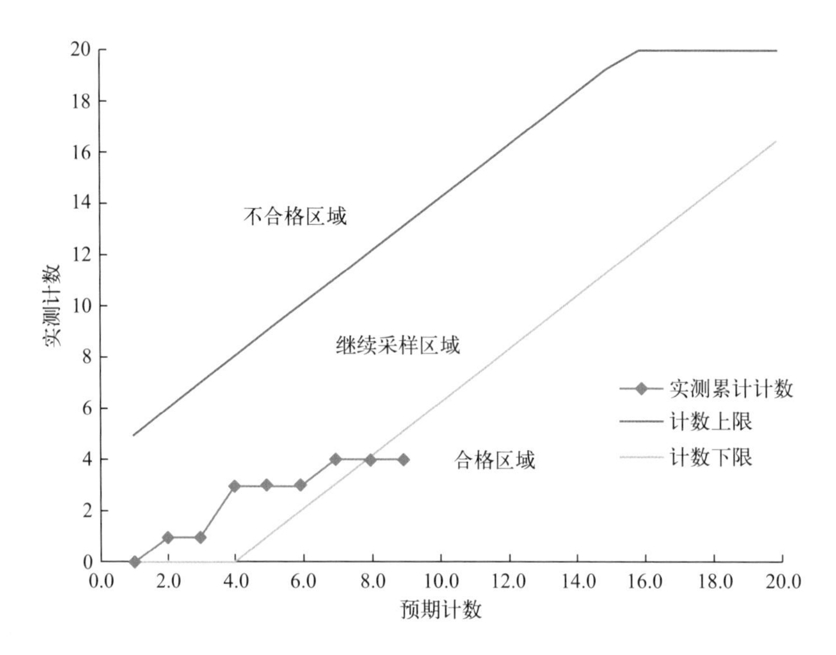

上述序贯采样方法的说明针对的是单个位置。但是，要对洁净室进行分级，必须按ISO 14644-1: 2015规定的采样点数量进行采样。洁净室按室内面积确定的采样位置数量在第12章的表12.1中给出。采样点应采用序贯采样法进行检测，如果全部通过，则确认洁净室达到分级要求。如果一个或多个位置未通过测试，则可以采取ISO 14644-1: 2015中描述的步骤来纠正问题。这些步骤已在第12章中给出。如果这些步骤不能纠正问题，则洁净室分级未达标。

序贯采样节省的时间将依据洁净室所需的ISO等级、洁净室的大小和空气粒子计数器的采样量而有所不同。但在许多情况下都可以节省大量时间。

附录D 使用粒子计数器对过滤器检漏

高效（空气）过滤器在制造过程中须经过测试，以确保其整体颗粒过滤效率正确，并且按在制过滤器级别没有超标的泄漏。这些测试是按照ISO 29463 [1] 或EN 1822 [2] 中给出的方法进行的，这些方法已在第3章中进行了讨论。测试后，过滤器送往洁净室进行安装。

为了验证在运输或安装过程中过滤器没有发生泄漏，需对高效过滤器进行测试。进行该测试时需在过滤器上游空气中释放测试颗粒（气溶胶），并在洁净室一侧扫描过滤器的滤纸（过滤介质）、外壳、垫圈和安装框架，寻找是否有未经过滤的空气进入洁净室的泄漏点位。此外，高效过滤装置也在其生命周期内以相同的方式进行这项测试，确保没有泄漏。

可以按第8章中描述的方法用光度计对高效空气过滤装置进行检漏。用第8章中所述的一种液体生成测试气溶胶来测试过滤器系统。通风系统运行的情况下用液体测试过滤器，液体粒子会沉积在过滤器和送风管道上，并会在生产开始时以“释气”形式进入洁净室。这可能会在半导体和类似的制造业中造成污染问题。为了防止这个问题，可使用惰性粒子如聚苯乙烯乳胶球（PLS）测试过滤器，并用光散射粒子计数器（LSAPC）替代光度计探测泄漏。然而，如果上述的污染不是问题，LSAPC方法也可使用与光度计法所用相同的测试气溶胶。

D.1 过滤系统泄漏定位LSAPC方法概述

ISO 14644-3: 2019中描述了定位高效过滤器系统泄漏的LSAPC方法。该方法首先由Bruce McDonald [38] 描述。他的方法被IEST推荐规范34 [6] 采用，而后逐步修改并被ISO 14644-3: 2005和ISO 14644-3: 2019 [7] 采用。

LSAPC方法分两个阶段进行。

第1阶段-过滤器扫描：为了用LSAPC方法发现过滤装置中的潜在泄漏，将浓度已知的测试颗粒引入过滤器上游的空气中，并用连接着LSAPC的探头扫描过滤器面（见图D.1）。扫描方法与第8章中阐述的光度计方法相同，请查阅该章以获取相关信息。如果粒子计数超过稍后讨论的数值，则视为LSAPC检测到潜在的泄漏。

图D.1
用探头扫描过滤器表面为泄漏定位

第2阶段-静止测量：测试方法的第二阶段是为了确认扫描发现的潜在泄漏是否为

真实泄漏。这需要将探头在规定的时间内在潜在泄漏处保持静止不动。如果颗粒计数大于本附录后面讨论的方法所计算出的数值，则确认该潜在泄漏为真实泄漏。

D.2 所需变量值的计算

要查找过滤器安装中产生的泄漏，必须考虑以下变量：

① LSAPC的采样流量；

② 取样探头的尺寸；

③ 探头在过滤器面上的扫描速度；

④ 过滤器颗粒渗透率，超过即认为是泄漏；

⑤ 测试气溶胶的类型；

⑥ LSAPC测得的、表明存在泄漏的颗粒泄漏数量。

现在讨论这些变量以及其在计算中所用的值。

D.2.1 LASPC的采样流量（Q_{VS}）

LSAPC一般采样流量为28.3L/min（0.000472m^3/s），这是ISO 14644-3:2019建议的标准采样流量。建议LSAPC对粒径≥0.3μm的颗粒计数。

D.2.2 探头尺寸（D_P）

扫描过滤器并进行静止测量所用的探头应有正确的尺寸，以确保空气样本能够准确反映泄漏出来的颗粒浓度。如果进入探头的空气速度与探头外部的空气速度（即过滤器的面速）相同，则可以正确地获得样本。这种类型的采样被称为等速采样，在附录G中有更详细的说明。实际情况中，这两种速度不太可能完全匹配，ISO 14644-3:2019允许探头入风速度处在过滤器面速度的±20%范围内。

ISO 14644-3:2019推荐了以下两种标准尺寸的探头：

① 矩形探头：这种探头通常被称为鱼尾探头，如图D.1所示。它有一个8cm×1cm的开口，其扫描方向上的尺寸（D_P）为1cm。进风口的表面积为8cm^2（0.0008m^2），当与采样流量为28.7 L/min（0.000472 m^3/s）的LASPC一起使用时，探头的进风速度可计算如下：

$$\text{探头进气口风速（m/s）}=\frac{\text{采样流量（}m^3/s\text{）}}{\text{进气口面积（}m^2\text{）}}=\frac{0.000472m^3/s}{0.0008m^2}=0.59m/s$$

因此，当过滤器的面风速为0.59m/s时，这种矩形探头将提供最佳采样条件。因为±20%的风速变化是可以接受的，所以，可在0.47～0.71m/s的风速范围内使用。

② 圆形探头：此类探头直径为3.6cm。但是，扫描方向的标称尺寸（D_P）与其直径不同，按照ISO 14644-3:2019进行计算，为2.54cm。采样流量为28.3L/min（0.000472m^3/s）时，其探头的入口风速为0.46m/s，故可以适应的风速范围为0.37～0.55m/s。

大部分高效过滤器是按工作面风速为0.45m/s制造的，符合两个标准探头的适用风速范围。然而，有些高效过滤器是按更高的面风速制造的，因此，为了获得过滤器面风速大于1m/s时正确的等速条件，应使用进风口更小且空气速度更高的探头。

D.2.3 探头的扫描速度（S_R）

探头应在距离过滤器面约3cm处以重叠的行程对过滤装置进行扫描。必须以正确的速度扫描过滤装置。如果扫描速度过快，可能会漏掉某个泄漏点。因此，扫描时不应超过正确的扫描速度。反之，如果探头在微不足道的泄漏上移动得过慢，则可能会采集到额外的颗粒并认为存在泄漏。尽管这种情况下，静止测量时不会确认那些误认的泄漏，但会造成工作时间上的浪费。

ISO 14644-3: 2019建议1cm×8cm矩形探头的标准扫描速度（S_R）为5cm/s，直径3.6cm圆形探头的标准扫描速度（S_R）为12cm/s。然而，应与这些扫描速度相匹配的测试粒子的正确浓度，并不总是能够实现，因此可能需要采用不同的扫描速度进行扫描。

D.2.4 过滤器颗粒渗透率或穿透率（P_L）达到多少即视为过滤器泄漏

测试过滤器泄漏的光度计方法已在本书的第8章中讨论过，该章描述了ISO 14644-3: 2019对泄漏的定义。这些信息也适用于LSAPC进行的泄漏测试。

按照ISO 14644-3: 2019，就大多数类型的过滤器而言，如果过滤装置上存在的渗透率（P_L）超过测试气溶胶浓度的0.01%，则认为存在泄漏。但是，如果过滤器的整体过滤效率为99.95%（含）~99.995%（不含）之间（如EN H13过滤器或ISO 35H过滤器），则渗透率大于0.1%时认为存在泄漏。当过滤器的整体过滤效率低于99.95%时，可视为泄漏的渗透率应由客户和供应商商定。

D.2.5 应使用什么类型的测试气溶胶

光度计方法进行过滤器检漏时，使用的是第8章中讨论的液体生成的气溶胶。但是，气溶胶中的颗粒会沉积在表面上，然后在生产制造过程中“释气”到送风中，并造成污染。固体惰性颗粒的气溶胶可克服这个缺陷。对污染不敏感的洁净室，仍可以使用与光度计法同类的气溶胶，并用LSAPC法进行检漏。

某些洁净室（例如半导体生产洁净室）规定检漏采用固体惰性颗粒，通常是聚苯乙烯乳胶球（PLS），如图D.2和图D.3所示。这些乳胶球为均匀球形颗粒，可做成各种粒径的悬浮液，0.3μm颗粒用于过滤器泄漏测试。将悬浮液在清水中稀释，由发生器（如拉斯汀喷嘴）雾化，并引入流向过滤系统的空气中。

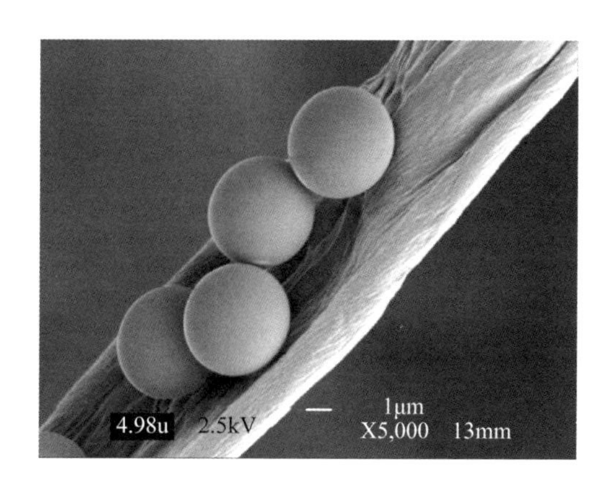

图D.2
沉积在纤维上的聚苯乙烯乳胶球电子显微镜图像

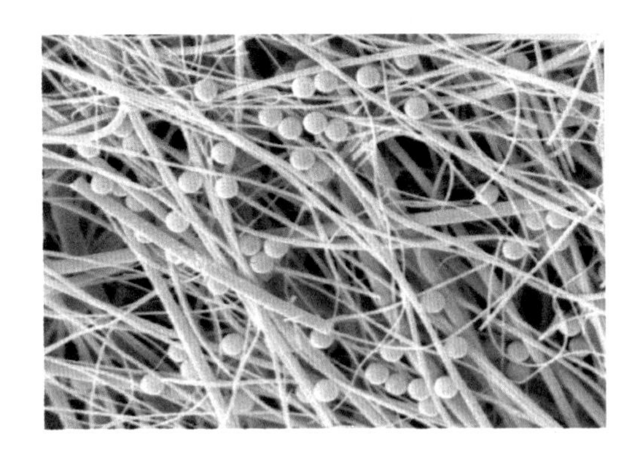

图D.3
沉积在过滤介质上的聚苯乙烯乳胶球

D.2.6 LSAPC扫描过程中有多少颗粒计数才能证明泄漏

扫描过滤器时，必须先确定由LSAPC记录下的、表明可能有潜在泄漏的空气颗粒的计数。此计数在ISO 14644-3: 2019中称为可接受计数（N_A）。该数值应保持在较低水平，否则计算出的测试气溶胶浓度可能会过高且难以实现。

如过滤器未损坏且已知能够过滤掉可以说是全部测试粒子，且LSAPC在无粒子空气中没有虚假计数，可接受计数可视为零。任何大于零的计数都表明有潜在的泄漏。

如果LSAPC对无颗粒空气偶尔给出虚假计数，或者并未损坏的过滤介质偶尔有颗粒渗透，那么可接受的计数取1可能是表明潜在泄漏的最佳选择。这种情况下，任何大于1的计数都被视为泄漏。但是，如果背景计数较高，则表明潜在泄漏的计数也需更高。

测量泄漏处的空气颗粒时，会发现计数在平均值附近有一个自然变化，并且这种变化非常符合泊松分布。扫描过滤器时，可能偶尔会遇到不低于分布的95%置信下限（LCL）的低计数。ISO 14644-3: 2019将95%的LCL计数视为可接受计数，用符号N_A表示。

ISO 14644-3: 2019中使用计数分布中的平均计数（N_P）来表征规定的泄漏，并且该平均计数也是计算测试气溶胶所需浓度或（如有要求时）扫描速度的值。在泊松分布中，分布的平均计数（N_P）能在知道可接受计数（95% LCL）情况下用式（D.1）计算。

$$N_P = \left(N_A + 2\right) + 2\sqrt{1 + N_A} \tag{D.1}$$

表D.1中给出了对应于N_A的计数分布平均值即平均计数（N_P）。需要注意的是，N_A的首选值为0和1，其对应的N_P值分别为4.0和5.8。这些即是本章给出的计算中所用的值。但是，如果计算中由于背景计数高需要更高的N_A值，则与其对应的N_P值可以从表D.1查到。

表D.1　泊松分布的平均计数值（N_P）

可接受的泄漏颗粒计数（N_A）–95% LCL	分布的平均计数（N_P）
0	4.0
1	5.8
2	7.5
3	9.0

续表

可接受的泄漏颗粒计数（N_A）–95% LCL	分布的平均计数（N_P）
4	10.5
5	11.9
6	13.3
7	14.7
8	16.0
9	17.3
10	18.6

D.3 标准值总结

上节给出了ISO 14644-3: 2019建议的LSAPC检漏法变量标准值的信息。现将其总结如下:

① Q_{VS}是LSAPC的采样流量，为28.3L/min（0.000472m^3/s）。

② D_P是探头进风口在扫描方向上的尺寸。标准的矩形探头有一个1cm×8cm的矩形进风口，扫描方向（D_P）的尺寸为1cm。标准圆形探头的直径为3.6cm，扫描方向（D_P）的尺寸为2.54cm。

③ S_R是扫描速度，1cm×8cm矩形探头的扫描速度为5cm/s；3.6cm圆形探头的扫描速度为12cm/s。

④ P_L是穿透过滤器的颗粒比例，超过此值即视为泄漏。采用的是0.0001（0.01%）作为标准值，但此值不适用于效率低的过滤器。

⑤ N_A是扫描过滤装置时认为预示着可能有潜在泄漏的可接受粒子数，首选值为0或1。与之相对应的、计算测试气溶胶浓度或计算扫描速度所需的平均计数N_P分别为4.0和5.8。

虽然最好使用表D.1中列出的标准值，但在对泄漏进行定位时可能需要使用非标准值。现在讨论在LSAPC测试法的两个阶段中使用标准值和非标准值时需要进行的计算。

D.4 第一阶段：测试气溶胶浓度或扫描速度的计算

在使用LSAPC定位过滤装置泄漏点的常用方法中，首先要计算测试过滤装置所需的测试气溶胶浓度。最好使用上节中给出的标准值进行此项计算，但可能有一个或多个标准值需予修改。

设置所需的气溶胶浓度时，可能无法在测试气溶胶中实现正确的空气粒子浓度。这种情况下，5cm/s的标准扫描速度可能必须修正以对应测试气溶胶实际达到的浓度。现在说明如何计算测试气溶胶浓度及扫描速度。

D.4.1 测试气溶胶浓度的计算

计算测试气溶胶浓度所需的变量之前已做过讨论，这里显示在图D.4中。

图D.4
探头在过滤器表面进行扫描示意图

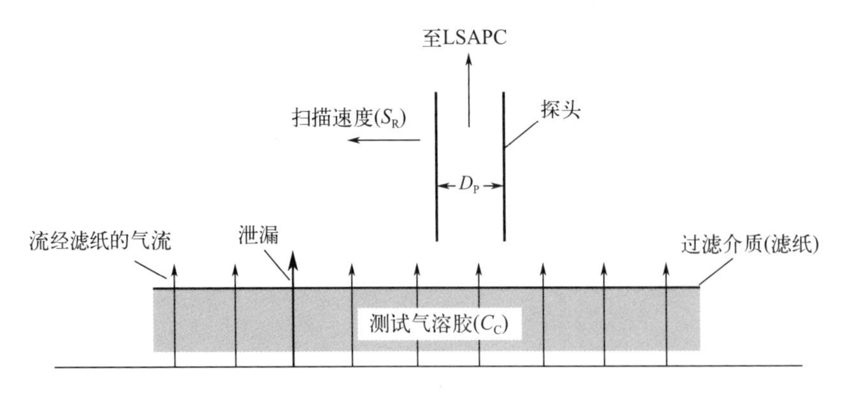

测试过滤器的空气颗粒（气溶胶）浓度计算如下：

$$C_C = \frac{N_P S_R}{Q_{VS} D_P P_L} \tag{D.2}$$

式中 C_C——测试过滤器所用的 ≥0.3μm 空气颗粒的浓度，个/m^3；

N_P——表征泄漏的平均颗粒计数；

S_R——探头在过滤器表面上的扫描速度，cm/s；

Q_{VS}——LSAPC的空气采样流量，m^3/s；

D_P——扫描方向的探头尺寸，cm；

P_L——≥0.3μm测试气溶胶颗粒穿透过滤器且视为泄漏的渗透率，此值不以百分比（如0.01%）给出，而以实际比例数值（例如0.0001）给出。

如在计算中使用上节列出的标准值，包括0.0001的P_L值和1cm的D_P值，则计算结果如下。

$$C_C = \frac{N_P S_R}{Q_{VS} D_P P_L} = \frac{N_P \times 0.05}{0.000472 \times 0.01 \times 0.0001} = N_P \times 105932203(\text{个}/m^3)$$

将结果四舍五入，得出下式。该式在测试过程中可能有用。

$$C_C = 106000000 N_P$$

上述计算使用的是表D.1推荐的标准值，但如果标准值有变化，可使用式（D.2）计算修正后的浓度。在这些非标情况下，使用电子表格或者具有适当计算功能的LSAPC会很便利。

将推荐的N_P标准值代入式（D.2），四舍五入后即得到了测试气溶胶浓度的修正值，见表D.2。

表D.2 按N_P标准值算出的测试气溶胶浓度

N_A	N_P	测试气溶胶浓度/（个/m^3）
0	4	424000000
1	5.8	614000000

从表D.2可以看出，所需的测试气溶胶颗粒浓度很高，可能需要使用稀释器来防止LSAPC的重叠计数误差。第10章讨论了重叠误差和稀释器。

D.4.2 扫描速度的计算

上一节中描述的方法是按ISO 14644-3: 2019给出的标准值建议来设置测试颗粒浓度的。但实际中可能会发现，所需的颗粒浓度即使不是不可能实现也是很难确定的。因此，可能需要采用不同的测试气溶胶浓度并相应修改扫描速度。修改后的扫描速度可用式（D.3）计算。

$$S_R(\text{cm/s}) = \frac{C_C P_L Q_{VS} D_P}{N_P} \tag{D.3}$$

式中，鱼尾探头的D_P为1cm，圆形探头的D_P为2.54cm。

同样，可用电子表格或具有适当计算功能的LSAPC进行此项计算。

D.5 第二阶段：通过静止测量确认泄漏

前面已经说明，确定泄漏的方法分为两个步骤，即：扫描过滤系统以定位潜在泄漏，然后在潜在泄漏处通过停留不动的静止测量确认潜在泄漏为真实泄漏。

若将探头置于潜在泄漏点上方静止不动（图D.5），在规定时间内获得的颗粒计数超过了按测试环境计算出的结果，即以此确认真实泄漏的存在。ISO 14644-3: 2019建议的探头在泄漏点上方保持静止不动的标准时间（T_R）为10s。

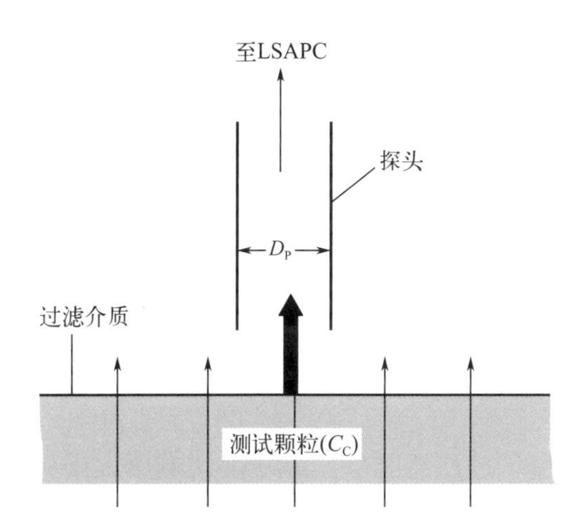

图D.5
探头在过滤器表面上保持静止

确认（扫描发现的）潜在泄漏为真实泄漏所需的颗粒计数分两步计算。首先，用式（D.4）计算出表征潜在泄漏的平均颗粒计数（N_{PR}）。

$$N_{PR} = C_C P_L Q_{VS} T_R \tag{D.4}$$

式中 C_C——测试过滤器所用的≥0.3μm空气颗粒的浓度，个/m^3；

P_L——测试颗粒透过过滤器且认为是泄漏的渗透率，不用百分比（例如0.01%），而是以实际比例给出小数（例如0.0001）；

Q_{VS}——LSAPC的采样流量，m^3/s；

T_R——探头在潜在泄漏处的静止探测时间（10 s）。

从泄漏位置获得的计数会随时间变化，现假设其分布方式符合泊松分布。N_{PR}的值是泄漏计数的平均值，而在静止测量过程中可能遇到的最小计数称为可接受泄漏计数（N_{AR}）。N_{AR}是确认泄漏存在的最小计数，由95%的置信下限（LCL）给出，则计算如下。

$$N_{AR} = N_{PR} - 2\sqrt{N_{PR}} \quad (D.5)$$

例如，通过式（D.4）计算的N_{PR}为100，则通过式（D.5）计算出的95%置信下限即可接受泄漏计数（N_{AR}）为80。如果在10s的静止扫描过程中测得的粒子计数大于80，即可确认真实泄漏的存在。

D.6 在过滤装置中发现泄漏的实例

现在以下面的例子说明对高效过滤器用LSAPC方法进行泄漏测试的步骤。该过滤器属于EN 1822 H14（ISO 45H）级，整体过滤效率≥99.995%。应采取以下步骤来确定泄漏点的位置。

步骤1：测试开始前，需要检查以下各项：

① 受试过滤器送风量正确，因此过滤器面风速正确。

② 测试气溶胶的选择。如果与光度计法中使用的气溶胶相同，则应查阅第8章的相关信息。如果需要固体惰性颗粒，应查阅本附录D.2部分。

③ 应为LSAPC及其探头选择以下标准值：

a. LSAPC的采样流量（Q_{VS}）为28.3L/min，即0.000472m^3/s。

b. 选择进风口为8cm×1cm的鱼尾探头，其扫描方向上的尺寸（D_P）为1cm。

c. 探头的扫描速度（S_R）为5cm/s。

步骤2：扫描时表明存在潜在泄漏的可接受计数（N_A）必须先行予以确定。为确保所需的气溶胶测试浓度不会过高，可接受的计数最好选择0或1。从过滤器的初步扫描可知，偶尔会出现颗粒计数。因此，选择的可接受计数为1。这样，潜在泄漏由2或更大的计数标示。

步骤3：知道可接受计数（N_A）为1，就能知道计算中需要使用的N_P值是多少。这可从表D.1中查得，为5.8。

步骤4：确定P_L。按受试过滤器类型，其泄漏比例应大于0.0001（0.01%）。

步骤5：现在可用式（D.2）计算扫描测试所需的颗粒浓度即气溶胶浓度。

$$C_C = \frac{N_P S_R}{Q_{VS} D_P P_L} = \frac{5.8 \times 0.05}{0.000472 \times 0.01 \times 0.0001} = 6.1 \times 10^8 (\text{个}/\text{m}^3)$$

应注意到的是，这与表D.2中给出的值相同。

查阅LSAPC制造商的资料可知，该颗粒浓度大于粒子计数器1×10^{7}个/m^{3}的重叠误差浓度。因此，应使用稀释器，以便能获得测试气溶胶浓度准确的LSAPC测试值。第10章讨论了稀释器。

步骤6：在过滤器上游引入测试气溶胶，并达到非常接近6.1×10^{8}个/m^{3}的恒定浓度。所选的气溶胶引入位置应有助于气溶胶的混合，并使过滤器下游浓度均匀。应确认气溶胶浓度的均匀性及其随测试时间推移保持住的一致性。

步骤7：应以5cm/s的速度扫描过滤器垫圈、外框和过滤介质。扫描方法见第8章。

步骤8：可接受泄漏值已选定为1，因此只有LSAPC记录下的粒子数为2或更大才能表明存在泄漏的可能。如果发生了这种情况，则应确定该泄漏处的准确位置。可以将鱼尾探头旋转90°并在该位置上前后扫描以准确定位泄漏点。定位后，可用一小块胶带标记泄漏位置。

步骤9：要确认扫描发现的潜在泄漏是真实泄漏，必须将探头置于该处保持10s的标准静止测量时间。用式（D.4）算出在这10s内表征泄漏的平均颗粒计数（N_{PR}），如下所示：

$$N_{PR} = C_C P_L Q_{VS} T_R = 6.1 \times 10^8 \times 0.0001 \times 0.00047 \times 10 = 287$$

但是，通过泄漏处的空气颗粒计数是有变化的，考虑到这种变动，可用式（D.5）计算出用来确认存在泄漏的最低可接受计数（N_{AR}）。

$$N_{AR} = N_{PR} - 2\sqrt{N_{PR}} = 287 - 2\sqrt{287} = 287 - 34 = 253$$

10s测试期间获得的实际颗粒计数结果是285，高于可接受的最低计数253，由此确认该处泄漏为实际存在的泄漏。应注意的是，只要实际计数超过了确认存在泄漏的最低可接受计数（N_{AR}），静止采样就可结束，并不一定非要保持到10s。

致谢

图D.2和图D.3是从Thermo Particle Technology的子公司Duke Scientific获得的。

附录E 颗粒沉积速率（PDR）的测量

光散射空气粒子计数器（LSAPC）法是测量洁净室空气中污染量的常用方法。但这种方法还是有局限性的。

按照ISO 14644-1:2015[7]对洁净室进行分级采用的颗粒在空气中的最大允许浓度，在第4章的表4.1中给出。该分级表表明，ISO 5级和更洁净的洁净室中超过5μm的颗粒计数不是为零就是非常低。然而，这种被称为大颗粒的粒子在洁净室中比所标示出的更为常见。原因是这些大粒径粒子在被检测并计数之前，有很大一部分就已经沉积，它们可以沉积在采样管中、采样头入口处和粒子计数器内。这些问题在第10章和附录G中进行了讨论。大颗粒会导致严重的污染问题，应该对其进行控制和监测。

已经表明，粒径小于5μm的颗粒主要通过通风系统去除，但较大的颗粒会通过重力沉积在洁净室表面上[39]。已经证明，粒径≥10μm的颗粒中有50%、粒径≥40μm的颗粒中有90%在表面沉积而不再悬浮于洁净室的空气中，其余的则通过通风系统被去除。因此，为正确地度量空气污染对产品或工艺的影响，不仅应测量空气中颗粒的浓度，还应该测量颗粒在表面的沉积量。

粒子计数器可测量洁净室空气中气浮颗粒的浓度。然而，这仅是对气流中存在的颗粒数量的测量，并不是对将沉积在关键表面上的颗粒数量的直接测量。为了获得从空气沉积的颗粒量，需要测量颗粒沉积速率（particle deposition rate，PDR）。如果PDR已知，且知道暴露于空气污染的关键表面的表面积以及表面暴露于污染的时间，就可以计算出可能的颗粒沉积量。以类似的方式，就能够获得以产品或工艺可接受的空气污染量为基准的洁净室所需的PDR水平。

本附录讨论了洁净室PDR的测量方法以及与PDR相关的一些计算公式。对所有粒径的颗粒都可以确定其PDR，但最常见的是针对粒径≥5μm的颗粒，即大颗粒，这是本附录的主题。此外，PDR的测量通常仅限于动态的洁净室。

颗粒沉降是测量颗粒在表面沉积的另一种方法，这在IEST-STD-CC 1246E（2013）《产品洁净度等级——应用、要求和测定》[40]中有描述。IEST-STD-CC 1246E（2013）主要关注的是为部件和产品表面颗粒污染设置水平。该标准还考虑了颗粒沉降，这是对产品或部件表面上可能来自洁净室空气中的颗粒数量的度量。虽然本附录主要关注的是PDR，但也提供了IEST-STD-CC 1246E（2013）中的相关信息。

不应将PDR与洁净室表面上的颗粒浓度相混淆，这是两个不同的测量值，应用方式也不同。洁净室表面的颗粒浓度通常以每平方米的颗粒数量表示，采样方法在ISO 14644-9:2022[42]中进行了描述。PDR是随时间推移空气中颗粒沉积在受试表面规定面积上的速率。PDR的测量单位通常是个/（m^2·h），采样方法在ISO 14644-3:2019[9]和ISO 14644-17:2021[41]中有描述。

E.1 PDR的计算

下面所列的公式可用于与PDR相关的一些计算[43-44]，这些计算包括：

① PDR的计算；

② 若PDR已知，据此计算将会沉积在关键表面上的颗粒数量；

③ 根据产品或工艺规定的表面污染量，推导出洁净室或洁净区所需的空气质量。

E.1.1 PDR的计算

随时间以累积粒径沉积到表面区域的颗粒的PDR，可以按式（E.1）计算。

$$\mathrm{PDR}\,(D)=\frac{C_{\mathrm{f}}-C_{\mathrm{i}}}{t_{\mathrm{f}}-t_{\mathrm{i}}} \tag{E.1}$$

式中 PDR(D) ——粒径≥$D_{\mu m}$颗粒的沉积速率，个/（m^2·h）；

C_f——粒径≥$D_{\mu m}$颗粒的最终表面浓度，个/（m^2·h）；

C_i——粒径≥$D_{\mu m}$颗粒的初始表面浓度，个/（m^2·h）；

t_f——最终暴露时间，h；

t_i——初始暴露时间，h。

或者，可以按下式计算PDR：

$$\mathrm{PDR}\,(D)=\frac{N(D)}{ta} \tag{E.2}$$

式中 $N(D)$ ——粒径≥$D_{\mu m}$颗粒的沉积数量；

t——关键表面的暴露时间，h；

a——暴露在颗粒沉积下的关键表面积，m^2。

E.1.2 利用PDR计算沉积的颗粒数

PDR的一个重要用途是计算可能沉积在关键表面（例如产品）上的空气悬浮颗粒数量。该计算可以使用下面的式（E.3）。

$$N(D)=\mathrm{PDR}(D)ta \tag{E.3}$$

只要将测量PDR的表面暴露在产品或工艺表面的近旁，且进行PDR测量的表面与产品表面有相同的水平夹角，式（E.3）就应可以很好地估计出将会沉积在表面（例如产品或工艺表面）上的颗粒数量。

空气中大颗粒沉积的主要机理是垂直向下的重力沉降[43]。因此，如果关键表面与水平面成一定角度的倾斜，则沉积的有效表面变小，沉积的颗粒数量可能被低估。为了克服这个问题，测试PDR的表面可以与倾斜的关键表面有相同的倾斜角。另一种方法是将产品的关键表面积乘以$\cos\alpha$来计算有效表面积，其中α是关键表面与水平面的夹角。

E.1.3 以可接受的表面污染量确定所需的PDR

如果洁净室或洁净区需要提供的洁净环境中，关键表面上的空气颗粒沉积量要处在可接受的水平内，则可以使用前面讨论的式（E.2）计算所需的PDR。

E.2 表面颗粒的测径

测量表面上的颗粒粒径时，通常在二维空间使用轮廓或投影粒径。最常测量的粒径见图E.1。

图E.1
粒径测量

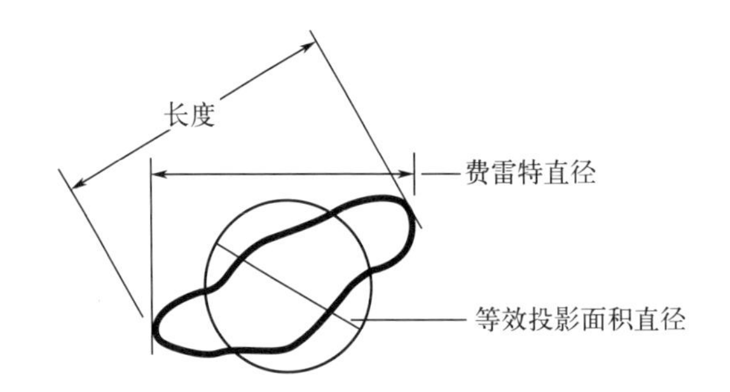

最大长度：是对颗粒最大长度的度量。

费雷特直径：在检测过程中，颗粒所在的表面沿一个固定方向运动，且颗粒的长度只能在运动方向上测量，则得到的粒径就是费雷特直径。

平均长度：测量颗粒的最大粒径和最小粒径，取其平均值作为直径。

等效粒径：颗粒通常形状不匀称，难以获得其准确粒径。因此，一般都是测量其等效粒径。

使用光学显微镜测量颗粒时，可以将颗粒与目镜标线中大小不同的系列圆圈进行比较，并选择能够包含住投影区域的最小圆圈直径作为等效粒径。附录G中描述了这种测径方法。

也可以用光束扫描受试表面获得等效粒径。各种光学方法使用颗粒反射的光量或颗粒遮蔽的光量来获得等效光学直径。这些方法将在讨论PDR测量仪时予以说明。

获得等效粒径的另一种方法是使用数字图像设备测量颗粒轮廓所占的表面积（A）。然后将等效直径计算为$\sqrt{\frac{4A}{\pi}}$（即以4倍表面积除以π，再计算结果的平方根）。

E.3 累积粒径计数和分段粒径计数

当使用ISO 14644-1: 2015中描述的方法测量洁净室空气中颗粒浓度时，或用ISO 14644-9中描述的方法测量洁净室表面上的颗粒浓度时，使用的都是累积粒径计数。测量PDR时也使用累积粒径计数。这里累积粒径计数包括所有大于或等于所关注粒径的颗粒。也可以测量分段粒径计数。这是指定某两个粒径之间的颗粒计数，IEST-STD-CC 1246E（2013）中描述的颗粒沉降测量使用的就是这种分段粒径计数方法。

表E.1中给出的信息显示了这两种计数之间的差异。第一行是分段粒径，第二行是分段粒径计数。第三行是累积粒径，第四行是累积粒径计数。可以将大于所关注累积粒径的全部分段粒径的计数相加，就可以获得该累积粒径计数。

表E.1 分段粒径和累积粒径的计数

分段粒径 /μm	5 ~ 15	15 ~ 25	25 ~ 50	50 ~ 100	100 ~ 200	200 ~ 500	>500	总计数
分段粒径计数	860	80	28	7	3	1	1	980
累积粒径 /μm	⩾ 5	⩾ 15	⩾ 25	⩾ 50	⩾ 100	⩾ 200	⩾ 500	总计数
累积粒径计数	980	120	40	12	5	2	1	980

E.4 PDR水平和颗粒沉降

为一个累积粒径设置一个不应超过的PDR，就可将PDR用于洁净室空气悬浮颗粒沉积的控制。或者，可以为各种粒径范围设置出各种水平，即颗粒沉积速率水平（PDRL），ISO 14644-17中有详细说明。PDRL用式（E.4）计算并列于表E.2中。

$$\mathrm{PDRL} = \frac{\mathrm{PDR}(D)D}{10} \tag{E.4}$$

式中，D为累积粒径，μm。

表E.2 颗粒沉积速率水平（PDRL）

PDRL	PDR/［颗粒数量/（m^2·h）］						
	≥ 5μm	≥ 10μm	≥ 20μm	≥ 50μm	≥ 100μm	≥ 200μm	≥ 500μm
1	2.0	1.0	0.5	0.2	0.1	0.05	0.02
10	20	10	5	2	1	0.5	0.2
100	200	100	50	20	10	5	2
1000	2000	1000	500	200	100	50	20
10000	20000	10000	5000	2000	1000	500	200
100000	200000	100000	50000	20000	10000	5000	2000
1000000	2000000	1000000	500000	200000	100000	50000	20000

IEST-STD-CC 1246E（2013）考虑了在制造或加工过程中，暴露于空气污染的表面上来自洁净室空气中的颗粒沉降，并确定了沉积在0.1m^2表面积上的系列粒径颗粒的水平，见表E.3。需要注意的是，其表面浓度与时间的关系与PDR不同。颗粒沉降水平是在表面暴露时间结束时测出的浓度。还应注意的是，给出的颗粒粒径是分段粒径而不是累积粒径。

表E.3 IEST-STD-CC 1246E（2013）规定的颗粒沉降水平

粒径/μm	颗粒沉降水平								
	25	50	100	200	300	400	500	750	1000
5 ~ 15（不含）	2	5	14	47					
15 ~ 25（不含）	1	2	5	15	33	58			
25 ~ 50（不含）	1	1	4	12	27	49	78		
50 ~ 100（不含）		1	2	6	13	23	37	91	
100 ~ 250（不含）			1	3	6	10	16	41	80
250 ~ 500（不含）					1	2	3	8	15
500 ~ 750（不含）							1	1	3
750 ~ 1000（不含）								1	1
1000 ~ 1250（不含）									1

E.5 PDR的测量方法

按测量装置类型可以很方便地将PDR的测量方法分为两种，即表面代测件（也称为验证件/盘）和自带采集表面的测量仪。

E.5.1 表面代测件

确定PDR的常用方法是将表面代测件暴露特定时间并确定沉积在其已知表面积上的颗粒数量。表面代测件可以是正方形、圆形或矩形，面积通常约15 ~ 100cm^2。其表面由玻璃或塑料等光滑材质制成，以便更容易地将颗粒与背景区分开来。

常见的表面代测件类型如下：

（1）光学显微镜所用的载玻片。

（2）可容纳图E.2所示类型的47mm膜过滤器的培养皿，既可以与47mm膜过滤器一起使用，也可单独使用。

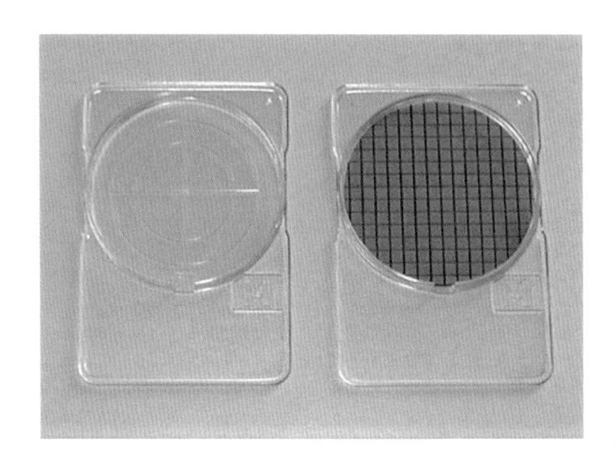

图E.2
用作表面代测件的培养皿，右侧的含有一个47mm的格膜

（3）圆形玻璃表面。在输送盒中暴露着的圆形玻璃表面如图E.3所示，其盒盖已移除。玻璃表面暴露后可对其进行自动扫描，以测定暴露期间指定表面区域沉积的颗粒数量和粒径。

图E.3
放置在输送盒内裸露的圆形玻璃表面代测件

（4）与颗粒沉降（PFO）光度计一起使用的表面代测件。该代测件由固定在框架中的深色光滑玻璃制成，如图E.4所示。将其暴露之后，插入测量表面颗粒污染的光度计中。光度计测量区域的直径为15mm，暴露表面的面积则为18.9cm^2。

图E.4
与PFO光度计一起使用的表面代测件

（5）半导体制造用的空白硅片。

现在描述如何使用表面代测件测量PDR。ISO 14644-3、ISO 14644-17和ASTM E2088-06（2015）[45] 提供了更多信息。

① 采样开始前，应验证洁净室处于运行状态，通风系统、机器设备运行正常，洁净室人员数量正常。

② 通过编号或记下序列号来识别每个表面代测件。

③ 彻底清洁每个待测件表面，确保上面存在的表面颗粒量最少。通常使用洁净室擦拭布完成此工作，也可以使用其他有效的方法。其表面颗粒计数（背景计数）应小于暴露后预期计数的10%。该计数用作初始计数。

④ 留有5%数量的表面代测件，至少一个，作为对照件。除了不暴露于洁净室中的空气沉积物外，对照件的运作方式应与准备暴露的代测件完全相同。

⑤ 将所有表面代测件和对照件以确保不被污染的方式运送到测试位置，例如，在密闭容器中（见图E.3）。

⑥ 在洁净室中，如果容器（输送盒）内放有多个表面代测件，取出各个代测件并将其放置在所研究的关键表面近旁。如果输送盒中只有一个表面代测件，则该盒子应放置在靠近关键表面处并打开以使代测件暴露在室内空气中。要确保受测表面上的静电荷与所研究的表面上的静电荷相同，以免静电吸引产生额外的颗粒沉积。如果代测件由导电材料制成，或者与所研究表面有电气连接，就可以防止这个问题。

⑦ 将表面代测件暴露足够长的时间，确保获得的计数高到可以给出准确的结果。根据洁净室的空气洁净度标准和洁净室中正在进行的活动，所需的暴露时间可能是几个小时或几天。代测件必须在运行期间暴露在洁净室中。因此，可能有必要将其暴露在若干个生产阶段中，并在这些生产阶段的间隔时段将其覆盖。

⑧ 最好确保在暴露期间沉积代测件上的颗粒数量达到5个或更多，尽管更低的数量可能是可以接受的。如果代测件上的背景计数高，则最终计数更应该高。

⑨ 将对照件（一个或多个）从容器中取出（但不应将其暴露于空气沉积物），并进行更换。测量时，对照件表面上的计数应该与测试开始时的计数相当。如果不是这样，则应改进测试方法。

⑩ 从每个表面代测件暴露后的计数中减去暴露前的背景计数。用此结果以及代测件的表面积和暴露时间来计算PDR。

E.5.2 表面代测件上颗粒的计数方法

可以通过多种方法确定从空气中沉积到表面代测件上的颗粒的大小和数量，这些方法大致分为显微仪器法和自动仪器法。

（1）显微仪器法

传统上，表面代测件上较大颗粒的测径和计数，常使用目镜上带刻度的光学显微镜，该方法在附录H中做了描述。现代的替代方法是用数字显微镜。如果需要，来自显微镜的图像可以传输到显示屏上。也可以使用自动扫描台和图像识别系统。

电子显微镜可用于低至约0.1μm小颗粒的测量。膜过滤器可用作表面代测件，在暴露于空气污染后，膜被安装在短柱上，便于在电子显微镜下进行检查，确定颗粒的大小和数量并计算PDR。

（2）自动仪器法

这些仪器可对沉积在代测件表面上的颗粒进行自动测量和计数。可以测量的最小粒径因仪器的类型而异，被扫描的表面积也因仪器而异。

可以用颗粒沉积监测仪（图E.5）自动扫描表面代测件。该仪器使用光束扫描旋转着的表面代测件，并通过光学粒径图像系统对粒径≥5μm的颗粒进行计数。

图E.5
颗粒沉积监测仪对表面代测件上的颗粒进行计数

半导体洁净室中常使用仪器扫描硅晶片表面来检查上面的颗粒。这种情况下，裸硅晶片可用作表面代测件，并在特定时间内暴露于颗粒沉积。该仪器可对小至约0.1μm的颗粒进行计数，并可计算PDR。

还可以使用颗粒沉降（PFO）光度计测量PDR，该光度计要使用图E.4所示的表面代测件。该表面代测件应按规定时间暴露在洁净室中，然后插入PFO光度计（图E.6）中进行测量。一束光以接近水平的角度照射到表面代测件上，并测量被颗粒散射的光量。但这并不是对各个颗粒进行计数，记录的是颗粒总遮蔽率（即颗粒总表面积与受测总表面积之比），并以百万分之几表示。

E.5.3 自带采集表面的自动化仪器

除了表面代测件之外，还有配备了颗粒采集表面的自动化仪器。其采集表面是仪器的组成部分。仪器放置在关键表面附近并按指定的时间暴露在空气中，可自动测出沉积在已知测试表面积上颗粒的大小和数量，并获得PDR。这些仪器也可用于监测PDR随时间的变化。下面介绍几种自动化仪器。

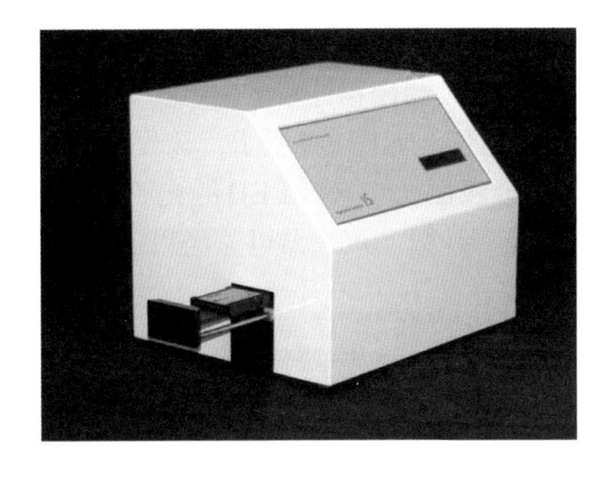

图E.6
表面代测件
从侧面插入的
PFO光度计

Cleapart颗粒沉积测量仪：在该仪器中，颗粒沉积在$100cm^2$的玻璃采集表面上，即图E.7所示仪器的顶部表面上。通过受测表面下方LED光源进行扫描来测量沉积的颗粒。被颗粒散射的光被聚焦到一个高分辨率数字系统上，该系统对粒径大于5μm的颗粒进行测径并计数。每7min扫描表面一次，可以给出不同粒径颗粒的计数。

图E.7
Cleapart颗粒
沉积测量仪

激光颗粒沉积仪（APMON）：如图E.8所示，仪器内有几个倾斜45°的玻璃采集表面，采集总表面积为$50cm^2$。宽束相干激光穿过这些玻璃表面到达检测器。落在测试表面上的颗粒会在激光束中产生干涉图案，从而产生全息图像，可对粒径≥20μm的颗粒进行测径和计数，并可监测PDR，最短采样时间4min。

图E.8
APMON

颗粒沉积监测仪（PDM）：PDM是测定沉积在表面代测件上的颗粒粒径和计数的仪

器，见图E.5。该仪器也可用于监测PDR，即在仪器上安装表面代测件，对随时间流逝而沉积的粒径≥5μm颗粒进行连续测径和计数。

XCAM 1000表面颗粒监测仪：如图E.9所示，该仪器有四个总表面积为4cm²的采集表面，颗粒就沉积在这四个表面上。来自LED的光照射到这些表面上，粒径≥5μm的颗粒阴影由图像传感器测径和计数。该仪器可监测PDR随时间的变化。

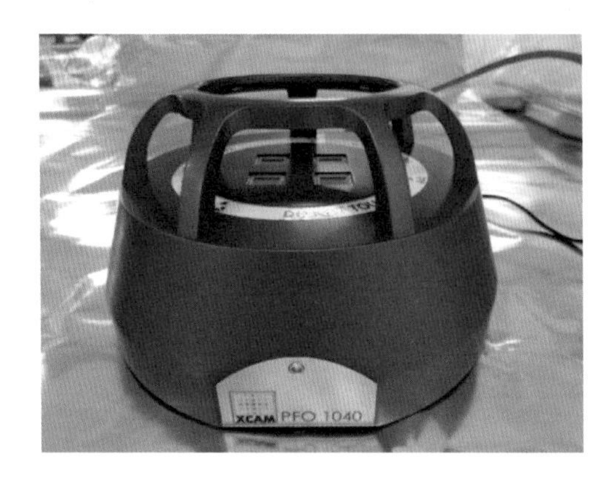

图E.9
XCAM 1000表面颗粒监测仪

可以使用上面列出的仪器，按下述方法获得PDR。

① 确定用于PDR测量的自动化仪器具有当前的校准证书。

② 采样开始前，确认洁净室的通风系统工作正常，洁净室处于运行状态，机器设备正常工作，洁净室内人员正常。

③ 获得初始颗粒计数。两次计数之间一般不会对采集表面进行清洁，这是由于测量是按顺序进行的，某次测量的最终计数就是下一次测量的初始计数。但是，当采集表面上的颗粒积累过多时，应清洁表面或更换。

④ 设置仪器的运行时间，或记下采样开始时间。

⑤ 采样时间应足够长，以采集足够多的颗粒使计数准确。无颗粒的采集表面上每次测出的沉积颗粒增加数量最好达到5个，虽然较低的数量也是可以的。如果背景计数量大的话，则可能需要不止5个计数。

⑥ 暴露时间会根据空气中的洁净度而有所不同，可能是几个小时或几天。由于只能在动态下进行测量，因此可能需要在多个工作周期内进行采样。所以，有必要在采样时间以外保护仪器的测试表面没有颗粒沉积。

⑦ 用测得的已沉积在测试表面上的颗粒数减去初始计数，即可获得该时段沉积的颗粒数量。知道暴露时间和采集表面的表面积，就可以得到PDR［颗粒数量/（m²·h）］。此值通常可由仪器计算出来。

E.6 PDR计算示例

用下面的例子来说明计算PDR的方法。

使用采集表面积为60cm²（0.006m²）的玻璃代测件来确定粒径≥5μm颗粒的PDR。对代测件进行彻底清洗后，测定其表面粒径≥5μm颗粒的数量，结果为2个。然后将此洁净的表面代测件水平放置在与关键表面相邻的表面上。关键表面即产品所处的暴露于颗粒沉积的位置。该表面代测件在生产制造期间暴露了3h后，测量代测件上粒径≥5μm颗粒的数量，结果为7个。然后使用式（E.2）计算粒径≥5μm颗粒的PDR。

$$\mathrm{PDR}\ (5)=\frac{N(5)}{ta}=\frac{(7-2)}{3\times0.006}=278\text{个}/[(\mathrm{m}^2\cdot\mathrm{h})]$$

如果需要，可以从表E.2中查找PDRL。表E.2显示，PDR为278个/（m^2·h），则其PDRL介于100和1000之间，PDRL应为1000。但是，表E.2中的PDRL之间的差异是10倍数量级，如果需要更准确的PDRL，可以用式（E.4）计算。

$$\mathrm{PDRL}=\frac{\mathrm{PDR}(D)D}{10}=\frac{278\times5}{10}=139$$

E.7　计算气浮颗粒在关键表面上的沉积

如果PDR已知，则可以计算关键表面可能受到的空气传播颗粒的污染。以一个水平表面积为10cm^2（0.001m^2）、在生产制造过程中暴露于空气污染10min（0.167h）的产品为例。与产品相邻的表面上≥5μm颗粒的PDR已在上一节中确定为278个/（m^2·h），此值用于本示例。如果产品表面有一定的水平角度倾斜，则最好将代测板以相同倾斜角度来获取PDR。制造过程中从洁净室空气中沉积在单个产品上≥5μm颗粒的数量可以使用式（E.3）计算。

$$\text{颗粒沉积数量}=\mathrm{PDR}(5)ta=278\times0.167\times0.001=0.046$$

这个结果相当于每100个产品中有4.6个产品上会有颗粒沉积。

E.8　设置PDR限值

通过计算PDR，可以将沉积在产品或其他类型的关键表面上的气浮颗粒污染量保持在可接受的范围内。例如，已规定在制造过程中有粒径≥5μm的颗粒沉积的产品每100个中不应超过1个，亦即每个产品上沉积的颗粒不应超过0.01个。其他参数与之前相同，即产品的面积为10cm^2（0.001m^2），在制造过程中水平暴露于空气污染的时间为10min（0.167h）。可以使用式（E.2）计算粒径≥5μm颗粒的最大PDR，也就是会达到可接受的表面污染量的最大PDR。

$$\mathrm{PDR}\ (5)=\frac{N(5)}{ta}=\frac{0.01}{0.001\times0.167}=60[\text{个}/(\mathrm{m}^2\cdot\mathrm{h})]$$

ISO 14644-17: 2021中提供了ISO 14644-1等级与PDR级别粗略关系的相关信息。查阅ISO 14644-17: 2021可知，在ISO 3级环境中很有可能达到60个/（m^2·h）的PDR。获得这个信息后，通过适当的措施强化污染控制，就可以设计出合适的洁净室或洁净区。但是，这种方法可能会受到许多无法预测的变量的影响，并且所需的ISO等级可能不准确。然而，在本示例中，显然需要的是高水平的污染控制。

E.9　PDR的监测

可以在生产制造过程中对PDR进行监测。进行此项监测是为了确保PDR不超过所需的水平，该水平可确保产品或工艺的颗粒污染量是可接受的。监测也可用于识别污染源，这是通过将PDR水平的增加与洁净室中正在进行的活动相关联来实现的。当确定了使PDR上升的源头后，可以采取措施降低污染风险。

ISO 14644-2:2015[8]中提供了有关监测洁净室的信息。本书的附录A也提供了监测洁净室的相关信息，附录B提供了如何选择监测位置以及如何设置告警值和干预值这类控制值的相关信息。可以查阅这些信息以获取PDR监测方面的应用信息。

致谢

表E.3经美国环境科学与技术学会（IEST）许可从IEST-STD-CC1246E复制于此。图E.3以及图E.5经SAC Nederland bv许可复制于此。 经Ingenious Systems许可复制了图E.6。图E.7经Bertin Technologies许可复制。图E.8经Technology of Sense b.v. 许可复制。图E.9经XCAM Ltd. 许可复制。

附录F　送风量、排风量和压差的调节

非单向流洁净室中的空气污染物浓度取决于其获得的过滤了的空气量。若污染源强度恒定，则供应的空气越多，污染物浓度越低。此外，为了尽量减少洁净度较差的相邻区域的空气污染进入洁净室，洁净室的空气应该向外流动。这是以洁净室相对于相邻区域保持正压来实现的。为达到这两个要求，应对连片洁净室的送风量和排风量进行调节。这通常称为气流平衡。

处理有毒化学品、放射性物质和病原微生物时使用的是负压隔离洁净室。这种情况下，负压差将确保空气从相邻区域流入室内，并将空气中的污染物限制在洁净室内。负压洁净室的送排风调节方法与正压洁净室类似，但本附录不予讨论。但是，只要适当改用一下本附录中的信息，就可以正确平衡连片负压洁净室中的气流。

所有类型的普通机械通风房间（例如办公室和酒店）都需要风量调节。但在洁净室中必须调节得更精确，还需要确保房间之间保持正确的压差。空气调节是在洁净室调试期间进行的，但在洁净室的寿命周期内也可能需要纠正其所发生的任何变化。该项任务通常由有专业工程师和技术人员的公司来完成。本附录中讨论的就是该调节方法的基本信息。

F.1　送风量和排风量需要调节

当工程师设计空调系统时，他们会计算风管及部件的尺寸，以使整个通风系统的压降很低。并且，这些尺寸与所需的送风量和排风量相适。如果设计完好，那么当空调装置开动时，每个送风口的送风量和每个排风口的排风量都应该是正确的。然而，这种情况不太可能出现，因为可用的风管尺寸以及其他组件不是无限的，并且实际压力损失可能与设计计算中得出的结果有所不同。因此，需要对气流进行平衡。

因为洁净室在送风管道的末端装有高效过滤器，平衡洁净室的空气供应通常比办公室和酒店等普通机械通风房间更容易。这些高效过滤器的压降（阻力）远大于风管中气流的阻力，因此，空气供应量主要受过滤器阻力的影响。如果空气过滤器的额定压降与所需的送风量正确匹配，则进入每个房间的气流应接近所需的送风量。但是，这种匹配不太可能是完美的，需要对空气进行一些调节。另外，正压洁净室的排风系统中通常没有高效过滤器，风管中的压降更小，气流更难以平衡。应注意的是，在本附录中，“排风”一词包括从洁净室机器排出的所有空气，包括了再循环到空调装置的空气和排放到大气中的空气。

洁净室，尤其是那些设计比较简单的洁净室，通常用手动风门来调节风管中的气流使其达到平衡。也可以使用自动装置对空调设备和空气配送系统的气流进行控制与调节。此类装置包括：安装在送风管中的定风量风门、排风管中通过实时测量压差来进行控制的变风量主控风门、调节风机转速自动控制装置，以补偿因过滤器积尘所导致的空气供应量的降低。尽管手动调节的系统可以有效地运行，但使用自动装置有助于确保每个洁净室送入和排出的空气量正确并恒定，且洁净室之间的压差亦正确并恒定。使用自动风门也将大大减少对送排风量的手动调节和平衡。

采用自动风量与压力控制的通风系统，其设计、安装和调试的说明超出了本书的范围，因此这里不予讨论。然而，欲设计和理解这些自动化系统，就必须彻底理解本附录中讨论的平衡和调节的原理。

如果通风系统设计成可在非工作时间减少洁净室的气流以节省能源，则还需要另外的控制机制来降低送排风量。

一种有效且常用的送排风量调节方法是由Harrison和Gibbard首次描述的比例平衡法[46]。英国特许建筑服务工程师学会（Chartered Institution of Building Services Engineers，CIBSE）采用了这种方法，并在其空气配送系统调试标准A中做了解释[47]。美国国家环境平衡局（NEBB）也有一个标准步骤[48]，描述了一种比例法，以及另一种“分步”法。ANSI/ASHRAE标准111-2008（R2017）[49]中也提供了一些调节方面的信息。

F.2 比例平衡理论

图F.1所示的简单送排风系统中，来自空调机组的送风沿着主风管分别送到供应房间1的支管A以及供应房间2的支管B。房间1的送风量为V_A，房间2的送风量为V_B。房间1和2的送风管分开点称为节点A，房间2的回风管与房间1的回风管的汇合点称为节点B。支管A上节点A和节点B之间的气流阻力为r_A，支管B中的阻力为r_B。这里不考虑风管或洁净室的空气泄漏。

图F.1
送排风系统

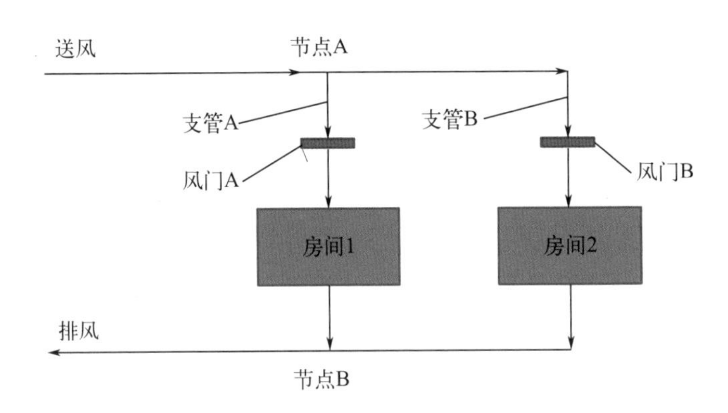

风管中气流阻力造成的压降用下式计算：

$$\Delta p = rV^2 \tag{F.1}$$

式中　Δp——压降；

r——风管对气流的阻力；

V——送风量。

图F.1中，支管A的送风量为V_A，节点A和B之间的空气阻力为r_A。在支管B中，送风量为V_B，节点A和B之间的阻力为r_B。两个支管的压降必须相等，即

$$r_A V_A^2 = r_B V_B^2$$

所以，

$$\frac{V_B}{V_A} = \sqrt{\frac{r_A}{r_B}} = 常数 \tag{F.2}$$

式（F.2）说明，两个房间的送风量比值（V_B/V_A）将保持不变，与主风管供应给两个房间的总风量变化无关。送风量和排风量的调节就是以此为依据的，本附录将通过实例说明其使用方法。

F.3 调节连片洁净室的送风量

调节每个洁净室的送风量之前，必须检查通风系统以确保：

① 风管经过气密性测试，符合相关规范性文件的泄漏要求。

② 风量控制风门已安装到所有风管并完全打开。

③ 送排风系统都在运行，能够达到所需的送排风总量。

④ 送风总量应设定在设计值的110%左右，排风总量应设定在设计值。

⑤ 应配备合适且经过校准的气流测量仪，例如皮托管和风量罩。

现以图F.2所示简单连片洁净室的房间平面图和送风管道系统配置为例，说明如何调节洁净室的空气供应（送风）。

图F.2
连片洁净室的送风管道系统

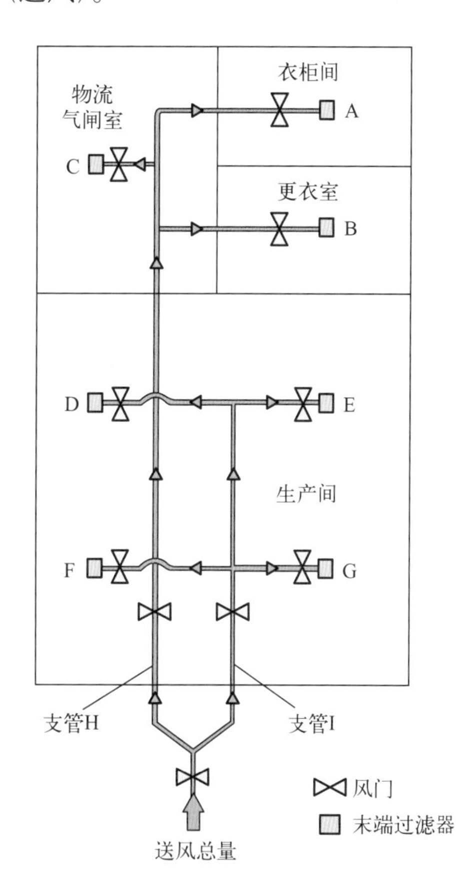

图F.2所示洁净室的送风管道系统有两个主要支管（支管H和 支管I），来自空调机组的送风经由这两个支管送至各洁净室。支管H的送风供应到物流气闸室、衣柜间和更衣室，支管I的送风供应到生产间。支管H向更衣室A的进风口、更衣室B的进风口、物流气闸室C的进风口的送风量分别为：$2.0m^3/s$、$1.0m^3/s$和$1.0m^3/s$。洁净生产间的送风量为$8.0m^3/s$，该房间顶棚上的四个进风口（D、E、F、G）的送风量相等，各为$2.0m^3/s$。

调节送风量的第一步是在所有风门全开的情况下测量每个送风终端的送风量。采用第6章中描述的方法，在风管中用皮托管测量得最准确。但是，通常用的是图F.3所示类型的风量罩，因为此阶段尚不需要确切的送风量。

图F.3
用风量罩测量房间进风口的风量

然后用式（F.3）计算每个空气供应终端的R值：

$$R=\frac{\text{测得的送风量}}{\text{设计送风量}}=\frac{V_M}{V_D} \tag{F.3}$$

从R值的计算中，可以识别出气流供应比例最低的风管。该风管是空调机组最难供应空气的风管，被称为基准风管。其风门在整个调节过程中应保持全开，以实现送风系统最大的能源效率。平衡调节一般从这个进风口开始。

现在采取以下步骤来按比例平衡各个进风口的送风量。表F.1仅给出了平衡支管H的相应信息。

① 测量支管H供应的三个进风口的风量。将这些测量值与设计气流进行比较，并计算每个进风口的R值。

② 确定基准风管，即R值最低的风管。表F.1中显示的是进风口A。

③ 测量进风口B的送风量，调节风管上位于进风口B处的风门，直到R值与基准进风口A相同。调节应反复进行，直到两个进风口的R值相同。

④ 测量进风口C的送风量，不断调节风管上位于进风口C处的风门，直到R值与基准进风口A相同。

⑤ 如表F.1所示，现在所有三个进风口的R值都相同，尽管它们的送风量并不正确。

表F.1　支管H三个进风口的比例调节结果

进风口编号	C	B	A
设计风量 V_D/（m^3/s）	2.0	1.0	1.0
进风口测得的风量 V_M/（m^3/s）	2.2	1.2	0.9
$R=V_M/V_D$	1.1	1.2	0.9
* 进风口 A 为基准进风口 *	—	—	*
调节风门 B 使进风口 A 与进风口 B 的 R 值相等	—	1.1	1.1

续表

进风口编号	C	B	A
测量进风口 A 与 C 的风量 / (m^3/s)	2.30	—	1.1
计算支管 C 的 R 值并调节其风量使其与支管 A 的 R 值相同	1.1	—	1.1
三个进风口实现相等的 R 值	1.1	1.1	1.1

重复步骤①~④来平衡生产间中由支管I供应的四个空气终端（进风口）。确定这组进风口中的基准风管并依次调节其他三个进风口的风门，直到所有进风口的R值相同。

调节支管H和支管I间的R值以使它们相等。必须测量风管H和风管I中的送风量来找到基准风管。风量罩不能在风管内使用，因此应使用皮托管（图F.4）和第6章中描述的横贯法。应调节送风量，以使支管H和支管I的R值相同。

最后，将连片洁净室的送风总量正确地调节到设计值。这里要再次强调，该风量通常必须通过精确的管内方法测量，例如皮托管。完成此操作后，图F.2所示连片洁净室中的所有进风口都应有正确的风量。然而，实际上可能还需更多的调节才能到位，这些调节是通过重复上述部分的或全部的步骤来完成的。

图F.4
使用皮托管测量风管中的送风量

调节后，送风量与设计值可能有少许偏差，有一定公差是可以的。然而，在需要规定空气洁净度标准的洁净室中，供应的空气量不应低于设计值，这一点很重要。表F.2中给出的公差是CIBSE严格控制空调系统公差的调试标准A[47]中所规定的，可以用于洁净室。

表F.2　洁净室送风量调节后的风量公差

各进风口	各支管	总风量
0% ~ +10%	0% ~ +5%	0% ~ +5%

送风量，特别是生产洁净室的送风量，要进行定期测试或持续监测，以此来表明所需风量的持续供应。如果是连续监测，则可以进行自动控制。

如果在洁净室中连续监测送风量，监测中可以使用不同的管控等级，例如用于预级和告警级来分别表示需要检查或需要纠正的偏差。如果使用告警值和干预值的话，以下控制级别和监测方法可用于监测。

① 各个进风口：送风量可按各自设计值的110%调试。如果需要，干预值可以设置为<100%设计值，告警值可以设置为<105%设计值。送风量可以通过风量罩定期测试和认证。可能没有必要监控所有的进风口，而是监控向各进风口送风的支管的送风总量。

② 风管支管：可按设计值的105%进行送风量调试。干预值可以按 <100%设计值设置，如果需要，可以将告警值设置为 <105%设计值。不能使用风量罩来测量风管支管中的空气供应量，而需要使用皮托管横贯法或第6章所述类型的风管内的监测方法。

③ 送风总量：送风总量可按设计值的105%调试。可以使用 <100%的设计值作为干预值，如果需要，可以将告警值设置为 <105%设计值。送风量的测量可以使用第6章中的方法测量。

F.4 排风量和压差的调节

设计连片洁净室时的标准做法是，确保最洁净的洁净室比相邻的不太洁净区域有更高的压力。这能确保受污染的空气不会从不太洁净的区域流入较洁净的区域。英国标准5295（现已撤销）曾建议，门关闭时两个洁净室之间的压差为10Pa，洁净室与未分级区域之间的压差为15Pa。FDA指南（2004）[14] 建议相邻洁净室之间需要10 ~ 15Pa的压差，与英国标准相似。洁净室在经历了好几十年的安装与运行后，证明这样的压差通常作用良好。

为了获得任意两个洁净室之间的压差，通常是先测量连片洁净室中每个洁净室与一个公共参考点之间的压差。该参考点通常位于外走廊。然后，减去这两个洁净室每个与外走廊之间的压差，就可得到任意两个洁净室之间的压差。

图F.5是连片洁净室的平面图。此图已经在第7章中显示过，如果需要，可以在第7章中获得有关压差以及压差测量的更多信息。

图F.5中显示的压差是洁净室还比较新的时候设置的压差。但是，随着时间的推移，压差会下降，因为空气过滤器会慢慢变脏，这会使气流通过受限；而且洁净室结构的密封性可能会降低，致使漏气增加。维护将最大限度地减少这些问题，但通常在压差指标中加入5Pa的安全余量来对此进行补偿。如果使用恒定风量控制并使用恒定压力风门，则可以将压差设置为所需的压差，但没有安全余量。所以，压力的任何增加都不应过大，否则，更高的风机功率需要消耗更多的能量。此外，根据压差范围的状况，可能会出现门缝啸叫声和开关门有阻力的情况。例如，生产间到外走廊还有安全门，或者实际压差比图中给出的数值高，那么图F.5所示的连片洁净室中就有可能出这样的情况。

一般的连片洁净室中，供应到洁净室的空气需要使用前面描述的方法进行调节。从洁净室排出的空气也需要进行调节，以使正确的正压得以建立并予以维持。

图F.5
连片洁净室各区域间的压差和气流

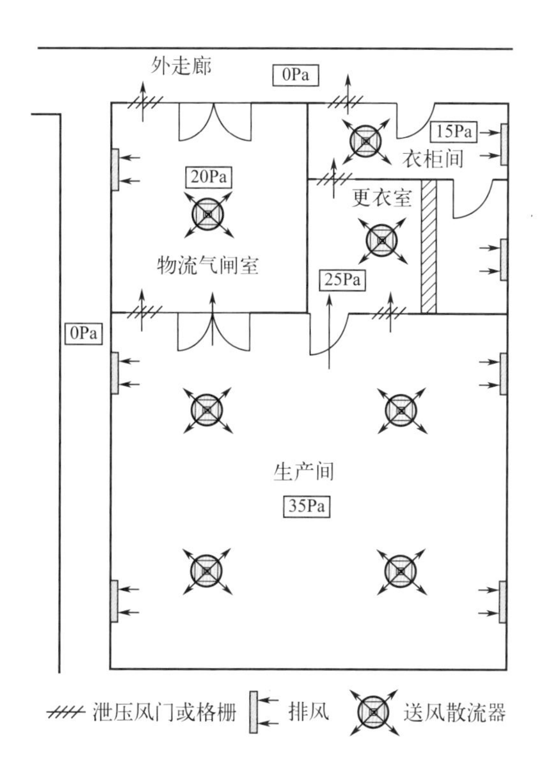

洁净室中实现正确压差所需排风量的设计计算，需要考虑通过门缝和洁净室结构的泄漏而流出洁净室的空气量。此外，还必须考虑安全柜和类似设备从房间中排出的空气。然而，能够实现所需压差的排风量是很难计算出来的。假设的门缝漏风量可能并不正确，因为实际安装的门套件与设计计算中使用的门套件不一样。此外，地板的铺设可能比预期的或高或低，或者不平整，使门底缝与设计计算的底缝不同。通过墙壁和顶棚的接缝以及通过公用服务设施凿壁穿孔的空气泄漏，也可能与设计值有偏离。因此，应始终认为排风量的设计值只是最佳估值，而连片洁净室的排风量需要调节才能获得洁净室之间正确的压差。

据作者所知，建立各洁净室间正确压差的标准方法尚未公布。与调节送风量所用的方法相比，常用的压差设定方法似乎没有那么系统化。以下方法可能是合适的。

首先，确保连片洁净室中所有门都是关闭状态，并且规定的送风量已经确立。然后，应将排风量设置为其设计值。没有必要花费太多时间来确保排风量的准确性，因为为了获得洁净室之间的正确压差，排风量很可能还需要调节。

从参照压力所在的外走廊开始，调节外走廊紧邻房间的排风量，并获得正确的压差。如果使用了泄压风门，则应将压差设置为该风门处于打开状态时的压差。图F.6给出的例子中，走廊与物流气闸室之间的压差为20Pa，走廊与更衣室之间的压差为15Pa；应通过调节排风风门来调节这些压差。然后，将外走廊与更衣室的压差设置为25Pa，生产间与外走廊的压差设置为35Pa。随着调节的进行，必须返回之前的调节处以重新建立正确的压差。可能还需要进一步调节送风量。如果一切顺利，风量调节的结果就是连片洁净室既有正确的送风量又有正确的压差。

图F.6
连片洁净室中的
排风管和风门

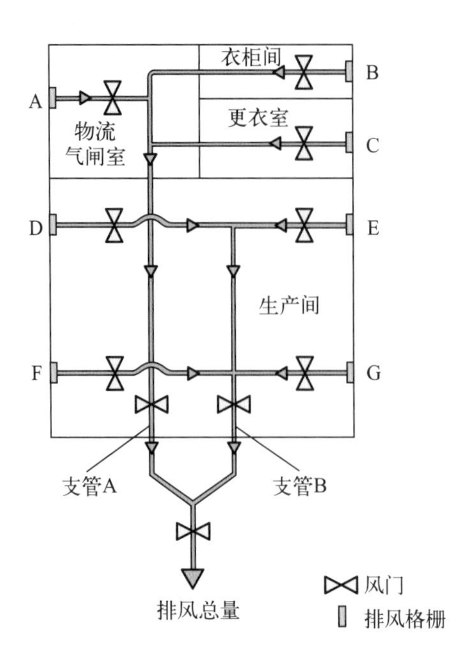

总之，本附录并非旨在为读者提供洁净室送风量调节和压差调节的详细步骤，也未穷尽这些方法的方方面面，而仅仅是说明了其基本原理和程序。

附录G 空气中纳米颗粒与大颗粒的测量

洁净室和洁净区中气浮颗粒测量最常用的仪器是第11章中描述的光散射空气粒子计数器（LSAPC），简称粒子计数器。该仪器用于洁净室的测量以确保室内空气中颗粒浓度不超过按ISO 14644-1: 2015 [7] 所选的等级限值。粒子计数器通常测量ISO分级方法指定范围内的气浮颗粒。然而，还有其他的仪器可测量小于（即纳米颗粒）或大于（即大颗粒）粒径范围的颗粒浓度，这些方法在本附录中进行了描述。

G.1 纳米颗粒的测径和计数

洁净室中粒径为0.1 ~ 5μm的空气悬浮颗粒通常由粒子计数器进行测径和计数。但是，在洁净室中还存在粒径小于0.1μm（100nm）的空气颗粒。这些颗粒被称为纳米颗粒，有时也被称为纳米尺度粒子或艾特肯粒子。如果洁净室中的产品或工艺容易受到空气中纳米颗粒的污染，则可能需要测量这些粒子的浓度。

纳米颗粒的浓度通常是在处于运行状态的洁净室的关键位置上进行监测的，因为它们主要是在生产过程中产生的。ISO 14644-12: 2018《以纳米尺度颗粒浓度监测空气洁净度的技术要求》[28] 中描述了洁净室中使用的监测方法。

洁净室中对空气中纳米颗粒进行计数的仪器通常是凝聚核粒子计数器（CPC），也被称为凝聚核计数器（condensation nuclei counter，CNC）。但该术语在洁净室行业中并不那么常用。CPC的工作原理是将超纯水或酒精等液体凝聚到纳米颗粒上，使其体积变大。然后，通过类似于粒子计数器的光学测量系统对这些增大了的纳米颗粒进行计数。如果在洁净室中制造的产品容易受到酒精的化学污染，则选择使用超纯水的CPC。然后，再用光学测量系统或类似光散射空气粒子计数器那样的仪器对这些增大了的颗粒进行计数。

图G.1显示了CPC的主要组成部分。来自洁净室的空气进入仪器的进气口并通过一个加热饱和器，酒精或超纯水在饱和器中被蒸发从而使通过的空气饱和。然后，饱和空气中含有的颗粒进入生长段，空气在生长段被冷却，酒精或水凝结在纳米颗粒上并增加了其粒径。使用酒精的CPC，通常可使颗粒粒径增大至3 ~ 10μm。然后，纳米颗粒通过一个类似于粒子计数器中所用的光学检测器。当粒子通过一束激光时，光被粒子散射。从每个粒子散射的光被收集并聚焦到光电探测器上，并被转换成电脉冲，脉冲幅度用于识别大于某特定粒径的所有粒子。

凝聚粒子计数器通常用于低至约10nm粒子的计数，探测下限接近1nm。CPC不区分不同粒径的颗粒，而是计算所有超过给定粒径的颗粒。这是由CPC的设计决定的。洁净室中通常测量的是大于10nm的颗粒，因为这可以用2.83L/min（0.1ft^3/min）的空气采样流量。在更高质量的洁净室（例如ISO 1级和ISO 2级）中，需要这样的空气采样量在合理短的时间内，完成低浓度纳米颗粒的测量。

图G.1
凝聚粒子计数器

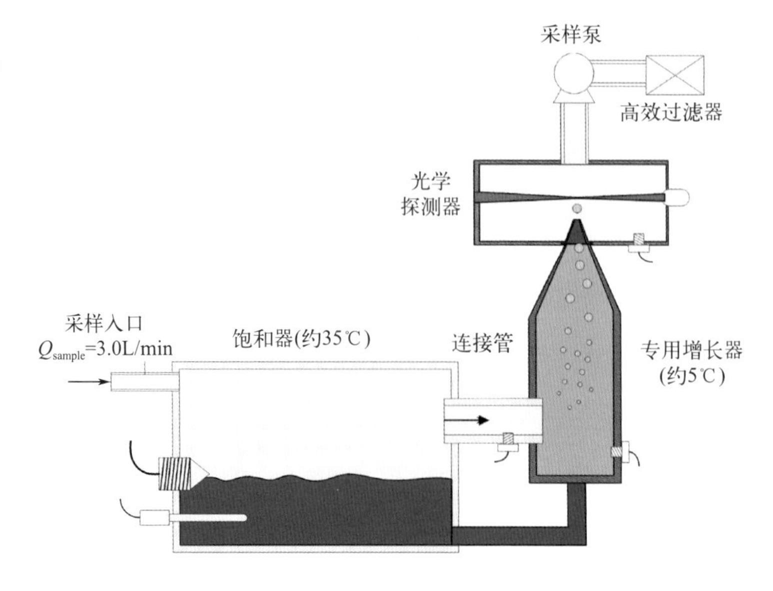

G.2 大颗粒的测径和计数

在洁净室空气中粒径大于5μm的颗粒被称为大颗粒，它们可以大到几百微米。图G.2为使用适合大颗粒计数的粒子计数器测得的洁净室中各粒径颗粒常见浓度分布。

图G.2
洁净室空气中
大颗粒粒径的
一般分布

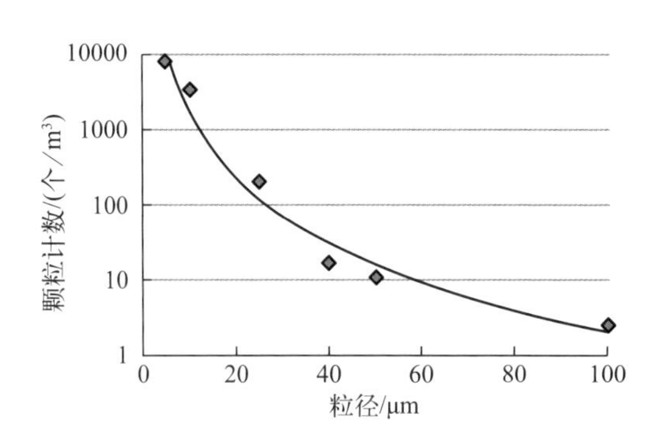

正如本书第12章所讨论过的，ISO 14644-1: 2015建议使用M描述符，即用空气中的大颗粒浓度来描述洁净室的空气洁净度。这种方法是使用各种类型的仪器、根据不同粒径的大颗粒浓度对洁净室分级进行的补充说明。现举出M描述符的一个示例，由飞行时间粒子计数器测出的粒径≥5μm的大颗粒浓度为2000个/m^3，其M描述符为:

ISO M（2000；≥5μm）；飞行时间粒子计数器

对大颗粒的测径和计数可使用各种方法和各种仪器，本附录将就以下仪器进行讨论。

G.3 光散射粒子计数器

第11章对粒子计数器进行了描述。粒子计数器主要用于洁净室，对粒径范围从≥0.1μm至≥0.5μm的颗粒计数、测径，也可以用于对大颗粒的测径和计数。为此，必须尽量减少采样管中大颗粒的损失以及采样器进气口或采样头进气口处的大颗粒损失。

这些问题已在第11章中讨论过，现在进行更详细的讨论。

G.3.1 采样管中的大颗粒损失

采样管的用途是将空气从采样位置输送到LSAPC。当大颗粒沿着管子通行时，它们很可能会因重力作用而沉积到采样管的内壁上，且颗粒越大，沉积的可能性就越高。为了尽量减少这种损失，最好不使用采样管，而是将室内空气直接吸入LSAPC。如果必须使用采样管，一些大颗粒的损失就无法避免。研究表明，空气通过3m长的采样管后，粒径≥5μm的颗粒大约会丢失20%。ASTM F50-12（2015）[27] 建议采样管不应超过3m，ISO 14644-1: 2015建议采样管长度不应超过1m。

除了采样管中的重力沉积外，大颗粒的损失也会发生在弯管处。这是由大颗粒的惯性引起的，即大颗粒顺着惯性从转弯的空气中被抛到采样管内壁表面。确保管子的弯曲度不太高，就可以将这种惯性撞击降低到可接受的水平。ASTM F50-12（2015）建议采样管弯曲曲率半径不应小于15cm。

如果采样管带静电，那么颗粒也很有可能被吸引到其内表面并沉积下来。为了最大限度地减少这种损失，采样管应由可耗散静电荷的导体制成。采样管可以由不锈钢等金属制成，但更常见的是由导电良好的材料制成的柔性塑料管。例如Bev-A-Line® 或带有导电添加剂的聚氨酯。

需要注意的是，采样过程中不应敲击或移动采样管，因为采样管中沉积的颗粒可能会脱落下来。如果采样的颗粒浓度较低，这一点尤其重要。采样管在不使用时应密封，以保护它们免受颗粒污染。此外，如果采样管的进气口或连在管上的探头擦碰到了表面，可能会产生颗粒，应该避免这种情况。

G.3.2 单向流系统中采样管进气口或采样头进气口处的大颗粒损失

在单向流系统的测试中，当大颗粒被吸入采样头或采样管时，可能会出现采样损失。这些损失发生在进入探头进气口的空气速度不同于进气口外侧的空气速度，即非等速采样，以及采样头的方向与气流不一致的时候。现在将讨论这两种类型的损失。

（1）等速采样（等动力采样）

理想情况下，单向流中采样时粒子计数器测出的大颗粒浓度，应与采样位置的浓度相同。为了实现这一点，应使用等速采样。

同样，在单向流中对粒径<1μm的颗粒采样时，其小的粒径和小的惯性确保颗粒会随着气流流动，并且进入采样头的颗粒浓度与被采样的空气颗粒浓度相同。

如果对大颗粒进行采样，并且探头的进风速度大于探头所在单向流空气的速度，则大颗粒的惯性会导致其以图G.3所示的方式直行，不会像小颗粒那样随气流拐入探头的进风口［图G.3（b）］；并且因小颗粒数量的增加，大颗粒比例将减小。如果探头的进风速度小于经过探头的单向流空气的速度，则大颗粒的惯性使其不会像小颗粒那样随气流溢出管口，而会以图G.3（c）所示的方式进入探头的进风口。因小颗粒数量少于实际，大颗粒在整个计数中的占比也因此而不具有代表性。为确保这两种情况都不会发生，进入采样头的空气速度应与经过进风口的空气速度相配，如图G.3（a）所示。

图G.3
气载粒子的等速和非等速采样

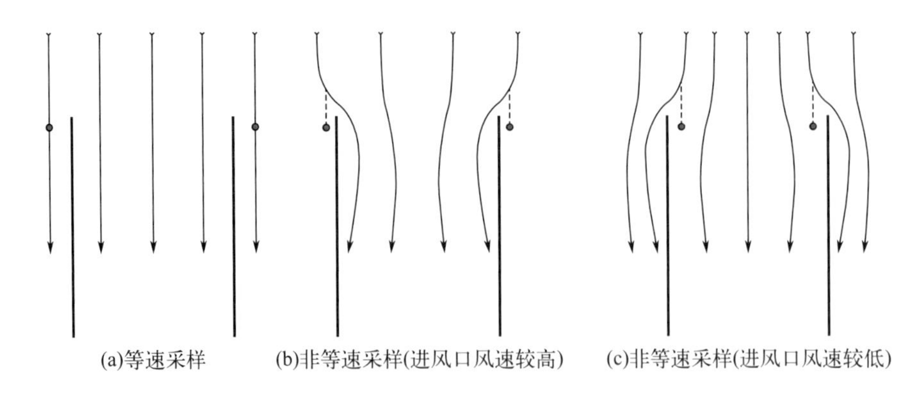

在粒子计数器入口处使用的采样头的常见样式已在附录A中介绍过，如图G.4所示。

图G.4
粒子计数器上的等速（等动力）进风探头

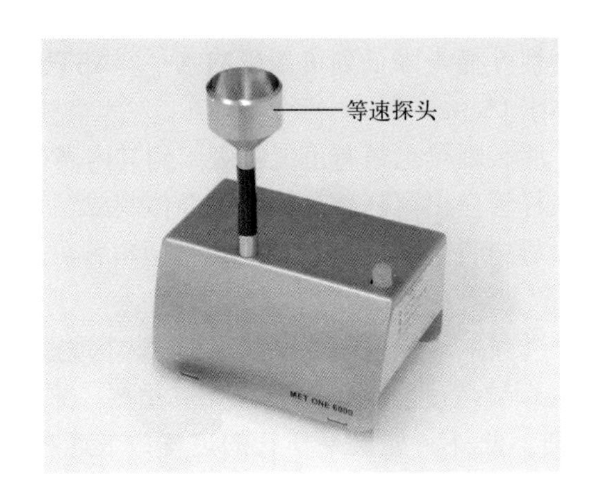

如果进入探头的空气速度与经过探头的空气速度相同，即实现了等速采样，探头进风口所需的表面积为：

$$\text{探头进气口表面积（m}^2\text{）}=\frac{\text{LSAPC 采样量（m}^3/\text{s）}}{\text{经过进气口的气流速度（m/s）}} \quad (G.1)$$

用式（G.1）可计算不同采样量和不同单向流速度时探头应有的表面积。例如，如果使用探头对速度为0.45m/s的单向流中的颗粒进行采样，粒子计数器采样量分别为28.3L/min（$1ft^3$/min）、50L/min和100L/min时，探头进风口表面积应分别为$10.5cm^2$、$18.5cm^2$和$37cm^2$。

如果探头是圆形的，可以计算进风口直径，采样量为28.3L/min的探头直径计算如下：

$$\text{探头直径}=\sqrt{\frac{\text{探头面积}\times 4}{\pi}}=3.66\text{cm}$$

如果粒子计数器的采样量为50L/min和100L/min，则单向流速度为0.45m/s的探头直径应分别为4.85cm和6.9cm。

（2）采样头的朝向

对向下流动的单向流空气进行采样时，采样头的进风口应垂直向上并与空气的流线平行。采样头不应与气流形成角度，否则获得的计数可能不正确。这可能是由大颗粒以图G.5中所示的方式投射到探头的进风口之外造成的。颗粒也可能撞击到采样头进风口的内表面。

图G.5
空气进入倾斜的
采样头

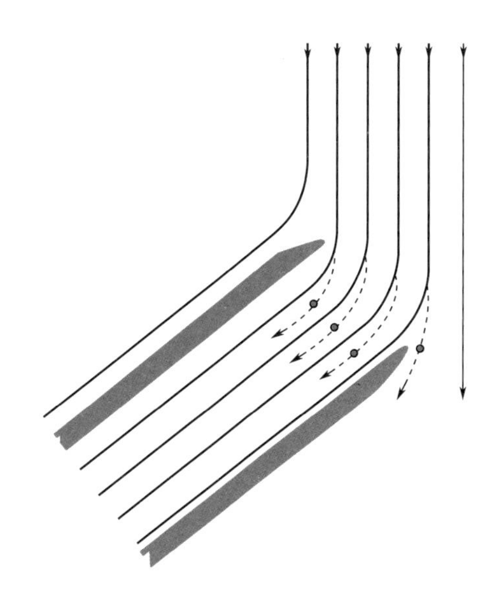

G.3.3　非单向流系统中采样头或采样管进气口处的大颗粒损失

在非单向流洁净室中，空气会向各个方向移动，因此无法将探头或采样管进风口对准气流。当探头朝上对粒径>100μm的颗粒进行采样时，颗粒的增加或损失都很小，这是可以接受的。因此，ISO 14644-1: 2015建议在非单向流条件下采样时，探头应朝上。但在非单向流中使用等速采样头仍然是常见做法。这不是为了实现等速采样，而是为了避免颗粒不能顺利进入探头，从而造成大颗粒的沉积损失。

G.4　滤膜采样

对洁净室空气中的大颗粒进行采样的另一种方法是使用滤膜。将滤膜固定在图G.6所示的开放式支架中，经由滤膜真空泵抽取已知体积的空气。颗粒沉积在滤膜的上表面，如果沉积的是大颗粒，通常通过光学显微镜（用肉眼，或用自动表面扫描和图像识别系统）对其进行测径和计数。滤膜过滤法比粒子计数器更耗时，但可以在显微镜下直接观察颗粒并能对每个颗粒做出描述。

图G.6
洁净室空气采样
用的滤膜托架
（直径47mm）

可以参考标准ASTM F25/F25M-09（2015）《洁净室和其他颗粒受控区空气中颗粒污染物测径和计数的标准方法》[50]，以获取在洁净室中使用滤膜采样法测定空气中大颗粒污染的相关信息，《Merck-Millipore用户指南AD030》[51] 中也提供了相关信息。以下是该方法的摘要。

大颗粒采样用的滤膜通常由混合纤维素酯制成，并固定在图G.6所示的开放式托架上。抽气泵将空气抽过滤膜，并通过流量计或校准了的孔口获得正确的采样体积量。

滤膜属于空气过滤器，但滤膜材料中有孔，其孔径可以让空气通过，而所关注的粒径或更大的颗粒无法通过，这些颗粒会沉积在滤膜的表面上。滤膜的孔径尺寸范围很大，但孔径越小，过滤器上的压降越高，对洁净室中通常发现的低浓度颗粒实现适当高的采样量就越难。对大颗粒样本，通常使用孔径为0.8μm的混合纤维素酯膜。对大颗粒可用较大的孔径进行采样，但孔径越小，滤膜表面越光滑，在显微镜检查过程中越容易区分滤膜表面的颗粒。滤膜本身的直径一般为47mm，洁净室空气的常用采样量为10L/min。根据洁净室的空气洁净度，采样时间可能从几分钟到几小时不等。

采集空气样本后，可将滤膜置于图G.7所示的塑料培养皿中。这样滤膜就不会受到颗粒污染。特别是还要将膜带到实验室进行检测的话，尤其如此。如果检测是在普通实验室中进行，需要取下培养皿的盖子用显微镜检查，此时应在空气净化设备（例如单向流工作台）中进行，以最大限度地减少颗粒污染。

图G.7
塑料培养皿支架上的带网格滤膜

对洁净室空气进行采样之前，必须获得滤膜的背景计数，以便校正粒子计数。获得洁净室中的实际颗粒数量后，知道空气采样量，就可以确定洁净室空气中大颗粒的浓度。

滤膜表面上的颗粒通常通过带刻度线的显微镜检查，或通过表面扫描和图像识别系统进行自动计数。接下来讨论标线（也称为刻线或格线）方法。

获得空气样本后，可以使用光学显微镜确定滤膜表面上粒径大于5μm的颗粒数量。表面印有网格的滤膜通常是最佳选择，因为网格可使对滤膜选定区域的扫描更容易，并能够返回到关注的位置。黑色的滤膜在使用上通常优先于白色膜，尽管此方法中所用滤膜实际上不是黑色而是灰色。

有多种目镜标线可供选用，可将其宽泛地分为测量颗粒长度的标线以及进行颗粒比较以获得等效粒径的环形刻线。作者认为用环形刻线测量等效粒径是最好的。

对滤膜上颗粒的显微测径和计数可以使用光学显微镜由人来完成，该光学显微镜的目镜中标有刻线。改良的Porton NG12标线是一个不错的选择，图G.8显示了通过显微镜观察的效果。

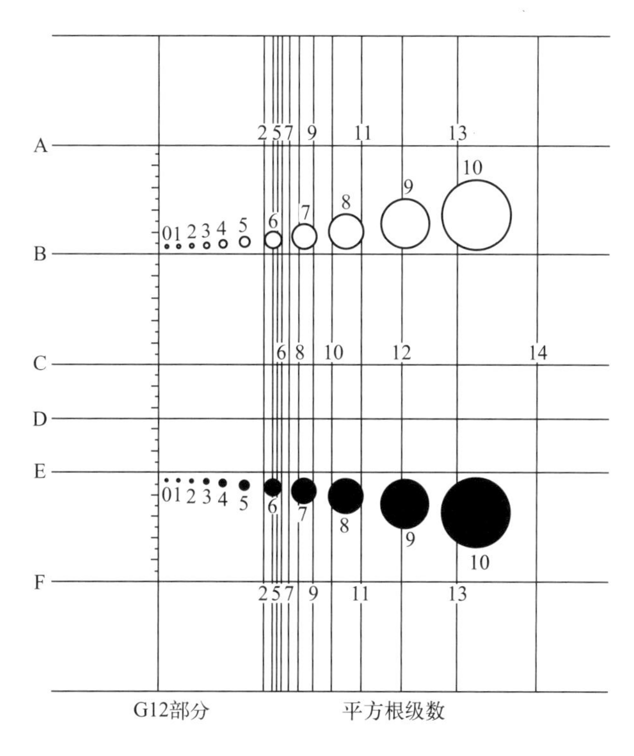

图G.8
改良的
Porton NG 12标线

标线如图G.8所示，有成系列的球面和环形，用于比较和确定滤膜表面上的颗粒大小。还有一些线可用于确定较大颗粒的大小。

为了使粒径的增加平顺，球面、环形和垂线的间距也按“根号2”的倍数增加，并按其所代表的具体数目，以根号2为基数按2的倍数来增加。例如，直径是“0”的球面为1个刻线单位，而“14”线距“Z”线则为128个刻线单位。据此，可用的球面、环形和垂线宽度的大小为1、1.4、2、2.8、4、5.65、8、11.3、16、22.6、32、45.2、64、90.3个刻线单位。

一个刻线单位的值（以μm为单位）根据显微镜的目镜和物镜的放大倍率而变化，并且应针对目镜和物镜的每种具体组合校准刻线。这是使用载物台测微计进行的。载物台是玻璃载玻片，其表面上有精细刻蚀的线条。这些线通常覆盖1mm，一般有100个0.01mm的刻度，即1个刻度=10μm。载物台千分尺如图G.9所示，通过显微镜看到的刻线如图G.10所示。

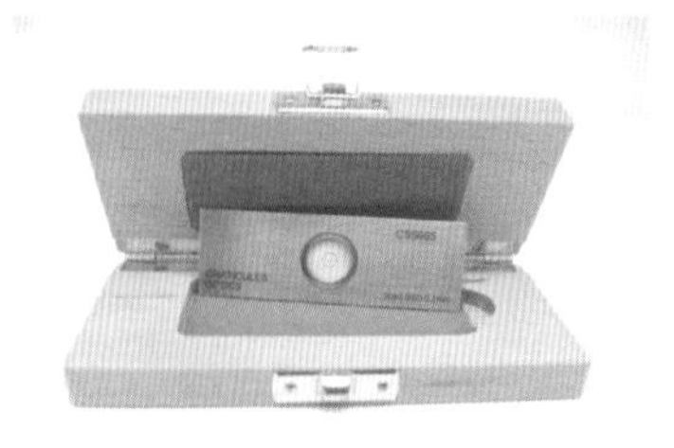

图G.9
放在包装盒中的
载物台千分尺

图G.10
显微镜下看到的
载物台千分尺

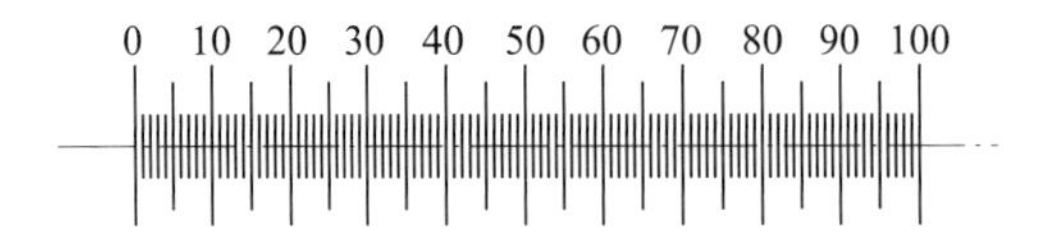

将载物台千分尺放置在显微镜的观察台上，并通过有标线的显微镜目镜进行观察。如图G.8所示，标线左侧的垂直刻度线（位于A线和F线之间）长度为200个标线单位，应将此刻度与载物台千分尺刻度对齐。用载物台千分尺上的刻度测量200个标线单位的长度，得到1个标线单位（μm）的值。使用放大倍率为×10的目镜和放大倍率为×10的物镜，并对显微镜管筒长度进行微调，一般可以将显微镜设置为1个标线单位等于2.5μm。所以，任何大于2号球面或环形的粒子都可以认为其粒径超过了5μm，即大颗粒。

无论是极限水平线还是Z线，都可以用作测量颗粒的测量线。缓慢移动显微镜的载物台，当一个颗粒通过测量线时，可以将其与球面或环形进行比较来对其计数和测径。滤膜上的颗粒是因反射光线才被观察到的，因此需要一个高强度的光源。

如果显微镜设置有×10目镜和×4平场（平面）物镜，则带有网格的47mm滤膜中的一个正方形应充满光场，通过校准可使得大于0球面尺寸的任何粒子都是大颗粒。实际上，这意味着看到的每个粒子都是大颗粒。使用这种方法，可能由于漏掉小颗粒而降低一定的测量准确度，但在颗粒计数低时能够一次检查滤膜的一个小正方形区域，工作就会更快捷而不那么乏味。

应注意的是，上面讨论的方法是用于确定大颗粒的粒径和计数，而不是用于颗粒识别。如果必须识别颗粒，显微镜确定大颗粒粒径和计数时常用的放大倍数就要增大。这常常意味着滤膜需要清理并使用透射光代替反射光。《Merck-Millipore用户指南AD030》中描述了这些方法，特别是需要有永久记录的话，这些方法特别有用。然而，最简单的方法是使显微镜浸油。如将油放入培养皿中，可以让滤膜漂浮在油上使滤膜通透，再将培养皿的边缘抬起以除去多余的油。然后将滤膜放入新鲜的培养皿中进行检查。如果使用浸油物镜，则在滤膜表面上加一滴油，然后加上盖玻片，并在盖玻片表面滴更多油，尽管有时也可以不用盖玻片。

用普通显微镜检查滤膜上的颗粒，可以给出颗粒的有用信息。可以使用普通白光，也可以使用偏振光、荧光（紫外光）及暗场照明。还可以使用更先进的技术，例如红外光谱/傅里叶变换红外光谱、拉曼显微镜、能量色散X射线光谱（EDX）和用于化学分析的电子光谱（ESCA）。但是，这些技术超出了本书的范围，也超出了作者的知识范围，故不作讨论。

G.5 飞行时间测量仪

飞行时间测量仪可对大颗粒进行测径和计数。图G.11显示了这种仪器的主要部件。

这种仪器的工作原理是：通过喷嘴加速空气，使气流接近声速。如果一个粒子很小，它会很快加速到气流的速度，但如果粒子很大，它就不会被那么快地加速。测量粒子在两个激光束之间通过的时间，并计算出粒子的粒径（即空气动力学直径）。所有小颗粒在加速时都会与空气保持同步，因此该仪器仅适用于粒径大于0.3μm的颗粒。该仪器可测量空气中一定粒径范围的颗粒浓度，但其实用性受到采样量的限制，其采样量通常低于粒子计数器。

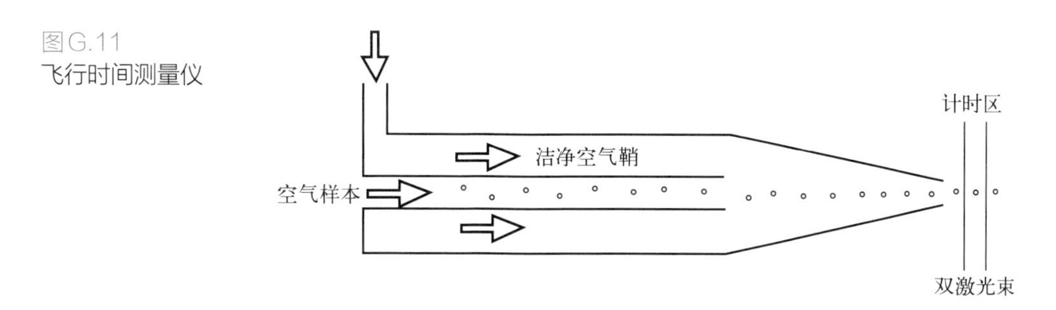

图G.11
飞行时间测量仪

与粒子计数器相比，飞行时间测量仪采用的粒子测径方法有其优势。粒子计数器获得的粒径来自粒子反射的光量，其校准用的测试粒子为反光良好的白色球体。所以，粒子计数器测量出来的颗粒粒径是等效（当量）光学粒径。这意味着形状不规则的，尤其是深色的颗粒，不太可能准确地测量出其物理粒径。飞行时间测量仪获得的是颗粒的空气动力学等效直径，相当于在空气中与单位密度球体移动方式相同的粒子粒径。测量颗粒的空气动力学粒径的优势是，可更准确地确定颗粒在洁净室空气中的移动方式以及沉积在关键表面上的方式。

G.6 撞击采样器

撞击采样器（常称为撞击器）可对大颗粒进行计数。图G.12显示了该仪器采集粒子的方式。采样器的进风口将空气高速吸入，该进风口的形状为狭缝或孔口。吸入的空气被射向采集表面，当空气转向并流出采样器时，具有足够惯性的颗粒会离开气流并撞击到采集表面上。

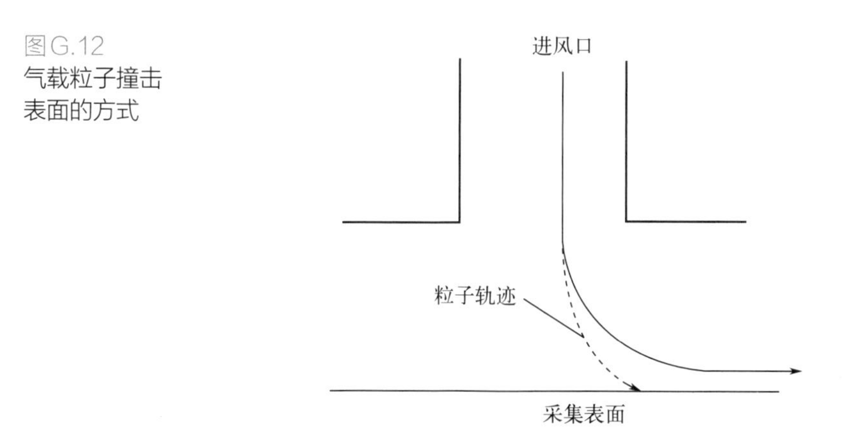

图G.12
气载粒子撞击表面的方式

撞击采样器可做成单级的撞击器或多级的级联撞击器。级联撞击器具有多个级段，并且其各个级段的狭缝或孔口的尺寸从顶部到底部逐渐变小。通过采样器的空气体积为恒定，所以通过各个级段的空气速度在增加。顶层采集的是最大的颗粒，下面的各级段采集的颗粒粒径逐渐减小。通过对每个级段的设计与校准，就可以从洁净室空气中按不同的粒径采集颗粒并获得粒径分布。

G.7 虚拟撞击器

这类采样器之所以被称为虚拟撞击器，是因为颗粒在采样器中没有撞击到固体表面上，如图G.13所示。

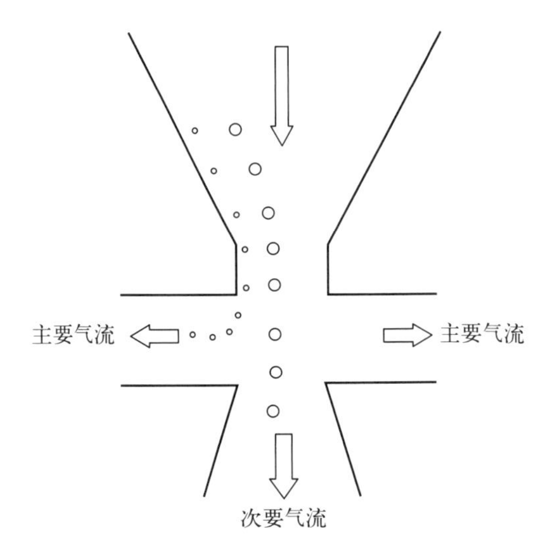

图G.13
虚拟撞击器对空气中的颗粒进行选择并将其浓缩

空气样本被吸入进风口并分成主要气流和次要气流。大部分空气通过与进入空气方向成直角的管道排出，小部分空气被吸入中心通道并从中通过。颗粒必须随主要气流偏转90º才能从直角管中流出，而只有较小的颗粒才能做到这一点。较大的颗粒做不到这一点，并循着中部气流直行。这样，采样的气流被分为主要的直角气流和次要的中线气流两部分，其中主要的直角流包含着较小颗粒，次要的中线气流包含着较大颗粒。然后，可以对主要气流和次要气流中的颗粒计数。只要将虚拟撞击器设计得具有合适的尺寸和合适的空气速度，它就能将空气中的颗粒按高于或低于某个截止粒径区分开来。虚拟撞击器也可做成具有多个级段的采样器。

虚拟撞击器不仅可按不同粒径将空气中的颗粒分开，还可将颗粒浓缩，提高颗粒浓度。要做到这一点，只要能确保超过某个规定粒径的所有颗粒都被投射到可对其进行计数的中线通道；而包含了小于规定粒径的颗粒的主要气流，通过排气装置排出即可。因此，可将规定粒径的颗粒浓度提高约10 ~ 20倍。该方法可提高在灵敏度下限工作的粒子计数器的可用性。

致谢

图G.1经TSI Inc公司许可复制。图G.4经Beckman Counter/Met One公司许可复制。图G.8、图G.9和图G.10经Graticules Optics Ltd公司许可复制。

附录H　表面颗粒的测量

洁净室和洁净区表面上的颗粒浓度需要加以控制，否则可能会导致污染问题。表面包括产品或工艺的表面、制造产品用的零部件表面以及接触到产品或工艺的各类表面。所以，可能有必要设定表面颗粒浓度的限值，来控制这些情况以及其他的情况下通过表面传播的污染。

本附录讨论了适合洁净室的表面颗粒浓度限值，以及表面颗粒浓度的测量方法。

本附录中提供的信息相对简单。如需更多信息，应参考本附录中引用并于本书末尾提及的那些标准。

H.1　表面颗粒浓度限值

本附录讨论了洁净室和洁净区表面的颗粒浓度。但是，这些浓度不应与附录E中讨论的颗粒沉积速率（PDR）相混淆。表面上颗粒浓度的测量是表面洁净度的简单测量，而PDR给出的是随时间推移表面被气浮颗粒污染的速率。

ISO 14644-9: 2022 [42] 和IEST-STD-CC 1246E（2013）[40] 中给出了表面颗粒浓度限值。洁净室中生产的某些产品，也会由于表面颗粒对光的阻隔或反射而造成污染问题。IEST-STD-CC 1246E（2013）和ISO 14644-17: 2021 [41] 都给出了有关颗粒遮蔽系数（particle obscuration factor，POF）的信息。

H.1.1　ISO 14644-9：2022

ISO 14644-9: 2022给出了以颗粒浓度限值表示的表面洁净度水平（表H.1）。应选择并设定洁净室中表面颗粒关键粒径及其不得超过的浓度水平，以便最大限度地减少污染问题。

表H.1　ISO 14644-9：2022中给出的以颗粒浓度（个/m^2）限值表示的表面洁净度水平

水平	≥ 0.05μm	≥ 0.1μm	≥ 0.5μm	≥ 1μm	≥ 5μm	≥ 10μm	≥ 50μm	≥ 100μm	≥ 500μm
1	（200）	100	20	（10）					
2	（2000）	1000	200	100	（20）	（10）			
3	（20000）	10000	2000	1000	（200）	（100）			
4	（200000）	100000	20000	10000	2000	1000	（200）	（100）	
5		1000000	200000	100000	20000	10000	2000	1000	（200）
6		（10000000）	2000000	1000000	200000	100000	20000	10000	2000
7				10000000	2000000	1000000	200000	100000	20000
8						10000000	2000000	1000000	200000

从表H.1中可以看出，每个按粒子浓度划分的表面洁净度（surface cleanliness by particles，SCP）水平涵盖了从≥0.05μm到≥500μm宽泛的累积粒径范围。这样做的结

果是每个SCP水平的小颗粒将具有较高的浓度，而低浓度的大颗粒可能难以准确测量。太低或太高而认为无法测量的表面浓度在表H.1中显示为空白格。括号中给出的是可能难以测量的浓度，如果发生这种情况，ISO 14644-9: 2022给出的建议是，最好在相同的SCP水平中选出另一个浓度可测的粒径，并进行测量。

应注意的是，表H.1中的颗粒浓度是以每平方米表面的数量给出的，这可能给人洁净室的表面上发现了高浓度颗粒的印象。但如若将浓度转换为每平方厘米的数量，则会获得不同的效果。例如，如果SPC水平为5，应存在的粒径≥5μm颗粒的最大浓度为20000个/m^2，只相当于2个/cm^2。

H.1.2 IEST-STD-CC 1246E（2013）

IEST-STD-CC 1246E（2013）设定了洁净室和洁净区中零部件和产品表面不应超过的颗粒浓度水平。表H.2列出了九个级别的颗粒浓度。应注意的是，其颗粒计数的粒径不是（如ISO 14644-9: 2022中所做的那样）按累积粒径给出的，而是分别按各粒径段中最小和最大粒径范围内获得的计数给出，如表的第一列和第二列所示。

表H.2 IEST-STD-CC 1246E（2013）颗粒水平

粒径/μm		IEST-STD-CC 1246E（2013）水平（最大颗粒计数）/（个/0.1m^2）								
最小	最大	25	50	100	200	300	400	500	750	1000
5	15	19	141	1519						
15	25	2	17	186	2949					
25	50	1	6	67	1069	6433				
50	100	0	1	9	154	926	3583	10716		
100	250	0	0	1	15	92	359	1073	8704	
250	500	0	0	0	0	2	8	25	205	983
500	750	0	0	0	0	0	0	1	7	33
750	1000	0	0	0	0	0	0	0	1	3
1000	1250	0	0	0	0	0	0	0	0	1

H.1.3 颗粒遮蔽系数

在一些洁净室行业中，产品表面的颗粒会使产品质量降级。这些表面上的颗粒可以吸收或反射光，如镜子、透镜和太阳能电池板。这种情况下，与其以每平方米颗粒数量作为表面颗粒浓度，还不如确定全部颗粒所遮蔽的表面积。ISO 14644-17: 2021中解释了如何获得颗粒遮蔽系数。该项计算依据的是ECCS-Q-ST-70-50C [52] 中所述的方法，即计算所关注的1m^2关键表面上被颗粒遮蔽的表面积（以mm^2为单位）。还可以获得产品被颗粒遮蔽的表面积随时间增加的速率，并以mm^2/（m^2·h）为单位给出。

IEST-STD-CC 1246E（2013）提供了计算表面上颗粒的面积覆盖百分比（percent

area coverage，PAC）的相似信息。POF和PAC的计算方法在本附录中不做讨论，有关信息请查询相关标准。

H.2　表面颗粒浓度的测量

测量洁净室中表面颗粒的粒径和浓度有多种方法，这里给出了其中一些方法的说明。如需更多信息，应参考本附录中引用并在本书末尾提及的那些标准。

表面上各种粒径颗粒的浓度可以直接测量或间接测量。直接方法是在无须从表面提取颗粒的情况下，对表面上的颗粒进行测径和计数。但在某些情况下，这可能无法实现。因此需要一种间接方法，即先要从表面提取出颗粒，然后才能对其进行计数。间接方法的颗粒提取效率可能低于100%，因此间接方法不太可能像直接方法一样准确。在可能的情况下，直接方法是首选方法。

H.2.1　直接采样法

直接采样法可确定表面上颗粒的大小和浓度，而无须从表面提取颗粒。常用的直接采样方法如下。

（1）目视检查

人眼可以看到非常小的颗粒。如果检查时使用的照明度很高，受检颗粒所在的表面光滑且有对比色，对照亮颗粒的光的射角进行了优化，受照表面为深色背景，在这种条件完美的情况下，视力良好的人可以看到小至约10μm甚至更小粒径的颗粒，但一般认为普通人在正常条件下可以看到的颗粒粒径通常是50μm。

ECCS-Q-ST-70-50C中提供了有关外观检查方法的信息。IEST-STD-CC 1246E（2013）给出了六个目视洁净度级别。这六个级别由视力为20/20的人或者由戴着矫正视力镜纠正了视力缺陷的人目检确定。肉眼检查的条件决定了肉眼可见的洁净程度，这些条件包括观察距离、光线强度、10倍率放大镜的使用以及白光或黑光（UV）的使用。目视洁净水平是由看到颗粒的一组条件决定的。

（2）光学显微镜

可以用光学显微镜来检查、确定表面上颗粒的大小和数量。这可以由人执行，也可以通过自动扫描和图像识别方法实施。使用光学显微镜，应可测量粒径低至约0.5μm的颗粒。但该方法更适合于粒径≥5μm的颗粒。该方法类似于对膜过滤器上的颗粒进行的显微镜计数测径法，在ASTM F24-20[53]和本书附录G中有相应说明。

（3）电子显微镜

扫描电子显微镜可测量粒径小至约0.05μm的颗粒。然而，其应用受到可插入电子显微镜的样本大小和形状的限制。

（4）光散射探头

这种方法使用激光束扫描表面，并利用表面颗粒散射的光量来确定颗粒的大小并进行计数。也有既能测量表面上颗粒的总遮蔽率，也能对各个颗粒进行测径并计数的仪器。对各个颗粒单独测量的情况下，颗粒大小是以等效光学粒径给出的。可以将待研究的表面插入测量仪器中，或将检查探头置于表面上。受试表面应光滑，否则光线会随机散射并干扰对颗粒的测径和计数。可测量和计数的颗粒大小会依使用的仪器类型而有所不同，半导体制造洁净室中使用的仪器可以测量粒径低至约0.01μm的颗粒。其他便宜些的仪器可测量粒径≥5μm的颗粒。

（5）原子力显微镜

这种仪器是用非常细小的触针扫描表面，测量探针与表面之间的距离。用其给出的表面图形，可实现对颗粒的定位进而进行测径和计数。这种方法可对粒径小于1nm的极小颗粒进行测径并计数。

H.2.2 间接采样法

有时，直接确定表面上颗粒的浓度可能很难。例如，表面可能无法接近，表面形状可能与测量仪器不相容；或者表面可能不够光滑，无法将颗粒与表面不平整度区分开来。如果无法通过直接采样方法来测量表面颗粒，则必须先将它们从表面提取出来再进行测径和计数。然而，提取方法的效率可能较低。现在就一些最常见的间接采样方法进行说明。如需更多信息，应参考本章引用的并在本书末尾提及的那些标准。

（1）胶带提取法

胶带提取法在标准ECSS-Q-ST-70-50C和ASTM E1216-11（2016）中都有描述[54]。将胶带压在表面上，再将胶带从表面移开，其黏性表面上就黏附着被提取下来的颗粒。然后通过显微镜对胶带表面上的颗粒进行测径和计数。必须确保胶带不会损坏表面，ASTM E1216-11（2016）建议的且通常适用的胶带为3M Scotch 810。

（2）冲洗法

用无颗粒的空气或液体喷射表面以提取颗粒。由于液体的“拖拽”力大，液体可实现更高的提取效率。使用空气喷射提取颗粒时，从表面释放的颗粒通常由LSAPC或类似仪器测径并计数。使用液体喷射时，流体中的颗粒通常由液体颗粒计数器测量；或者让液体经由膜过滤器过滤，并使用ASTM F24-20和本书附录G中描述的方法来确定指定粒径的颗粒数量。ECCS-Q-ST-70-50C描述的一种方法是使用溶剂冲洗表面并使用膜来确定颗粒浓度。

（3）表面探头

此方法使用探头通过空气喷射或真空抽吸来提取表面颗粒。探头可以在特定位置保持静止，也可以在要采样的表面上移动。从表面分离出来的颗粒通过管子输送到LSAPC或类似仪器中进行测径和计数。

H.3 采样方法的提取效率

上节中描述的许多间接采样方法的提取效率可能是未知的，并且会由于采样的实际条件（例如表面类型）而有所不同。有些方法的采样效率很低，可能会导致表面洁净度看起来很好，而实际上它差得令人无法接受。因此，获取有关采样方法采集效率的信息是有用的。

序贯采样方法是一种可用于确定表面采样法采集效率的方法。该方法要求在表面完全相同的位置对表面颗粒浓度进行两次采样，采集效率按式（H.1）计算。

$$采样方法采集效率（\%）= 1 - \frac{第二个样本计数}{第一个样本计数} \times 100\% \tag{H.1}$$

如果表面颗粒的浓度太低，序贯采样法不会给出准确的结果，所以最好在表面浓度可能很高的场合使用该方法。此外，为了确保采集效率来自准确的平均测量结果，采集效率测量应有足够多的次数。辨别测量次数是否足够多的一种简单方法是使用累积平均效率，就是将每个新的采集效率结果，加到处在不断计算中的累积效率平均值算式。当平均值趋于稳定时，就得出了最终结果。如果对两种或更多的采样方法进行比较，最好将受试表面划分为一个方格，并在方格中随机采样。某些采样方法的采集效率会比其他方法前后更为一致，并且可以通过标准差等统计方法或使用95%置信限来报告某个方法的变动性。附录J中提供了有关序贯采样方法的更多信息，该附录讨论了洁净室表面的微生物采样，还讨论了提取效率。

致谢

表H.2经IEST许可从IEST-STD-CC1246E复制于此。

附录I 空气中微生物的采样

在诸如制药和医疗设备制造商使用的一些类型的洁净室中，必须控制微生物的浓度以防止产品受到污染。第13章提供了测量洁净室中微生物浓度的一些基本信息。本章提供了空气微生物采样和采样方法验证的更多信息。

证明洁净室和洁净区中微生物未超过规定浓度是必须的。欧盟GGMP [13] 的附录1和FDA指南 [14] 等文件中，给出了药品生产监管机构所要求的微生物最高限值。这些文件设定了空气中携带微生物颗粒（MCP）的限值，以及MCP在沉降盘上的沉积速率。本附录描述了空气中微生物浓度的测量方法，表面微生物采样将在附录J中描述。

洁净室的送风经过了过滤所以不含MCP，且洁净室是加压的，可以防止来自相邻区域的空气污染物的渗入。因此，洁净室中主要的通常也是唯一的微生物来源是人员。微生物一般不会以单细胞生物的形式存在于空气中，而是由皮肤细胞携带着，或者由衣服上偶尔散落的服装纤维携带着。据报道，动态房间中MCP的当量粒径约为12μm，其中有75%大于4μm，25%大于20μm，约有1%的粒径小于1μm [55]。这种粒径分布对空气采样器的采集效率、洁净室服装的有效性以及沉降盘在测量空气污染中的有用性，都具有重要影响。

洁净室人员散布到空气中的MCP数量因人而异，并且还取决于服装防散发的有效性。穿着普通室内服装时，MCP的扩散速率约为1.6 ~ 230CFU/s，平均约为64CFU/s [56]。穿着洁净服时，扩散率大大降低。服装覆盖住的身体越多，服装面料越能有效地阻挡MCP的透过，扩散率也就越低。如果穿着连体工作服、长靴和完整头罩，且它们全部都由密封性良好的面料制成，那么与普通室内服装相比，扩散率可能降至原来的1/200 ~ 1/10，甚至更低 [57-58]。

测量洁净室空气中MCP的浓度有两种方法。一种称为体积采样，因为是对特定体积的空气进行采样，也称为有源采样。另一种类型的方法测量的是MCP从空气中沉积到琼脂盘上的速率，称为沉降盘采样，也称为无源或被动采样，或应更科学地称为微生物沉积（MDR）采样。现在讨论体积采样法和沉降盘采样法。

I.1 体积式空气采样器

测量洁净室空气中MCP浓度的体积式空气采样器有几种类型，可以通过采集方法将其区分开来。洁净室中最常用的类型是将MCP撞击到琼脂培养基上，但也使用将MCP采集到滤膜上的采样器。还有其他类型的空气微生物采样器，例如将MCP撞击到液体中或利用静电沉积的采样器等。但这些采样器在洁净室中不常用，在本附录中未予讨论。

I.1.1 撞击式空气微生物采样器

图I.1显示的是一种撞击式微生物采样器。其工作原理是使用抽气泵将空气通过狭缝或小孔抽入采样器，并将空气加速到足够高的速度（>20m/s）流向琼脂表面。此时气流偏转约90°，致使MCP离开气流并撞击到琼脂表面。

在合适的温度下每粒沉积的MCP培养足够长的时间，都会长成一个微生物菌落。然后再对菌落进行计数。知道空气采样量，就可以计算出空气中MCP的浓度。

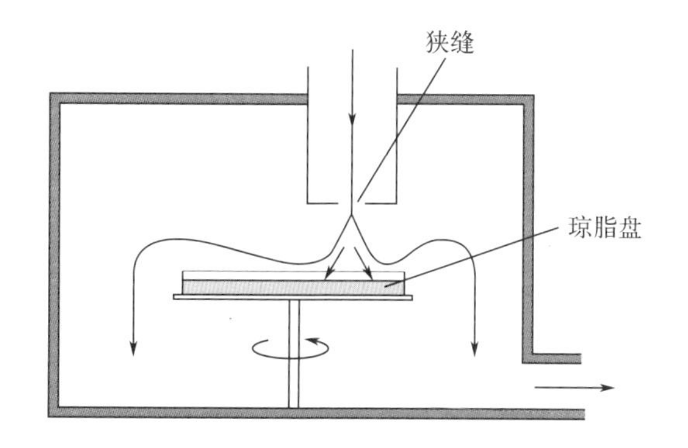

图I.1
狭缝采样器内的气流（注意狭缝宽度和狭缝到琼脂的距离都小于图中所示的距离）

第一个使用撞击原理的空气微生物采样器是Wells在20世纪30年代后期发明的[59]。该采样器采用的是离心原理，但效率低下。第一个高效的采样器是Bourdillon、Lidwell和Thomas于20世纪40年代初期发明的狭缝采样器[60]，它可以采集粒径小于1μm的MCP。该设备的较小型号每分钟可采集1ft^3（28.3L）的空气。也有大容量采样器，能以700L/min的速率对空气采样，其早期型号如图I.2所示。这些采样器目前已从市面上销声匿迹了。

图I.2
“高移动性”大体积狭缝采样器

很多年前设计的采样器体积庞大、噪声大且难以清洁。现代采样器旨在克服这些问题。为了降低噪声水平并缩小体积，气泵的尺寸和容量都已经减小。这导致一些采样器的采样量和采集效率太低而无法准确测量MCP的浓度。

在讨论各种类型的撞击采样器之前，最好说明MCP撞击琼脂培养基的机理，并解释为什么采样器之间的采集效率会有所不同。这要先从狭缝采样器或孔口采样器的采集效率谈起[55]。

I.1.2 撞击式采样器的采集效率

图I.3所示为撞击式空气采样器的进风口和琼脂表面，空气以单流线形式穿过采样器。空气以速度U通过进风口，接近琼脂表面时即转向。这里假设空气转弯半径与进风口的半径（r）相同，即为狭缝宽度的一半。

图I.3
MCP离开进风口后撞击琼脂表面
（请注意，图中尺寸不是按比例绘制的）

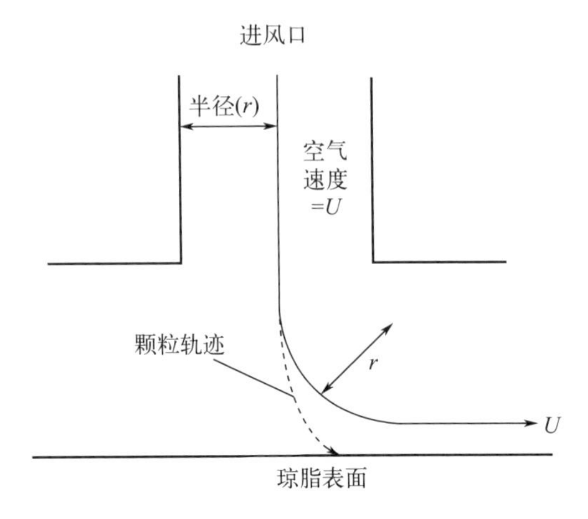

沿着空气流线向琼脂表面行进的MCP在转向时受到离心力的作用。这个力会将MCP抛向琼脂表面，并可能使其与琼脂发生撞击。琼脂表面对不同粒径颗粒的采集效率（E）可用式（I.1）计算。

$$E=\frac{\pi U}{2r}\left(\frac{\rho d^2 C}{18\eta}\right) \tag{I.1}$$

式中　U——通过进风口向琼脂表面接近的气流速度；

r——流线的曲率半径；

ρ——携带微生物颗粒的密度（$1100\mathrm{kg/m^3}$）；

d——空气动力学等效粒径；

C——Cunningham滑移系数；

η——室温20℃时室内空气黏度，即1.81×10^{-5} Pa·s。

用式（I.1），可以计算空气微生物采样器对一定粒径范围颗粒的采集效率并确定截止粒径d_{50}。所谓截止粒径就是此粒径的颗粒有50%撞击到琼脂表面上，另有50%的颗粒没有撞击到琼脂上而是通过了采样器。

可以简化式（I.1）并计算出d_{50}。EN 17141: 2020 [11] 中给出了以下简化公式。

$$d_{50}=\sqrt{\frac{40D}{U}} \tag{I.2}$$

式中，D为孔口的直径或狭缝的宽度，mm。

EN 17141: 2020建议在计算D值时应使用孔口的当量直径（亦称水力直径，即横截面与周长之比的4倍）。但笔者认为，就狭缝采样器而言，使用狭缝宽度进行计算会给出更准确的结果。

式（I.1）和式（I.2）没有考虑到采样器的进风口和采集表面之间的距离会发生变化这个情况，另外还假设气流的曲率半径与进风口的半径相同，孔口中的空气速度与接近琼脂表面的空气速度相同。为了避免这些过于简单的假设，可以用计算流体动力学（CFD）进行分析来判定采样器内气流流线的路径和速度，并计算出MCP的撞击效率。

图I.4所示是通过CFD分析预测半边的气流通过狭缝并流过琼脂盘的模式。

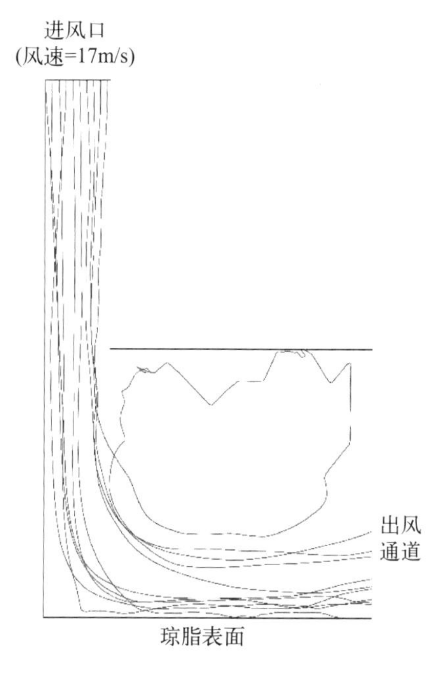

图I.4
空气从进风口流向采样器1中的琼脂表面（蓝色表示空气速度较高，红色表示空气速度较低）

表I.1列出了通过CFD分析和通过式（I.1）获得的三个采样器的d_{50}。其中也包括实验结果。

表I.1 通过CFD分析和计算得到的d_{50}

采样器	计算值 /μm	CFD 分析值 /μm	实验结果 /μm
采样器 1	0.25	0.23	—
采样器 2	1.57	2.48	1.85
采样器 3	15.5	18.6	—

还可以计算洁净室中采样器的总采集效率。如果将洁净室空气中不同粒径MCP的出现频率与MCP粒径范围的采集效率相关联，就可以计算出洁净室空气中所有MCP的采集效率。对三台空气微生物采样器的总采集效率进行了计算，结果如表I.2所示。

表I.2 三台MCP采样器在动态房间中的采集效率

单位：%

方法	采样器 1	采样器 2	采样器 3
总采集效率 - 简化分析方法	99.9999	99.7	42.55
总采集效率 -CFD 方法	99.9994	98.2	21.8

如果使用的是采集效率低的采样器，洁净室空气中MCP浓度高于监管机构的要求时，结果却可能看起来是合格的。因此，必须使用采集效率高的空气采样器进行空气微生物采样。

I.1.3 单级撞击式采样器

单级撞击式采样器在洁净室中很受欢迎，其普通型的采样量一般约为30 ~ 200L/min（大约1 ~ 6ft^3/min），或者更高。市售的单级撞击式采样器有两种类型，即筛孔采样器和狭缝采样器。

（1）筛孔采样器

这种类型的采样器是经由众多小孔口吸入洁净室空气，吸入的空气中MCP撞击到小孔下方的琼脂表面上。第13章已经给出了一个筛孔采样器的例子，图I.5给出的是另一个实例。采样头孔板上的众多小孔使其看起来像一个筛子，这就是这种采样器命名的由来。这类采样器使用的琼脂培养皿是静态的，而狭缝采样器中通常是旋转的。

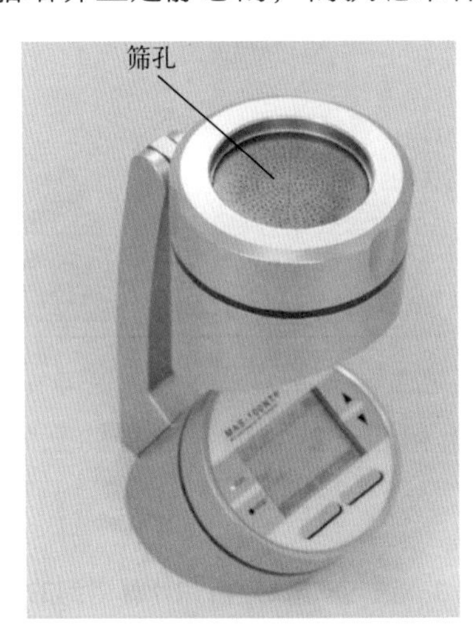

图I.5
MAS-100筛孔空气采样器

（2）狭缝采样器

狭缝采样器常用于洁净室，如图I.6所示。这类采样器上的狭缝使采样空气加速，使空气中的MCP撞击到狭缝下方的琼脂上。图I.6中所示的采样器已打开以显示其狭缝和琼脂盘。这种类型采样器的琼脂盘一般是旋转的。这有助于确定空气中的微生物是何时扩散到空气中的，并最大限度地减少培养基脱水现象的发生。

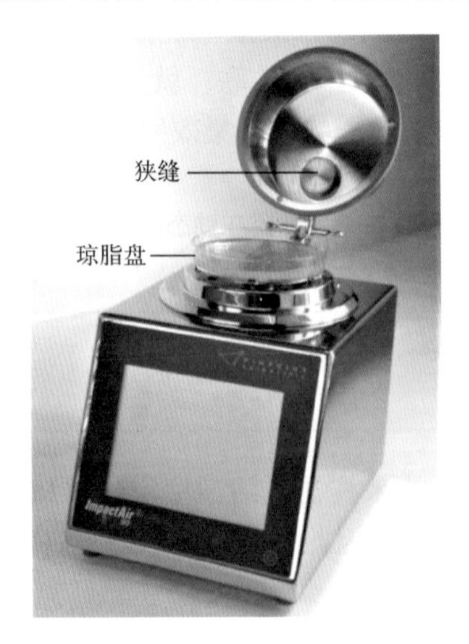

图I.6
ImpactAir狭缝采样器

I.1.4 多级撞击式采样器

多级撞击式采样器也称为级联采样器，有时用于洁净室。图I.7所示为安德森6级采样器的剖面图。采样器有6个层级，每个层级都有多个孔，每个层级下方都有一个琼脂盘，用来采集空气中的MCP。

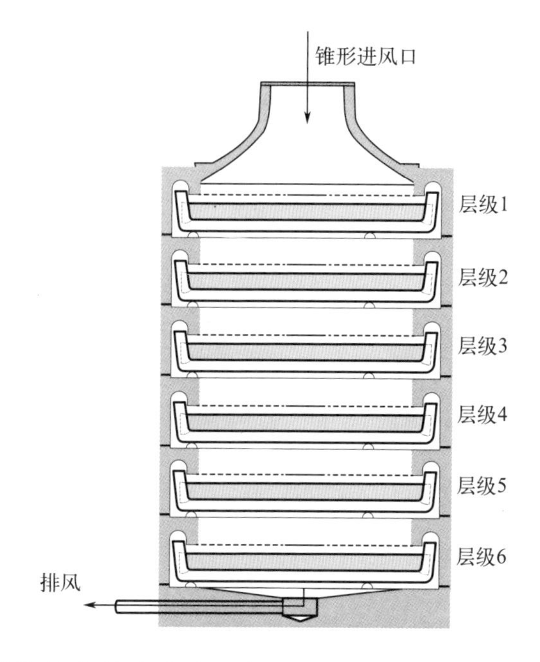

图I.7
安德森6级采样器
（黄色为琼脂）

安德森采样器的采集效率比许多空气微生物采样器都高。但其缺点是每个空气样本需要6个培养皿，并且采样量较低，为28.3L/min（1ft^3/min）。

安德森采样器可获取有关气浮MCP粒径分布的信息。采样器第一级的孔相对较大，空气通过孔的速度相对较慢，只有较大粒径的MCP会沉积在第一层琼脂盘上。随着空气向下通过各个层级，各层孔的直径在缩小而各层的空气速度在增加。因此，各采样层级采集到的MCP粒径逐渐变小，直到最后一层，该层采集的MCP粒径小于1μm。知道了MCP沉积在各层的百分比，以及各层采集到的MCP平均粒径，就可以得到空气中MCP的粒径分布以及MCP的平均粒径。

使用安德森采样器进行采样时，一般会从采样器上取下护盖，并将锥形进风口（如图I.7所示）保持在原位不动。但是，气流通过锥形进风口时可导致有额外的较大颗粒撞击在锥形进风口下方的固体表面上，导致总计数的减少，以及MCP的平均粒径小于空气中实际的粒径分布。所以，采样开始前应取下锥形进风口。

I.1.5 离心式空气采样器

图I.8为一种离心式空气采样器。在这种离心式采样器中，空气通过旋转叶片被吸入采样器。叶片造成的离心力将MCP从空气中抛到琼脂上，琼脂包含在采样头内四周的塑料条中。图I.9显示的是通过该采样器进风口的气流和采集区域的气流状况。采样后，从采样器中取出琼脂条进行培养，就可以确定MCP的数量。已知采样的空气体积量，即可计算出空气中MCP的浓度。

图I.8
RCS High Flow Touch
离心式空气采样器

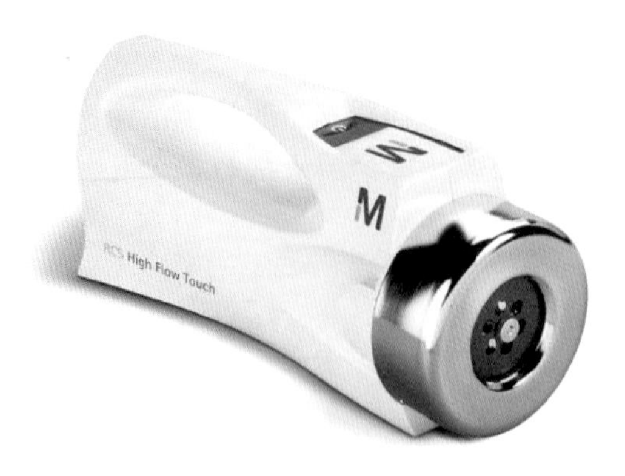

图I.9
RCS采样器
进风口的气流

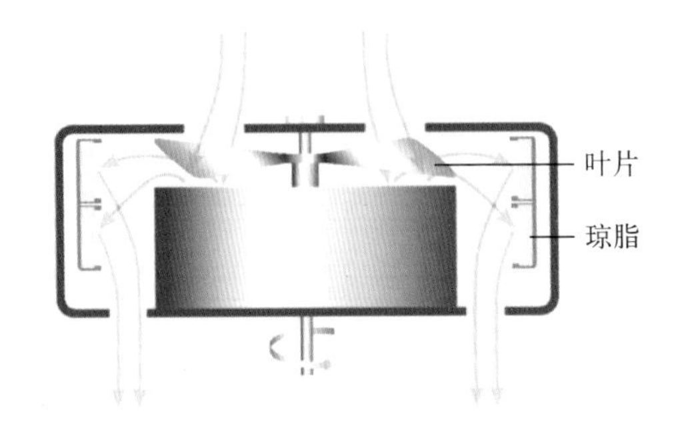

I.1.6 滤膜采样器

洁净室用的另一种类型的微生物采样器是滤膜。图I.10是此类采样器的一种，有一个带滤膜的采样头和一个连接到抽气泵的管子。该抽气泵可抽取已知量的空气通过滤膜。

市售的滤膜采样器有两种直径：47mm和80mm。直径80mm的型号具有更大的表面积，因此采样量更高。这对于洁净室空气中低浓度MCP的准确测量非常有益。使用制造商提供的抽气泵的80mm系统采样量为133L/min，更高的采样量可以使用其他抽气泵（例如家用真空吸尘器中的抽气泵）来实现。

这种类型的采样器通常使用明胶滤膜，因为明胶可以保留水分，并且可以减少因脱水带来的微生物损失。明胶的熔点较低（≤35℃），可能需要考虑培养温度会造成的影响。

图I.10
装了滤膜的滤膜托架

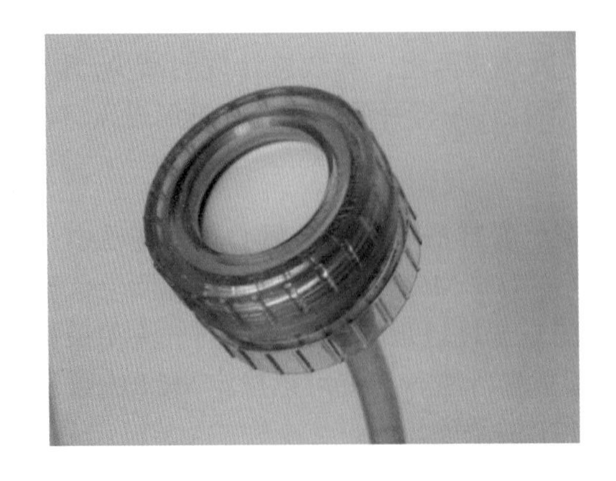

I.2 沉降盘采样

前几节中介绍了浮游MCP的体积采样法，另一种测量气浮MCP的方法是使用沉降盘，称为沉降盘采样、无源被动采样或微生物沉积速率（MDR）采样。使用时打开琼脂盘并按给定的时长将其暴露在洁净室中，以使MCP沉积在琼脂表面上。图I.11所示为安放在支架上暴露着的沉降盘。通常使用直径为90mm（内表面积约$64cm^2$）的培养皿，但在空气污染低的高质量洁净室中，直径为140mm（内表面积约$154cm^2$）的培养皿可提供更准确的结果。沉降盘不占用太多空间，可以放置于靠近关键位置处。沉降盘应采用双层或三层包装，并用γ射线灭菌。

图I.11
放在支架上暴露着的沉降盘

沉降盘暴露给定时间后，将盘放在合适的温度培养合适的时间，并计算其中生成的菌落数，从而确定沉积在琼脂表面上的MCP数量。一般暴露时间为4h。

如前所述，洁净室空气中的微生物常由皮肤颗粒携带，这类颗粒也属于携带微生物颗粒（MCP）。这些MCP的平均等效粒径约为12μm，并且其中很大一部分并没有被通风系统去除，而是通过重力沉积在表面上[61]。虽然空气中微生物体积采样所测的是室内空气中四处移动的浮游MCP浓度，但也间接测量了微生物沉积在关键表面上的可能性。沉降盘测量的是可能沉积在暴露表面（如产品和工艺）上的MCP数量，并测量了空气污染对表面造成的直接影响。因此，沉降盘采样是测量和监测洁净室中空气微生物污染风险的最佳方法[62]。

有时会出现沉降盘太不灵敏无法给出准确结果的情况，但只有沉降盘暴露时间太短才会发生这种情况。欧盟GGMP附录1和FDA指南都要求用直径为90mm的沉降盘暴露4h。已经研究了沉降盘测量的沉积速率与空气传播的微生物浓度之间的关系[63]，研究表明，90mm盘上暴露4h后，上面1个MCP大约相当于每立方米空气中有1个MCP。如果需要更准确地测量空气污染物的情况，则可以使用直径为140mm的沉降盘或多个沉降盘，这样就能够提供比许多体积空气采样器更好的灵敏度。

沉降盘的计数通常表示为90mm盘上沉积4h的微生物数量。但这不是个科学的表示方法，并引出了沉降盘给出的是半定量结果这种显然不正确的说法。更科学的方法是以数量/（$m^2 \cdot h$）为单位报告沉降盘的结果。

沉降盘的一个非常有用的特性是其结果可用来估计产品因空气造成的污染率。现通过一个例子来说明这个方法。

颈部面积为$2cm^2$的容器在传送带上打开10min供空气中MCP的沉积。在生产制造过程中，在容器可能发生空气传播的污染的位置上，将一个直径约为14cm（表面积为$164cm^2$）的沉降盘放置4h（240min）。通过进行多次采样，发现沉降盘的平均微生物计数为1CFU。

容器的预期污染率可以通过表面积和暴露时间的简单比例来获得。如果4h内$164cm^2$沉降盘表面积上沉积了一个MCP，那么在10min内有多少个MCP会沉积在$2cm^2$的产品表面上？这由以下式算出。

$$\text{容器污染率} = 1 \times \frac{2}{164} \times \frac{10}{240} = 0.0005$$

0.0005的污染率相当于10000个容器中有5个容器被污染。

如果需要以科学单位报告沉降盘的结果，例如按：数量/（$m^2 \cdot h$），则可以表示为：

$$\text{微生物沉积速率（MDR）} = 1 \times \frac{10000}{164} \times \frac{1}{4} = 15（CFU/m^2 \cdot h）$$

如果沉降盘长时间暴露在洁净室空气中，琼脂可能会脱水，微生物无法生长。然而，只要沉降盘充满了适量的新鲜琼脂，在单向流和非单向流中暴露4h都不会有问题。本附录稍后将对此进行讨论。

I.3 洁净服有效性测试

如前所述，人员通常是洁净室中MCP的唯一来源，如果控制了人员身上MCP向空气中的扩散，则空气中MCP的浓度将降至最低。可以认为洁净室服装是人体过滤器，其有效性取决于身体被覆盖的程度，颈部、手腕和脚踝处的闭合效果，以及面料防止MCP渗透的效果。穿着长袍（大褂）只会使MCP的散发量降低一点。然而，随着服装类型的升级而覆盖住更多的身体部位，同时使用更有效的面料来过滤着装者散发的空气污染物，分散到空气中的MCP就会越来越少，洁净室中MCP的浓度也会越来越低。服装的有效性可以通过（粒子）散发试验舱来确定，该散发试验舱最初是用于研究手术室的服装[64]，但现在也用于洁净室服装有效性的研究。

散发试验舱如图I.12所示。已知的空气量经高效过滤器过滤后供应到散发试验舱内，人们穿着受测服装在舱里以标准的动作进行活动。散发试验舱中MCP的浓度由放置在舱内或舱外的微生物采样器确定。知道送到散发试验舱过滤了的空气量、采样器的采样量和MCP的计数，就可以确定人员MCP的散发量，并可以由此就不同洁净室服装的防护性能进行比较。

除了服装类型，服装使用的面料类型是影响人员污染散发量的主因，并可以通过测试来评估面料滤除人员散发MCP的有效性。这些测试能够测出面料的孔径及对空气中颗粒的过滤效率。这些测试的可用性已经过调研[57]，并已被纳入IEST-RP-3[65]。

散发试验舱通常不作为获取洁净室工作人员MCP散发量的常规方法，但可用来选择洁净服。也可用于查找洁净室中微生物污染异常高的人。这将在附录J中做进一步讨论。

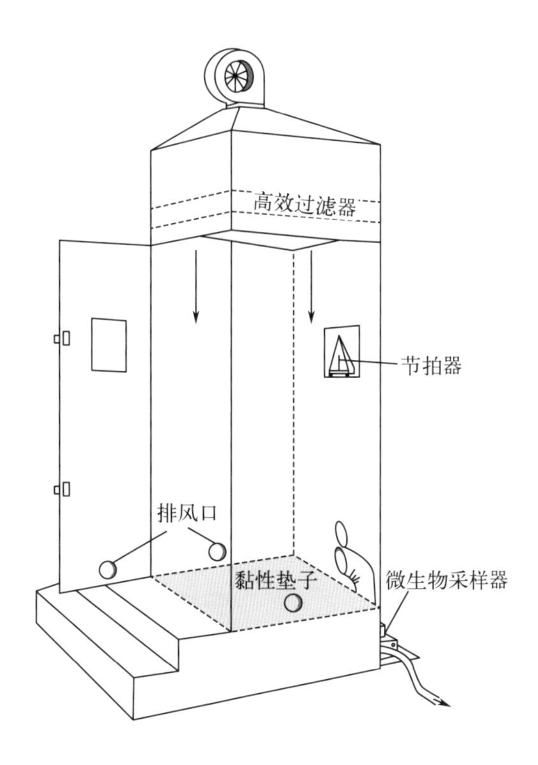

图I.12
散发试验舱

I.4 空气采样方法的验证

测量洁净室空气中MCP浓度的体积采样器应具有较高的采集效率。Ljungqvist和Reinmuller [66] 通过实验研究证明，体积采样器的MCP计数最多可以相差10倍。如果使用采集效率低的采样器，那么洁净室可能看起来是令人满意的，但实际情况却并非如此。

需要对体积式空气微生物采样器进行验证，以证明其采集效率是高的。如果对琼脂的撞击效率低、在采样器进风口撞击效率低，就可能损失MCP。如果在关键位置附近使用加长的测试管获取空气样本，则加长管中可能会发生样本损失。

体积式空气采样器采集效率差的最常见原因是MCP无法有效地撞击琼脂表面。如果通过采样器孔口的空气速度较低，则粒径较小的MCP就不会撞击琼脂，而是通过了空气采样器，这将导致空气微生物采样器的采集效率低下。

空气采样器的采集效率可以通过以下两种方法来确定。

I.4.1 人工生成的不同粒径MCP的采集效率

ISO 14698:2003 [10] 和EN 17141:2020 [11] 介绍了一种方法，可用于测量空气采样器对人工生成的各种粒径的MCP的采集效率。该方法源自Clark、Lach和Lidwell [67] 的描述。但其需要使用常规微生物实验室不配备的测试设备，所以常常由独立的实验室进行测试。预期可从空气采样器的制造商处获得这样的测试结果。测试可以通过两种方式进行：

① 物理采集效率：采样期间MCP活性未受影响时测出的采样器采集效率。

② 生物采集效率：需测量采样期间MCP的总损失，其中包括采样造成的生物活性损失。

ISO 14698：2003以及EN 17141：2020的方法表明，空气采样器的物理采集效率可以用含有萎缩芽孢杆菌孢子的气浮颗粒（NCTC 10073，相当于ATCC 51189）来确定。这些孢子很强壮，不会受到干燥或压力的影响，适用于确定物理采集效率。聚苯乙烯乳胶球或其他惰性颗粒可作为替代品。生物采集效率可以使用通常在洁净室中发现的非孢子微生物，例如表皮葡萄球菌（NCTC 11047，相当于ATCC 14990）。图I.13所示是作者用来研究空气采样器物理采集效率的设备图，测试箱的尺寸约为1.5m×1m×1m。

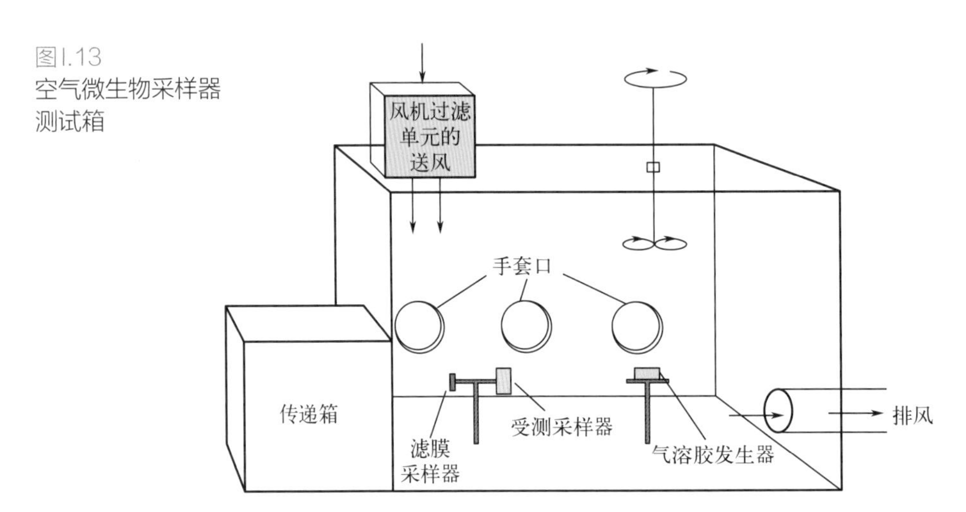

图I.13
空气微生物采样器测试箱

测试箱内的空气被风机搅动，不同粒径的MCP由顶部旋转气溶胶发生器（STAG）或类似设备生成。物理效率测试是将室内空气中携带孢子颗粒的浓度与受测采样器测出的浓度进行比较。在测试采样器的同时，通过滤膜测量室内空气中携带孢子颗粒的浓度。当对携带孢子的颗粒计数时，滤膜的采集效率被认为是100%。这种比较是对粒径在0.6～15μm之间分布的颗粒进行的。图I.14所示是体积式空气采样器一般的物理采集效率。

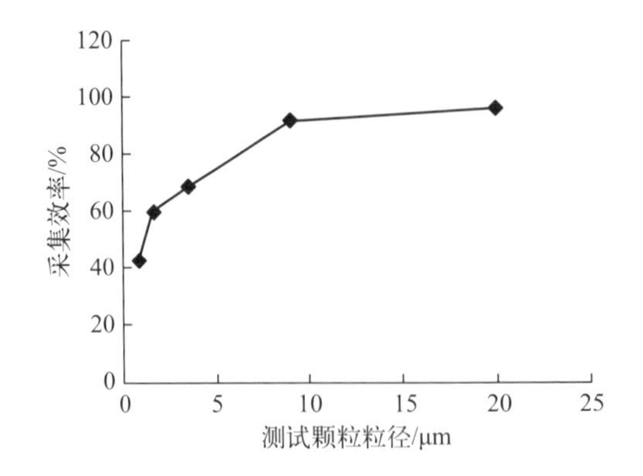

图I.14
空气采样器对一定粒径范围颗粒的物理采集效率

I.4.2 天然MCP的采集效率

EN 17141: 2020描述了一种将空气采样器的采集效率与已知具有高采集效率的另一采样器进行比较的方法，称为简化实验室法。这需要在MCP浓度大于等于80CFU/m^{3}的至少两个房间中，比较天然存在的微生物。采样应在采样器彼此靠近的情况下同时进行。应该进行充分的比较，直到获得恒定的平均值以及置信度。附录J中描述的“累计采集效率平均值”方法可用于获得此置信度。

Ljungqvist和Reinmuller[66]比较了几种体积采样器的采集效率，他们在两次采样过程中获得的结果如图I.15所示。可以看出，采样器的采集效率差异很大，效率最高的采样器采集的MCP是效率最低的采样器的10倍左右。

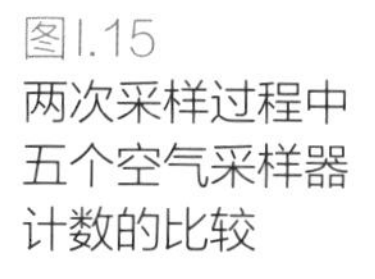
图I.15
两次采样过程中五个空气采样器计数的比较

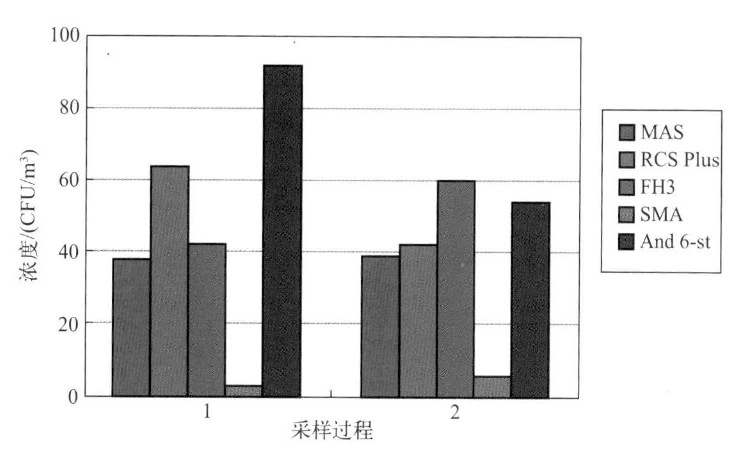

I.4.3 沉降盘采样的验证

空气采样的沉降盘法测量的是从洁净室空气中沉积到琼脂盘上的MCP的数量，无须考虑损失问题，因此也无须确定沉降盘的采集效率。但需要确保琼脂养分充足、培养温度和时间合适，还必须确保计数不会因脱水而减少。这些要求与体积采样的要求相同，并在本附录的下一节中进行讨论。

I.5 捕获微生物的处理

本附录的前几节讨论了可在洁净室中对空气传播的浮游微生物进行采样的体积采样器和沉降盘。本节将讨论采样过程中使用的无菌技术、所用琼脂培养基的类型、培养条件以及琼脂培养基可能脱水的情况。

在洁净室中采样时，预计MCP的数量会很少，而且通常会出现零计数。因此，有必要确保在测量空气传播的MCP浓度期间不会引入外来的MCP污染。欲实现这一点，就要确保在处理、运输和培养过程中，不会因无菌技术不良而将微生物引入琼脂盘。并且，不应以微生物计数来评定微生物学家的无菌技术。

对洁净室空气进行采样时，通常使用非选择性琼脂培养基来获得空气中微生物的总计数，例如胰蛋白胨大豆琼脂或大豆酪蛋白消化琼脂。这种类型的培养基可以有助于真菌的生长。但需要有一定真菌浓度时，可以使用更专业的琼脂，如沙氏葡萄糖琼脂。制造商使用的是欧洲药典（EP）或美国药典（USP）建议的促生长微生物及方法，来测试培养基的营养度。读者可参阅这些药典以获取相关的测试信息。如果认为有必要确认培养基的营养度，这些测试也可以由微生物实验室进行，并且，这些测试还可以用来查验经常从洁净室中分离出来的微生物生长情况。

为了最大限度地“捕获”微生物，应选择最合适的培养温度和培养时间。对微生物总计数，培养温度应在30 ~ 35℃之间，最少培养3天。对真菌，合适的培养温度是20 ~ 25℃之间，最短培养时间为4天。培养通常在有氧条件下进行。

撞击式空气采样器使用高气流速度来确保MCP有效地撞击到琼脂表面。这种高风速与确定洁净室中低浓度MCP所需的大空气采样量有关。但这样的要求可能导致琼脂干燥并无法支撑微生物生长。对狭缝采样器和沉降盘中的脱水情况，已经使用洁净室中发现的各种微生物进行了研究[68]，发现沉降盘可以在单向流中暴露长达6h，在非单向流洁净室中暴露约24h，而计数并没有显著减少。还研究了琼脂盘在28.7L/min的狭缝采样器中使用了60min后，其上微生物数量减少的情况，发现减少幅度很小（<10%）。然而，这些实验用的培养皿是填充了大量琼脂的，这些培养皿受脱水的影响不会像填充少量琼脂的培养皿那么大。此外，琼脂盘在狭缝采样器中是旋转的，因此整个盘上的脱水是均匀分布的，而不是像静态盘那样集中在特定区域。因此，可能有必要根据洁净室中的实际采样情况考虑脱水的影响。

在着手研究脱水影响之前，还应考虑空气采样中使用的琼脂培养皿是否含有足够的琼脂培养基。如果预计会出现脱水问题，则应填充大量培养基。培养基应该充满至盘的3/4，至少不少于2/3。

检查脱水情况通常是在空气采样后，将EP/USP促生长微生物的水性悬浮液添加到琼脂培养基中，以确定微生物的损失是否很低。然而，在该测试中，将水与测试微生物一起添加，介质的再水化可能会影响结果。建议采用以下方法替代。

将测试微生物的悬浮液添加到新鲜的琼脂盘中，使表面上散布大约100个微生物，并使悬浮液刚好干燥。通常使用的是EP/USP促生长微生物，但也可以使用洁净室中常见的那类微生物。可以使用经校准的环将悬浮液加到琼脂表面上，应注意最容易发生脱水的区域。在正常采样时间内使用此测试盘进行空气体积采样。最好在单向流工作台（或类似工作台）中进行，以确保背景污染尽可能低。然后将该盘培养后的计数与新鲜琼脂盘的计数进行比较。这些新鲜琼脂盘与进行了采样的盘以相同的方式接种了相同浓度的测试微生物，只是未用于空气采样。应进行多次试验比较，脱水造成的平均损失应不大于约50%。

致谢

图I.5经MBV AG许可复制。图I.6经Pinpoint Scientific Ltd许可复制。图I.8和图I.9经默克集团许可复制。图I.11经Cherwell Laboratories Ltd许可复制。比较了5个采样器空气计数的图I.15经Bengt Ljungqvist和Berit Reinmuller许可复制。

附录J　表面微生物采样

在制药和医疗器械制造商等使用的一些类型的洁净室中，表面上的微生物浓度必须受控，并且不得超过欧盟GGMP附录1 [13] 和FDA指南 [14] 等文件中给出的最大允许浓度。这些文件中给出的最大浓度在本书第4章中进行了讨论。

第13章给出了一些关于微生物采样的基本信息，前面的附录I解释了空气浮游微生物的采样方法。本附录提供了在洁净室表面上对微生物进行采样的相关方法以及验证此类方法的信息。

J.1　表面微生物采样方法

表面微生物采样方法可以简单地分为两种类型，即直接采样和间接采样。直接采样是将琼脂施用到表面上，然后取下琼脂并培养，以此获得沉降在表面的微生物数量。间接采样需要先从表面移除微生物，通常采用吸收材料，然后再从材料中提取微生物并计数。洁净室最常用的直接采样方法是接触盘，最常用的间接方法是拭子。现在讨论直接采样法和间接采样法。

J.1.1　直接采样法

常用的直接采样装置是接触盘（培养皿）、接触片和浸片。表面相对平坦时，一般使用这些装置进行表面采样。这些装置最常填充的是普通的非选择性营养培养基，例如胰蛋白胨大豆琼脂或大豆酪蛋白消化琼脂。但如果需要，也可以使用其他培养基。将采样装置的琼脂表面施加到受采表面上，然后取下。将琼脂在特定温度下培养特定时间以获得微生物菌落的数量，从而获得从表面移除到琼脂上的微生物数量。知道被采的表面积，就可以得到微生物表面浓度。表面浓度可以报告为每个接触盘的微生物数量，或者更科学地报告为每平方厘米或每平方米表面上的微生物数量。

RODAC（复制生物检测和计数）盘是洁净室中最常见类型的直接采样装置，RODAC盘如图J.1所示。盘内腔的直径为55mm，里面填满了琼脂，可沿盘边沿骑缝槽盖好盖子使其受到保护。填充盘内空间需要15.5 ~ 16mL的琼脂培养基，并形成一个刚好突出于边缘的琼脂圆顶。

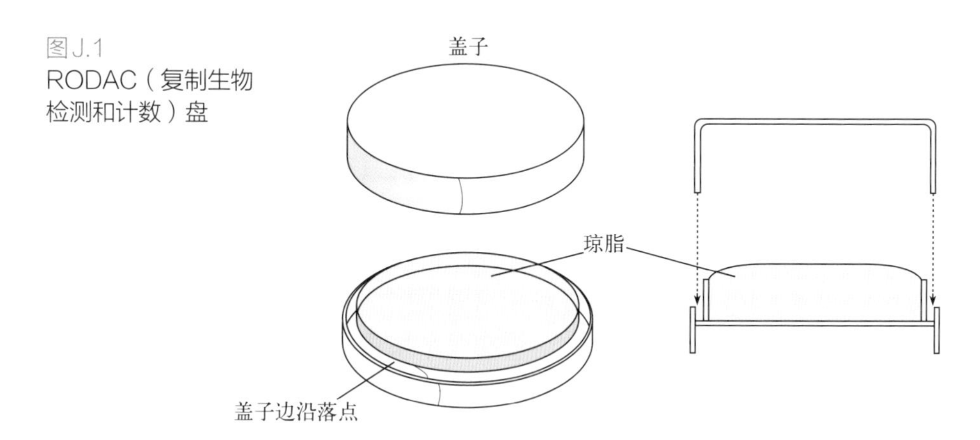

图J.1
RODAC（复制生物检测和计数）盘

如将RODAC盘用于洁净室表面，应戴着手套将其握住或使用夹持装置拿起，并将其在表面上滚动一次。滚动时不允许有扭曲或在表面有滑动。如果需要，可以施加一个恒定的力。采集表面样本后，应对表面进行清洁、消毒。此时应使用含有消毒剂（如70%异丙醇）的低颗粒湿巾对已采样的表面进行擦拭。

类似于图J.2所示的琼脂接触片是RODAC接触盘的替代品。先要从其容器中取出这些无菌片，然后施用于要采样的表面。再将它们放回容器中并培养以确定从表面移除的微生物数量。

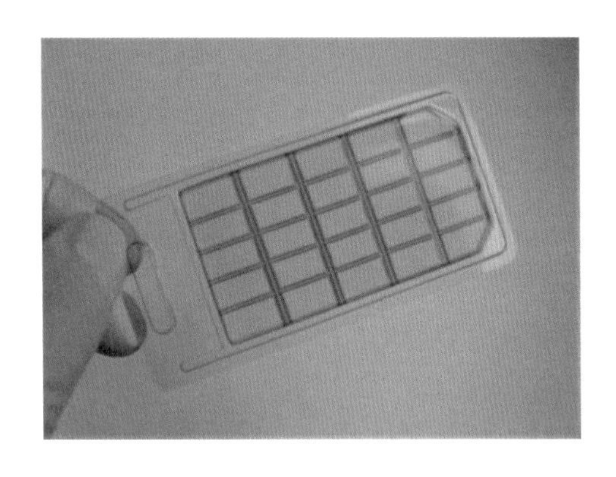

图J.2
琼脂接触片

直接接触采样的另一种方法是使用浸片，如图J.3所示。浸片装在塑料容器中，从容器中取出并采样后再放回容器进行培养。浸片在包含采样介质的区域与螺旋盖之间有个接头，这样在应用于表面时具有一定的灵活性。

图J.3
正应用到表面上的浸片

用直接接触法可对洁净室表面以及服装进行采样，也可用于人体皮肤。对后一种情况有一点应该理解，皮肤可为微生物的生长提供营养和水，这与其他无营养的洁净室表面不同。其他洁净室表面上微生物难以生存，更不用说繁殖了。在皮肤上，微生物可以像在琼脂上那样分裂和繁殖，产生菌落。皮肤上的这些菌落被称为微菌落，因为它们比在琼脂上生长的菌落小得多。每个微菌落的微生物数量可能只有几十或几百个，而不像琼脂表面上一个普通微生物菌落中可发现数百万个微生物。

将接触装置的琼脂表面应用于皮肤时，可采样并测量皮肤上的微菌落数量，而不是微生物的总数。如果需要微生物的总数，则可以采用圆筒擦洗法。应注意的是，将接触盘压在皮肤上来回滚动时，如果方向稍有变动，可能会采集微菌落两次，微生物数量因此会增加。所以，对皮肤进行采样时，最好将接触盘在皮肤上滚动一次，不要使其扭动或滑动。

J.1.2 间接采样法

间接采样法通常使用某种类型的吸附材料从表面擦拭并移除微生物。然后再从采样材料中将这些微生物提取出来，并通过常规微生物技术进行计数。对于不平整或难以接近的表面，这是常规的采样方法。用拭子擦拭是最常用的间接方法。如果表面面积较大，可以使用无菌海绵或无菌擦拭布。

拭子可由多种材料制成，例如棉或合成纤维，并附着在塑料棒或木棒的末端。图13.5就是一个普通的拭子。

植绒拭子可提高采集效率。这些拭子是在静电场中将纤维喷涂到小棒的末端而制成的。据报道，它们可以非常有效地从表面移除微生物，并且在释放微生物进行计数方面也特别有效。植绒拭子一般采集效率在50%左右，而由传统材料制成的拭子的采集效率约为10%。

擦拭方法的采集效率依据表面微生物被提取后再释放的程度而有所不同。在擦拭过程中使用的许多方法可影响采集效率。

最简单的方法是用干拭子在表面上随机擦拭，然后再放到琼脂盘上随机擦拭。然后对琼脂盘进行培养，并确定微生物数量。这种擦拭方法的采集效率较低，可能在5% ~ 10%的范围内。采用以下一些技术可以获得更高的采集效率和更一致的结果:

① 如果拭子是湿的，其移除效率会因引入的液体拖拽力而增加。将拭子浸入无菌液体中（例如水、生理盐水或林格氏溶液），取出后将拭子压在容器内壁上以挤出多余的液体。然后对表面进行采样。有时使用第二个干拭子来擦去表面留下的水分并提高移除效率。

② 可以擦拭已知的表面区域。这可以通过对一个小物体的整体擦拭来完成。如果有较大的表面，可以使用板规来划定要擦拭的表面区域。例如，可以使用由不锈钢制成的10cm×10cm×2mm无菌板规，并在其中切割出大小合适的孔。直径55mm的孔比较实用，因为其表面积与RODAC盘相同。不同的情况可使用不同类型的板规。

③ 拭子与洁净室表面成30°角，在采样区域上重叠划道，来回摩擦，同时转动拭子以使用其清洁的表面，这样可提高拭子的移除效率。

④ 为了提高微生物释放效率，拭子在琼脂盘上的擦拭不应随意进行，应在盘的整个表面上重叠划道擦拭，并转动拭子获取新表面进行擦拭。或者，可以将无菌破碎后的拭子放入无菌液体，用手或用涡旋振荡器使液体摇动，将微生物释放到液体中。然后用标准微生物学方法确定液体中的微生物数量。

从表面移除并释放微生物的方法会影响到微生物的整体采集效率。所选采样方法的采集效率应进行测定，以此对该方法进行验证，这将在后面讨论。

如果需要采样的表面积很大，则可以使用表面积较大的擦拭布或海绵。这些方法同样受到刚刚讨论的那些变动性的影响，应优化这些方法以获取最大的采集效率和最小的变动性。

J.1.3 其他表面采样方法

前几节讨论了洁净室中常规使用的表面采样方法。如若微生物调查需要更高的准确度，例如要找出一个将异常高浓度的微生物散发到洁净室的人，就可以考虑圆筒擦洗和压盘方法。这两种采样方法都有较高的采集效率和较低的计数变动性。

（1）圆筒擦洗

这是一种用于皮肤采样的有效方法[69]。该方法要用到一个两端开口的无菌圆筒，常由玻璃制成，内径约为2.6cm。圆筒的一端放在皮肤上并向下压紧，这样液体就不会从圆筒与皮肤间的缝隙中流出。将1mL非离子洗涤剂的中性水溶液（例如pH=7.8的0.1% Triton X-100溶液）灌到圆筒中。如果皮肤已经用抗菌化学物质处理过，应考虑在溶液中添加中和剂。然后使用圆头玻璃棒（或类似物件）在浸于溶液中的皮肤上摩擦30s。再将液体从圆筒中吸出并采集到样本容器中。该过程需要再重复一次，并测定合并了的样本中微生物的数量。

（2）压盘

此方法可用来确定洁净室服装上的微生物数量，是普通接触采样方法的一种变体，只是其采样的表面积更大。将需采样的面料放在直径为140mm的敞口琼脂培养皿上，需采样的那侧面料面向琼脂。如果衣物在洗涤过程中用抗菌化学品（如阳离子表面活性剂）处理过，则应考虑在琼脂培养基中加入中和剂。然后用压件将面料向下压，该压件尺寸与琼脂盘内径相同。然后移开压件和面料，盖上培养皿的盖子，对培养皿进行培养以确定已采样的面料表面区域的微生物数量。

J.2 人员采样方法

人员通常是洁净室中微生物的唯一来源，可以对人员进行监控以确保不会将高浓度微生物转移到洁净室环境中。经常受测的表面有：

① 戴着手套的手。将戴着手套的双手压在琼脂盘上，培养后确定微生物的数量。该测试通常在人员离开洁净室时进行，也可在关键操作后进行。

② 服装。将接触盘压在服装上来对人的服装进行采样。这通常在人员离开洁净室时进行，也可在关键操作后对服装进行采样。通常对位于手臂、胸部和头前部的服装表面进行采样。

当空气中或洁净室表面上的微生物浓度异常高时，需要寻找污染源。污染源通常是某个人，所有进入有问题区域的人员都应进行采样检查，以确定他们是否携带浓度异常高的微生物。常用的采样方法如下。

① 皮肤拭子：拭子可用来对人员皮肤进行采样。采样部位应在多处选择，例如手、上臂和腿以及鼻孔。如果需更有效的采集方法，可以使用圆筒擦洗法。

② 服装采样用接触盘：接触盘可确定洁净室服装上的微生物数量，并标示出微生物散发量异常高的人员。可以使用普通接触盘，但直径为140mm的压盘灵敏度更高。

③ 散发试验舱：如果让人员在附录I中描述的那类散发试验舱中活动，则可以找出向空气散发出异常高量微生物的人员。有关散发试验舱设计和使用的信息已在附录I中进行了讨论。

除了上面提到的、能给出人员携带微生物数量信息的采样方法外，还需要考虑造成污染的微生物类型与各人员携带或散发的微生物类型之间的相关性。

J.3 微生物采样方法的验证

大约100年前，医院开始在清洁环境中对表面进行微生物采样，其中一些方法一直沿用至今。不幸的是，这些方法从未得到适当的验证。同样地，一些新的采样方法也没有得到充分的验证。这导致使用低效率的方法检测卫生条件不合格的洁净室时，结果可能是合格的。因此，应确保洁净室使用采样方法的采集效率高，结果变动性低。

洁净室使用的表面采样方法的采集效率可以通过以下两种方法确定。

① 表面接种法：将测试微生物接种到表面上，用有待验证的方法对该表面微生物实施采样；

② 连续采样法：对表面上的天然微生物进行连续采样。

J.3.1 表面接种法

在表面接种法中，将已知数量的测试微生物接种到一个表面，并对该表面采样，以获得采样方法的采集效率和准确度。使用的菌种是萎缩芽孢杆菌（NCTC 10073，相当于ACTC 51189）。这种类型的细菌含有抗脱水的孢子，并且其浓度不会随着采样时间的流逝而降低。

厨房中使用的30cm×20cm矩形无菌玻璃盘炊具可用作受测表面。应加入足够量的热处理细菌悬浮液以覆盖盘的内表面；一般取60mL每毫升约含100个孢子的细菌悬浮液。测试前需将未经覆盖的盘子水平放置于约60 ~ 65℃的培养箱中约2h，或直至水分蒸发。

受测表面上应该沉积的孢子的确切数量可以按下式计算：

$$\text{表面孢子数量（个/cm}^2\text{）}=\frac{\text{孢子数量（个/mL）}\times\text{添加在表面上的细菌悬浮液体积（mL）}}{\text{受测表面积（cm}^2\text{）}} \tag{J.1}$$

使用上面给出的信息，孢子浓度计算结果如下：

$$\text{表面细菌数量（个/cm}^2\text{）}=\frac{100\times60}{30\times20}=10$$

玻璃盘的底部应分成大小合适的等面积块以供采样，例如：将所述器皿底部分为8个正方形。在玻璃盘底部背面用防水记号笔画出这些方形，这样做既可以研究一种采样方法的效率，也可以在两种或多种方法之间进行比较。如果比较两种或两种以上的方法，那么采样区域的选择应该是随机的。现在可以在受测表面上进行表面采样，样本经30 ~ 35℃培养48h后，确定通过采样方法采集的孢子浓度。

采样期间受测表面上的孢子数量可以通过式（J.1）获得，也可以使用琼脂覆盖法。覆盖法回收效率达94%，准确度高。表面采样完成后，将200mL约65℃的冷融营养琼脂添加到放置在单向流工作台内敞开的盘子中。当琼脂凝固且冷凝水蒸发后，盖上盘子，倒置培养。培养后，对琼脂内、琼脂与盘子的接合部以及琼脂顶部生长的孢子进行计数。将所有测试样本的计数都加到该计数中，就可获得受测表面上的原始浓度，结合采样方法移除的细菌孢子数量，就可以计算出采集效率。

为保证结果的准确性，采样次数应足够多，可以使用后面还要描述的累计平均效率方法。除了采集效率外，该方法的准确度还可以通过计算这些结果的标准差或95%置信限来确定。

J.3.2 连续采样法

上一节描述的接种方法的假设条件是，在受测表面上接种的微生物模拟的是洁净室表面上出现的正常情况。可确定表面采样方法采集效率的另一种方法是在微生物自然存在的状态下对其进行采样。但是，对洁净室表面进行的采样，可能因为计数太低且通常为零而无法获得准确的结果。所以对微生物存在数量相对较高的表面，最好使用这种连续采样方法进行采样，例如实验室工作台和实验室工作服外套（或类似物品）。

该方法需要在表面上完全相同的位置连续采集两个样本，并通过式（J.2）计算采集效率[70]。

$$\text{采集效率（\%）} = 1 - \frac{\text{第二个样本计数}}{\text{第一个样本计数}} \times 100\% \tag{J.2}$$

表J.1的前两行显示了使用RODAC方法从实验室工作台获得的连续样本的系列结果。第3行给出了由式（J.2）计算的采集效率。计算所有样本的总体平均值，发现RODAC培养皿的采集效率为52%，标准差为13。

表J.1 使用RODAC接触盘在工作台上采样的结果

行号	项目	1	2	3	4	5	6	7	8	9
1	第一个样本的计数	3	16	6	40	19	40	49	38	25
2	第二个样本计数	1	5	2	23	8	23	26	20	17
3	采集效率/%	67	69	67	43	58	43	47	47	32
4	采集效率累计	67	136	202	245	303	345	392	440	472
5	累计采集效率平均值/%	67	67.7	67.4	61.1	60.5	57.5	56.0	54.9	52.4①
6	累计采集效率平均值占最终总采集效率的百分比	127	129	129	117	116	110	107	105	—

① 最终总采集效率。

微生物表面采样方法的采集效率是可变的，应进行足够多的测试以获得准确的平均效率；一般进行10次采样测试。可通过表J.1中的累计采集效率平均值来判断是否已采集到足够多样本。每有一个新的采集效率结果，都被累加到效率总和中（表J.1的第4行），然后除以样本序数以获得累计采集效率平均值（表J.1的第5行）。最后计算每个样本的累计采集效率平均值占最终总采集效率的百分比，这些结果在表J.1的第6行中给出。当这个结果达到100%左右时，就达到了最终的结果。图J.4显示平均结果仍在减少（蓝色下线）。为确认已获得良好的平均结果，可能需要更多样本的计数。

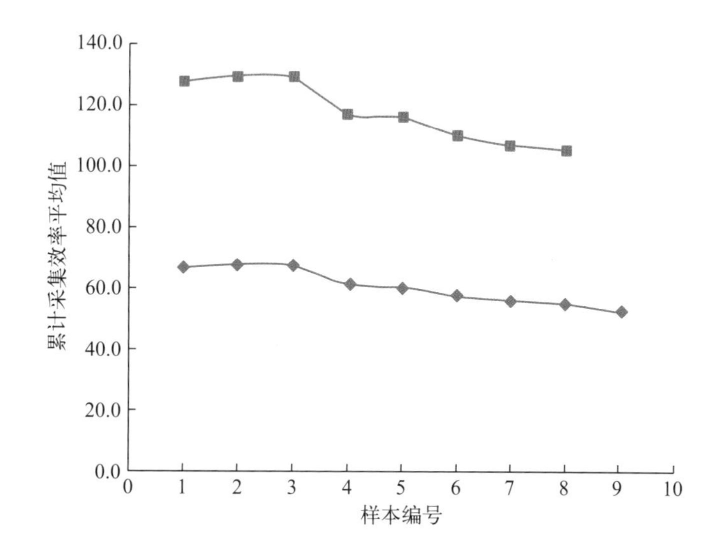

图 J.4
累计采集效率平均值（下，蓝）以及累计采集效率平均值占最终总采集效率的百分比（上，红）

J.4 捕获微生物的处理

本附录前面部分讨论了洁净室表面微生物采样的方法以及对这些方法的验证。还应考虑的无菌技术、琼脂培养基的类型和培养要求等信息已在附录I中讨论过，这里重复了其中的一些信息。另外还要考虑“假阴性”问题，这是由表面消毒留下的消毒剂残留抑制了微生物生长所致。

在洁净室中对表面微生物采样获得零计数是很常见的。因此，需要确保用于采样的微生物生长培养基是无菌的，在微生物生长培养基的采样、运输和培养过程中，不会由于无菌技术不良而引入微生物。

正常说来，对洁净室表面进行采样使用的是非选择性琼脂培养基（例如胰蛋白胨大豆琼脂或大豆酪蛋白消化琼脂）。这类培养基可帮助真菌生长。但有更专业的真菌专用营养培养基，如沙氏葡萄糖琼脂。制造商使用的是欧洲和美国药典中建议的标准促生长微生物组来检查培养基的营养度。如果有需要，可以在当地微生物实验室确认培养基的营养度。并且，可以添加洁净室中常见的微生物，来进行这项检查。

为了使采样方法获得的微生物数量最大化，应选择最合适的培养温度和培养时间。培养温度通常为30 ~ 35℃，最短培养时间3天。如果对真菌单独计数，则培养温度应为20 ~ 25℃，最短培养时间为4天。

对洁净室表面进行消毒，可能会留下消毒剂残留。这样，采集该表面的微生物样本时，一些消毒剂残留将转移到琼脂上，并可能在培养过程中抑制微生物的生长。为了解决这个问题，可在生长培养基中加入中和剂以抵消消毒剂的活性，如含2%卵磷脂的3% Lubrol，或2%卵磷脂加上2%聚山梨醇酯80和0.5%硫代硫酸钠。含有中和剂的微生物生长培养基市场有售，但必须确保所选中和剂与所用消毒剂的类型相匹配，且其浓度有效。USP 29 <1227> [71] 中提供了中和剂选择指南，还包含一些消毒剂效果测试的信息。

参考文献

[1] High efficiency filters and filter media for removing particles from air. Classification, performance, testing and marking: ISO 29463-1: 2024.

[2] High efficiency air filters (EPA, HEPA and ULPA). Classification, performance testing, marking: EN 1822-1: 2019.

[3] Filter units, protective clothing, gas-mask components and related products: performance test methods: MIL-STD-282: 2015.

[4] HEPA and ULPA filters. Institute of Environmental Science and Technology: IEST RP-CC 001.

[5] Testing ULPA filters. Institute of Environmental Science and Technology: IEST RP-CC 007.

[6] HEPA and ULPA filter leak tests. Institute of Environmental Science and Technology: IEST RP-CC 0034.

[7] Part 1: Classification of air cleanliness by particle concentration: ISO 14644-1: 2015.

[8] Part 2: Monitoring to provide evidence of cleanroom performance related to air cleanliness by particle concentration: ISO 14644-2: 2015.

[9] Part 3: Test methods. International Organization for Standardization: ISO 14644-3: 2019.

[10] Cleanrooms and associated controlled environments – Biocontamination control: ISO 14698: 2003.

[11] Cleanrooms and associated controlled environments. Biocontamination control: EN 17141: 2020.

[12] Cleanrooms and associated controlled environments-Part 2: Monitoring to provide evidence of cleanroom performance related to air cleanliness by particle concentration: BS EN ISO 14644-2: 2015.

[13] Eudralex-The rules governing medicinal products in the European Union –Volume 4 EU guidelines to good manufacturing practice-medicinal products for human and veterinary use-Annex 1-Manufacture of sterile medicinal products. European Commission, Brussels, 2022.

[14] Food and Drug Administration. Guidance for industry: sterile drug products produced by aseptic processing – current good manufacturing practice. Silver Spring, MD, USA: FDA; 2004.

[15] Whyte W. The measurement of air supply volumes and velocities in cleanrooms-Part 2: Anemometer readings at the filter face. Clean Air and Containment Review, 2011, 6: 4-7.

[16] Whyte W. The application of the ventilation equations to cleanrooms – Part 1: The equations. Clean Air and Containment Review, 2012, 12: 4-8.

[17] Measurement of fluid flow in closed conduits – velocity area method using Pitot static tubes: ISO 3966: 2020.

[18] Whyte W. The measurement of air supply volumes and velocities in cleanrooms-Part 1 Supply air volumes. Clean Air and Containment Review, 2011, 5: 4-7.

[19] Design, construction, and start-up: ISO 14644-4: 2022.

[20] Whyte W, Hejab M, Whyte W M, et al. Experimental and CFD airflow studies of a cleanroom with special respect to air supply inlets. International Journal of Ventilation, 2010, 9 (3): 197-209. DOI: 10.1080/14733315.2010.11683880.

[21] Whyte W, Whyte W M, Ward S, et al. Ventilation effectiveness in cleanrooms and its relation to decay rate, recovery rate, and air change rate. European Journal of Parenteral and Pharmaceutical Sciences, 2018, 23 (4): 126-134.

[22] Thermal performance of buildings and materials. Determination of specific airflow rate in

buildings. Tracer gas dilution method：ISO 12569：2017.

[23] Standard test method for determining air change in a single zone by means of a tracer gas dilution：ASTM E741–11（2017）.

[24] Measuring Air-Change Effectiveness：ANSI/ASHRAE 129-1997（RA 2002）.

[25] Whyte W，Ward S，Whyte W M，et al . Decay of airborne contamination and ventilation effectiveness of cleanrooms. International Journal of Ventilation，2014，13（3）：211-220.

[26] Determination of particle size distribution — Single particle light interaction methods — Part 4：Light scattering airborne particle counter for clean spaces：ISO 21501-4：2018.

[27] Standard practice for continuous sizing and counting of airborne particles in dust-controlled areas and clean rooms using instruments capable of detecting single sub-micrometre and larger particles：ASTM F50-12（2015）.

[28] Specification for monitoring air cleanliness by nanoscale particle concentration：ISO 14644-12：2018.

[29] PHSS Technical Monograph No. 20. Bio-contamination characterisation，control，monitoring and deviation management in controlled/GMP classified area，2014. ISBN 978-1-905271-24-5 Pharmaceutical and Healthcare Sciences Society，Swindon，UK.

[30] PDA Technical Report No. 13（Revised），Fundamentals of an environmental monitoring program. Parenteral Drug Association，Bethesda，MD，USA.

[31] Hazard Analysis and Critical Control Point（HACCP），2017. https：//www.food.gov.uk/business-guidance/hazard-analysis-and-critical-control-point-haccp.

[32] Failure modes and effects analysis（FMEA and FMECA）：EN IEC 60812：2018.

[33] Whyte W. Advances in cleanroom technology. Euromed Communications，2018.

[34] Eaton T. Pharmaceutical cleanroom classification using ISO 14644-1 and the EU GGMP Annex 1-Part 2：practical application. European Journal of Parenteral and Pharmaceutical Science，2020，24（4）：17–36.

[35] Oakland J，Oakland R. Statistical Process Control–Seventh Edition. Routledge，2018.

[36] ISO 7870 series of standards dealing with control charts，-. International Organization for Standardization，Geneva，Switzerland.

[37]Cooper D W，Milholland D C. A sequential sampling plan for Federal Standard 209. Journal of the IES，1990，33（5）：28-32.

[38] McDonald B. Scanning high-efficiency air filters for leaks using particle counting methods. Journal of the Institute Environmental Sciences，1993，36（5），28-37.

[39] Whyte W，Agricola K. Comparison of the removal of macroparticles and MCPs in cleanrooms by surface deposition and mechanical ventilation. Clean Air and Containment Review，2018，35：4-10.

[40] Product Cleanliness Levels-Applications，Requirements，and Determination：IEST-STD-CC 1246E（2013）.

[41] Cleanrooms and associated controlled environments：Particle deposition rate applications：ISO 14644-17：2021.

[42] Cleanrooms and associated controlled environments – Classification of surface cleanliness by particle concentration：ISO 14644-9：2022.

[43] Whyte W，Airborne particle deposition in cleanrooms：deposition mechanisms. Clean Air and Containment Review，2015，24：4-9.

[44] Whyte W，Agricola K，Derks M. Airborne particle deposition in cleanrooms：calculation of product contamination and required cleanroom class. Clean Air and Containment Review，2016，26：4-10.

[45] Standard practice for selecting，preparing，exposing，and analyzing witness surfaces for measuring particle deposition in cleanrooms and associated controlled environments：ASTM E2088-06（2015）.

[46] Harrison E，Gibbard N. Balancing of air flow in ventilation duct systems. Journal of the Institution of Heating and Ventilation Engineers，1965，33：201-205.

[47] Commissioning Code A -Air distribution systems. Chartered Institute of Building Services Engineers（CIBSE），1996.

[48] Procedural standards for testing adjusting and balancing of environmental systems-Ninth edition. National Environmental Balancing Bureau (NEBB), 2019.

[49] Measurement, testing, adjusting and balancing of building HVAC: ANSI/ASHRAE Standard 111-2008 (R2017).

[50] Standard method for sizing and counting airborne particulate contamination in cleanrooms and other dust-controlled areas: ASTM F25/F25M-09 (2015).

[51] Merck-Millipore Users Guide AD030. Air and fluid particle monitoring guide. Available at: file: ///C: /Users/Owner/AppData/Local/Temp/UG2801EN_AD030.pdf.

[52] Space product assurance. Particle contamination monitoring for spacecraft systems and cleanrooms: ECCS-Q-ST-70-50C.

[53] Standard test method for measuring and counting particulate contamination on surfaces: ASTM F24-20.

[54] Standard practice for sampling for particulate contamination by tape lift: ASTM E1216-11 (2016).

[55] Whyte W, Green G, Albisu A. Collection efficiency and design of microbial air samplers. Journal of Aerosol Science, 2007, 38: 101-114.

[56] Whyte W, Hejab M. Particle and microbial dispersion from people. European Journal of Parenteral and Pharmaceutical Sciences, 2007, 12 (2): 39-46.

[57] Whyte W, Bailey P V. Reduction of microbial dispersion by clothing. Journal of Parenteral Science and Technology, 1985, 39 (1): 51-60.

[58] Eaton T, Whyte W. Effective re-usable cleanroom garments and evaluation of garment life. European Journal of Parenteral and Pharmaceutical Sciences, 2020, 25 (4).

[59] Wells W F. Apparatus for study of the bacterial behaviour of air. American Journal of Public Health, 1933, 23: 58-59.

[60] Bourdillon R B, Lidwell O M, Thomas J C. A slit sampler for collecting and counting air-borne bacteria. Journal of Hygiene, 1941, 41: 197-224.

[61] Whyte W, Agricola K. Comparison of the removal of macroparticles and MCPs in cleanrooms by surface deposition and mechanical ventilation. Clean Air and Containment Review, 35: 4-10.

[62] Whyte W. In support of settle plates. PDA Journal of Pharmaceutical Science and Technology 1996; 50 (4): 201-204.

[63] Whyte W, Eaton T. Deposition velocities of airborne microbe carrying particles. European Journal of Parenteral and Pharmaceutical Sciences, 2016, 21 (2): 45-49.

[64] Whyte W, Vesley D, Hodgson R. Bacterial dispersion in relation to operating theatre clothing. Journal of Hygiene, Cambridge, 1976, 76: 367-378.

[65] IEST-Recommended Practice-CC003: Garment system considerations for cleanrooms and other controlled environments. Institute of Environmental Science and Technology, Illinois, USA

[66] Ljungqvist B, Reinmuller B. Active sampling of airborne viable particles in controlled environments: a comparative study of common instruments. European Journal of Parenteral and Pharmaceutical Science, 1998, 3 (3): 59-62.

[67] Clark S, Lach V, Lidwell OM. The performance of the Biotest RCS centrifugal air sampler. Journal Hospital Infection, 1981, 2 (2): 181-186.

[68] Whyte W, Niven L. Airborne bacterial sampling: the effect of dehydration and sampling time. Journal of Parenteral Science and Technology, 1986, 40 (5): 182-187.

[69] Williamson P, Kligman A M. A new method for the qualitative investigation of cutaneous bacteria. Journal of Investigative Dermatology, 1965, 45: 498-503.

[70] Whyte W, Carson W C, Hambraeus A. Method for calculating the efficiency of bacterial surface sampling techniques. Journal of Hospital Infection, 1989, 13: 33-41.

[71] United States Pharmacopeia <1227>.Validation of microbial recovery from pharmacopeial articles – Validation of neutralization methods – recovery comparisons.